Elektrische und magnetische Felder

Marlene Marinescu

Elektrische und magnetische Felder

Eine praxisorientierte Einführung

3., bearbeitete Auflage

Prof. Dr. Marlene Marinescu
MAGTECH
Mailänder Str. 15
D-60598 Frankfurt am Main
magtech@t-online.de

ISBN 978-3-642-24219-9   e-ISBN 978-3-642-25794-0
DOI 10.1007/978-3-642-25794-0
Springer Heidelberg Dordrecht London New York

Die Deutsche Nationalbibliothek verzeichnet diese Publikation in der Deutschen Nationalbibliografie; detaillierte bibliografische Daten sind im Internet über http://dnb.d-nb.de abrufbar.

© Springer-Verlag Berlin Heidelberg 1996, 2009, 2012
Dieses Werk ist urheberrechtlich geschützt. Die dadurch begründeten Rechte, insbesondere die der Übersetzung, des Nachdrucks, des Vortrags, der Entnahme von Abbildungen und Tabellen, der Funksendung, der Mikroverfilmung oder der Vervielfältigung auf anderen Wegen und der Speicherung in Datenverarbeitungsanlagen, bleiben, auch bei nur auszugsweiser Verwertung, vorbehalten. Eine Vervielfältigung dieses Werkes oder von Teilen dieses Werkes ist auch im Einzelfall nur in den Grenzen der gesetzlichen Bestimmungen des Urheberrechtsgesetzes der Bundesrepublik Deutschland vom 9. September 1965 in der jeweils geltenden Fassung zulässig. Sie ist grundsätzlich vergütungspflichtig. Zuwiderhandlungen unterliegen den Strafbestimmungen des Urheberrechtsgesetzes.
Die Wiedergabe von Gebrauchsnamen, Handelsnamen, Warenbezeichnungen usw. in diesem Werk berechtigt auch ohne besondere Kennzeichnung nicht zu der Annahme, dass solche Namen im Sinne der Warenzeichen- und Markenschutz-Gesetzgebung als frei zu betrachten wären und daher von jedermann benutzt werden dürften.

Einbandentwurf: WMXDesign GmbH, Heidelberg

Gedruckt auf säurefreiem Papier

Springer ist Teil der Fachverlagsgruppe Springer Science+Business Media (www.springer.com)

Vorwort zur dritten Auflage

Die zweite Auflage dieses Buches fand viele interessierte und aufmerksame Leser, die einige Verbesserungen angeregt haben. Auch die Arbeit mit den Studenten lieferte mir Hinweise darauf, an welchen Stellen geringfügig geänderte Formulierungen oder graphische Darstellungen zum leichteren Verständnis des Stoffes beitragen können. Mit der vorliegenden, dritten Auflage hoffe ich, die Erwartungen und Wünsche der Leser erfüllt zu haben.

Hinweise auf eventuell verbliebene Fehler und weitere Verbesserungsvorschläge nehme ich dankbar entgegen.

Zum Buch gehören zusätzliche Aufgaben mit Lösungen, die sich für die Prüfungsvorbereitung als nützlich erwiesen haben. Diese findet man jetzt im Internet auf der Produktseite:
http://www.springer.de/978-3-642-24219-9 .

Der Springer-Verlag bietet Dozenten die Möglichkeit an, die Abbildungen vom Buch für eigene Vorbereitungen ihrer Vorlesungen auf der o.g. Produktseite abzurufen.

Frankfurt,
Januar 2012

Marlene Marinescu

Vorwort zur zweiten Auflage

Dem vorliegenden Buch liegen eine jahrzehntelange Forschungs- und Entwicklungstätigkeit für die elektrotechnische Industrie und langjährig durchgeführte Vorlesungen über „Grundlagen der Elektrotechnik", an den Fachhochschulen Wiesbaden und Frankfurt, zugrunde.
Das Buch eignet sich besonders als Lehrbuch für Studierende aller Bachelor-Studiengänge an Fachhochschulen, aber auch an Universitäten, mit Hauptfach Elektrotechnik. Auch in der Praxis stehenden Ingenieuren kann dieses Buch zum Auffrischen oder Vertiefen ihrer Grundkenntnisse helfen.

Die Zusammenarbeit mit der Industrie auf vielen Gebieten der Elektrotechnik zeigte mir, wie wichtig die Kenntnis der Grundlagen für alle in der Praxis vorkommenden Aufgaben ist. Die moderne Entwicklung der Elektrotechnik mit ihren verschiedenen Richtungen erfordert heute von dem Elektroingenieur ein langlebiges, aber auch anwendungsorientiertes Grundlagenwissen, das allein ihm, unabhängig von der gewählten Spezialisierung, den Zugang zu den neuen Entwicklungen verschaffen kann. Nur mit dem soliden Fundament des Grundlagenwissens hat man heute eine Chance, mit der sehr schnellen Entwicklung Schritt zu halten.
Bei der Beantwortung von Fragen der industriellen Praxis musste ich oft an einen Satz von Ludwig Boltzmann denken, der mir heute immer noch aktuell erscheint:
„Fast wäre man versucht zu behaupten, dass, ganz abgesehen von ihrer geistigen Mission, die Theorie auch noch das denkbar Praktischste, gewissermaßen die Quintessenz der Praxis, sei".
(*„Über die Bedeutung von Theorien"*, Graz, 1890).

Meine Arbeit mit den Studenten zeigte mir auf der anderen Seite, wie schwierig es ist, die Gesetzmäßigkeiten der abstrakten elektrischen und magnetischen Felder zu verstehen. Diese Erkenntnis motivierte mich dazu, dieses Buch zu schreiben, das in erster Linie das Ziel verfolgt, das Grundwissen über die elektrischen und magnetischen Felder so klar und anschaulich wie möglich zu vermitteln.

Um diese Zielsetzung zu realisieren, steht heute ein Instrument zur Verfügung, das vor drei Jahrzehnten nicht existierte. Die in diesem Zeitraum entwickelten nummerischen Rechenverfahren, zusammen mit der rasanten Entwicklung leistungsfähiger Computer, führten dazu, dass man heute praktisch jedes Feldproblem nummerisch lösen kann.

Mit entsprechenden Zeichenprogrammen kann man Feldbilder der berechneten Felder erstellen. Somit kann man heute die unsichtbaren elektrischen und magnetischen Felder auch in komplizierten Anordnungen sichtbar machen, was einen unschätzbaren Beitrag zu ihrem Verständnis leisten kann. Das vorliegende Buch setzt dieses graphische Darstellungsmittel sehr oft ein und unterscheidet sich dadurch von anderen Lehrbüchern auf diesem Gebiet.

Alle Feldbilder wurden erstellt mit dem Finite-Elemente-Programm MANI, das von meinem Mann, *Prof.Dr. Nicolae Marinescu*, in den 1980er Jahren entwickelt und seit damals in unserer Firma MAGTECH zur Entwicklung und Optimierung von Magnetsystemen eingesetzt wurde.

Zur Erleichterung des Verständnisses wird in diesem Buch das elektromagnetische Feld in seinen Bestandteilen getrennt betrachtet: Elektrostatik (Kapitel 1), stationäre Strömungsfelder (Kapitel 2), stationäre Magnetfelder (Kapitel 3) und zeitlich veränderliche Magnetfelder (Kapitel 4). Im Anhang befinden sich einige Auskünfte über das Finite-Elemente-Verfahren und Hinweise zur Interpretation der Feldbilder.

Jedes Kapitel fängt an mit der Darstellung der experimentellen Beobachtungsbefunde: ausgehend von den Kraftwirkungen zwischen ruhenden elektrischen Ladungen wird das *elektrostatische Feld* eingeführt; bewegliche Ladungen in Leitern erzeugen das *stationäre elektrische Feld*; die Kraft zwischen stromdurchflossenen Leitern führt zu dem Begriff *magnetisches Feld*; schließlich versteht man aus den Experimenten von Faraday wie man mit *zeitlich veränderlichen Magnetfeldern* elektrische Energie erzeugen kann. Anschließend werden in jedem Kapitel Schritt für Schritt die Grund- und die Materialgesetze erläutert und besonders hervorgehoben, damit der Leser leicht begreift, was er sich unbedingt merken sollte. Allgemeine Anwendungen der Gesetze werden, soweit mit einfachen mathematischen Mitteln möglich, ausfürlich besprochen. Jedes Kapitel enthält außerdem eine große Anzahl von Beispielen, viele davon mit direktem Praxisbezug, mit deren Hilfe der Leser lernen kann, wie man die Gesetze anwendet, um praktische Aufgaben zu lösen. Für die 38 „Beispiele" und die 9 „Anwendungen" wurde ein Grauraster verwendet, sodass der Leser sie leicht finden kann.

Zusätzliche Aufgaben mit ausführlichen Lösungen findet man im Internet unter:

http://www.springer.de/978-3-540-89696-8 .

Das Buch führt den Leser bis zu den Maxwellschen Gleichungen, die alle elektromagnetischen Erscheinungen umfassen und eindeutig bestimmen. Diese Differentialgleichungen werden hier nur in ihrer Integralform angegeben, die sich als vollkommen ausreichend erwies.

Die Mathematik ist die Form, in der man das Verständnis der Gesetze der elektrischen und magnetischen Felder ausdrückt; ohne sie kann man die physikalischen Erkenntnisse über die Felder nicht quantitativ formulieren. Deswegen soll der Leser mathematische Vorkenntnisse mitbringen: Die elementare Mathematik bis hin zu den Grundzügen der Vektoralgebra und der Differential- und Integralrechnung sollen ihm vertraut sein.

Ein Lehrbuch über die Grundlagen der Elektrotechnik, die in der Literatur in vielen Büchern auf den unterschiedlichsten Ebenen behandelt wurden, kann nicht völlig neu sein. Die Quellen, aus denen dieses Buch schöpft, sind im Literaturverzeichnis angeführt; dort findet der Leser auch andere Werke, die ihm zum Verständnis und zu seiner Fortbildung helfen können.

Mein besonders herzlicher Dank gilt meinem ehemaligen Studenten in Frankfurt, Herrn cand.el. *Andreas Kopp*, der alle Bilder am Computer erstellt hat. Ohne seinen begeisterten Einsatz, seine Geduld und seine Kreativität wäre dieses Buch nicht in der vorliegenden Form erschienen.

Zum Schluss noch ein Zitat aus Arthur Schopenhauer, aus dem Jahre 1851:
„Es wäre eine schöne Sache, wenn man Das, was man gelernt hat, nun Ein für alle Mal und auf immer wüßte; allein dem ist anders: jedes Erlernte muß von Zeit zu Zeit durch Wiederholung aufgefrischt werden; sonst wird es allmählig vergessen. Da nun aber die bloße Wiederholung langweilt, muß man immer noch etwas hinzulernen: daher entweder Fortschritt oder Rückschritt".

Frankfurt, *Marlene Marinescu*
April 2009

Inhaltsverzeichnis

1	**Elektrostatische Felder**	**1**
1.1	Wesen des elektrostatischen Feldes	5
1.1.1	Elektrische Ladung	5
1.1.2	Elektrostatisches Feld	6
1.1.3	Grundlegende Beobachtungsbefunde: Das Coulombsche Gesetz	8
1.1.4	Die elektrische Feldstärke $\vec{E}$	11
1.2	Verhalten der Leiter im elektrostatischen Feld	15
1.3	Elektrische Spannung und Potential	18
1.3.1	Arbeit und elektrische Spannung	18
1.3.2	Wegunabhängigkeit der elektrostatischen Spannung	19
1.3.3	Das elektrische Potential φ	22
1.4	Die Erregung des elektrostatischen Feldes	26
1.4.1	Die elektrische Verschiebungsflussdichte $\vec{D}$	26
1.4.2	Der Gaußsche Satz der Elektrostatik	27
1.4.3	Das Materialgesetz der Elektrostatik	29
1.5	Feldstärke und Potential spezieller Ladungsverteilungen	31
1.5.1	Feldstärke und Potential einer Punktladung	32
1.5.2	Feldstärke und Potential einer gleichmäßig geladenen (Metall–) Kugel	33
1.5.3	Feldstärke einer weit ausgedehnten Metallebene	35
1.5.4	Feldstärke von zwei parallelen, geladenen Platten	37
1.5.5	Feldstärke und Potential einer Linienladung	38
1.6	Zusammenfassung der Grundgesetze der Elektrostatik	41
1.6.1	Allgemeine Gesetze	41
1.6.2	Materialgesetze	42
1.6.3	Bedingungen an Grenzflächen	43
1.7	Die Kapazität	47
1.7.1	Definition der Kapazität, technische Anwendungen	47
1.7.2	Parallel– und Reihenschaltungen von Kapazitäten	49
1.7.3	Die Kapazität spezieller Anordnungen	53
1.7.4	Zusammenfassung der meist angewendeten Kapazitäten	77
1.8	Energie und Kräfte im elektrostatischen Feld	80
1.8.1	Elektrische Energie und Energiedichte	80

1.8.2	Kräfte im elektrostatischen Feld, Prinzip der virtuellen Verschiebung	83
1.8.3	Kräfte auf freie Ladungen; Strahlablenkung	86
2	**Stationäre elektrische Felder**	**91**
2.1	Wesen des elektrischen Strömungsfeldes	93
2.2	Die Grundgesetze des elektrischen Strömungsfeldes	95
2.2.1	Die elektrische Stromdichte $\vec{S}$, Kontinuität	95
2.2.2	Wegunabhängigkeit der elektrischen Spannung U	98
2.2.3	Das Materialgesetz der Strömungsfelder	99
2.2.4	Das Gesetz über die Energiewandlung in Leitern	102
2.2.5	Zusammenfassung; Analogie mit der Elektrostatik	103
2.3	Widerstandsberechnung bei inhomogenen Feldern	104
2.3.1	Unterschiedliche Querschnitte der Stromfäden	104
2.3.2	Länge der Stromfäden oder κ unterschiedlich	106
2.4	Berechnung elektrischer Strömungsfelder	109
2.4.1	Homogene Felder	109
2.4.2	Inhomogenes Zylinderfeld	111
2.4.3	Inhomogenes Kugelfeld	118
2.4.4	Allgemeiner Lösungsweg	123
3	**Stationäre Magnetfelder**	**125**
3.1	Wesen des Magnetfeldes	127
3.1.1	Ursachen: Dauermagnete, Ströme	127
3.1.2	Grundlegende Beobachtungsbefunde: Kräfte zwischen parallelen Leitern	128
3.2	Magnetfeld von Leitern in der Luft	149
3.2.1	Die Experimente von Biot und Savart	149
3.2.2	Die Formel von Biot und Savart	151
3.2.3	Gültigkeitsbereich der Biot–Savartschen Formel	152
3.2.4	Magnetfelder spezieller Leiteranordnungen	153
3.3	Das Durchflutungsgesetz	173
3.3.1	Das Gesetz; magnetische Spannung, Durchflutung	173
3.3.2	Anwendung des Durchflutungsgesetzes	178
3.3.3	Erweitertes Durchflutungsgesetz	188
3.4	Der magnetische Fluss; Kontinuität des Flusses	190
3.4.1	Der Gaußsche Satz des Magnetfeldes	190
3.5	Das magnetische Verhalten materieller Körper	196
3.5.1	Das Materialgesetz	196

3.5.2	Klassifizierung	197
3.5.3	Magnetisierungskennlinie, Hysteresekurve	197
3.5.4	Diskussion über die Sättigung	200
3.6	Zusammenfassung der Grundgesetze der stationären Magnetfelder	201
3.6.1	Allgemeine Gesetze und Materialgesetz	201
3.6.2	Bedingungen an Grenzflächen	202
3.7	Der magnetische Kreis	206
3.7.1	Definition und Klassifizierung	206
3.7.2	Einige technische Anwendungen der Magnetkreise	207
3.7.3	Berechnungsmethoden für lineare Magnetkreise	215
3.7.4	Magnetkreise mit Dauermagneten	226
3.7.5	Nichtlineare Magnetkreise	238
3.7.6	Kräfte auf hochpermeable Eisenflächen	243
3.7.7	Die Rolle ferromagnetischer Teile bei der Entstehung der Magnetkraft	247
4	**Zeitlich veränderliche magnetische Felder**	**259**
4.1	Induktionswirkung und Induktionsgesetz	261
4.1.1	Die Experimente von Faraday	261
4.1.2	Lenzsche Regel	264
4.1.3	Kraft auf bewegte Ladungen im Magnetfeld	265
4.1.4	Das Induktionsgesetz in einfacher Form	267
4.1.5	Andere Formen des Induktionsgesetzes	272
4.1.6	Die Maxwellschen Gleichungen	273
4.1.7	Wie wendet man das Induktionsgesetz an? Beispiele	274
4.2	Induktivitäten	289
4.2.1	Selbstinduktion; Induktivität	289
4.2.2	Induktivität spezieller Anordnungen	291
4.2.3	Gegeninduktivität magnetisch gekoppelter Spulen	298
4.3	Energie und Kräfte im Magnetfeld	306
4.3.1	Magnetische Energie und Energiedichte	306
4.3.2	Berechnung von Kräften über die Magnetenergie	309
4.3.3	Zusammenfassung aller Kraftwirkungen im Magnetfeld	309
A	**Nummerische Methoden zur Feldberechnung**	**317**
A.1	Rechenmethoden für Magnetfelder, Überblick	319
A.1.1	Analytische Methoden	319

A.1.2	Halb-empirische Methoden	320
A.1.3	Nummerische Verfahren	320
A.2	Finite-Elemente-Methode zur Berechnung von Magnetfeldern	321
A.2.1	Kurze Beschreibung, Vergleich	321
A.2.2	Diskretisierung, Auslegung des Gitternetzes	324
A.2.3	Berücksichtigung von Nichtlinearitäten	324
A.2.4	Was kann man von einem FE-Programm noch erwarten?	325
A.3	Aufstellung eines Rechenmodells	326
A.4	Worauf soll der Anwender besonders achtgeben?	328
A.5	Besonderheiten der Feldbilder	330
	Literaturverzeichnis	335
	Index	339

Kapitel 1
Elektrostatische Felder

1

1	**Elektrostatische Felder**	**5**
1.1	Wesen des elektrostatischen Feldes	5
1.1.1	Elektrische Ladung	5
1.1.2	Elektrostatisches Feld	6
1.1.3	Grundlegende Beobachtungsbefunde: Das Coulombsche Gesetz	8
1.1.4	Die elektrische Feldstärke $\vec{E}$	11
1.2	Verhalten der Leiter im elektrostatischen Feld	15
1.3	Elektrische Spannung und Potential	18
1.3.1	Arbeit und elektrische Spannung	18
1.3.2	Wegunabhängigkeit der elektrostatischen Spannung	19
1.3.3	Das elektrische Potential φ	22
1.4	Die Erregung des elektrostatischen Feldes	26
1.4.1	Die elektrische Verschiebungsflussdichte $\vec{D}$	26
1.4.2	Der Gaußsche Satz der Elektrostatik	27
1.4.3	Das Materialgesetz der Elektrostatik	29
1.5	Feldstärke und Potential spezieller Ladungsverteilungen	31
1.5.1	Feldstärke und Potential einer Punktladung	32
1.5.2	Feldstärke und Potential einer gleichmäßig geladenen (Metall–) Kugel	33
1.5.3	Feldstärke einer weit ausgedehnten Metallebene	35
1.5.4	Feldstärke von zwei parallelen, geladenen Platten	37
1.5.5	Feldstärke und Potential einer Linienladung	38
1.6	Zusammenfassung der Grundgesetze der Elektrostatik	41
1.6.1	Allgemeine Gesetze	41
1.6.2	Materialgesetze	42
1.6.3	Bedingungen an Grenzflächen	43
1.7	Die Kapazität	47
1.7.1	Definition der Kapazität, technische Anwendungen	47
1.7.2	Parallel– und Reihenschaltungen von Kapazitäten	49
1.7.3	Die Kapazität spezieller Anordnungen	53
1.7.4	Zusammenfassung der meist angewendeten Kapazitäten	77
1.8	Energie und Kräfte im elektrostatischen Feld	80
1.8.1	Elektrische Energie und Energiedichte	80

1.8.2 Kräfte im elektrostatischen Feld, Prinzip der virtuellen Verschiebung 83
1.8.3 Kräfte auf freie Ladungen; Strahlablenkung 86

1 Elektrostatische Felder

Elektrizitätserscheinungen in *Leitern* (Metallen) entstehen durch die Bewegung der freien Ladungsträger (Elektronen). In *Nichtleitern* (Isolierstoffe, auch Dielektrika genannt) sind – im Idealfall – keine freien Ladungsträger vorhanden. Die elektrischen Ladungen in Nichtleitern sind *un*beweglich. Die *Elektrostatik* befasst sich mit *ruhenden elektrischen Ladungen und deren Wirkungen*. Es gibt keinen elektrischen Strom und keine Zeitabhängigkeit irgendwelcher Funktionen. Mathematisch ausgedrückt:

$$\frac{\partial f}{\partial t} = 0$$

für alle Funktionen f.

1.1 Wesen des elektrostatischen Feldes

❷ 1.1.1 Elektrische Ladung

Materie ist von Natur aus elektrisch *neutral*, also *ungeladen*. Sie besteht aus der gleichen Anzahl positiver und negativer Ladungen, die sich nach außen hin kompensieren.

Ein Körper ist *geladen*, d.h. er hat eine Ladung, die nach außen hin wirkt, wenn der oben erwähnte Gleichgewichtszustand zwischen positiven und negativen Ladungen gestört wird. Eine solche Störung tritt z.B. durch Reiben von Glas oder Bernstein (griechisch: elektron) auf. *Willkürlich* ordnet man den Ladungen eines geriebenen Glasstabes das *positive* Vorzeichen zu, denen des Bernsteinstabes das *negative* Vorzeichen.

Ein *Aufladen* des Körpers bedeutet immer eine *Ladungstrennung*.

In der Physik gelten einige *Erhaltungssätze* für abgeschlossene Systeme, die als Naturgesetze durch alle Experimente bestätigt worden sind: Satz von der Erhaltung der Gesamtenergie, des Gesamtimpulses, der Gesamtmasse, u.a. In der Elektro*statik* gilt das folgende allgemeine Gesetz:

> *Allgemeines Gesetz (Satz von der Erhaltung der Ladung): Die Gesamtladung eines abgeschlossenen, isolierten Systems bleibt insgesamt erhalten.*

Merksatz: Die Gesamtladung (algebraische Summe der in dem abgeschlossenen Volumen enthaltenen Ladungen) ist stets konstant, sie kann sich nur anders verteilen.

Die Einheit der Ladung ist:

$$\boxed{C = Coulomb = A \cdot s}.$$

Alle Ladungsmengen sind ganzzahlige Vielfache der Elementarladung (Ladung des Elektrons):

$$e = 1,602 \cdot 10^{-19}\, C.$$

Man arbeitet mit den folgenden idealisierten *Ladungsverteilungen*, um die Berechnung komplizierter Felder zu ermöglichen:
- *Punktladungen* werden in Punkten angenommen (die Abmessungen der Körper müssen sehr klein im Verhältnis zu der Entfernung zu anderen Ladungen sein).
- *Linienladungen* (die Querabmessungen sind viel kleiner als die Längsabmessungen; z.B.: Drähte).
- *Flächenladungen* sind auf sehr dünnen Schichten verteilt.
- *Raumladungen* existieren im gesamten betrachteten Raum.

Die Gesamtladung eines Bereiches ergibt sich durch Summation über den jeweiligen Bereich. Sie ist eine „Integralgröße" der Ladungsverteilung.

Definition der Ladungsdichten:
- *Liniendichte:* $\varrho_l = \frac{Q}{l}$,
- *Flächendichte:* $\varrho_s = \frac{Q}{A}$,
- *Volumendichte:* $\varrho_v = \frac{Q}{V}$,

mit $Q = Ladung$, $l = Länge$, $A = Fläche$ *und* $V = Volumen$.

● 1.1.2 Elektrostatisches Feld

Schon vor Jahrtausenden wurde die Beobachtung gemacht, (z.B. beim Reiben eines Bernsteinstabes an einem Tuch), dass ein elektrisch geladener Körper um sich herum einen Zustand des Raumes hervorruft, der ohne ihn nicht vorhanden ist: in dem Raum wirken auf andere Ladungen Kräfte. Dieser Zustand wird offensichtlich durch die elektrische Ladung verursacht. Man sagt, dass in dem Raum, in dem diese Wirkungen auftreten, ein „*elektrisches Feld*" vorhanden ist.

Vektorielle Felder kann man durch ihre *Feldlinien* veranschaulichen. Diese geben in jedem Punkt die *Richtung* der Feldgröße an, d.h.: in jedem Punkt

1.1 Wesen des elektrostatischen Feldes

einer Feldlinie verläuft die Feldgröße *tangential* zu der Feldlinie. Ein Maß für den *Betrag* der Feldgröße stellt die *Dichte* der Feldlinien dar.
Man unterscheidet zwischen:
- *homogenen* Feldern, in denen in jedem Punkt des Raumes die Feldgröße hinsichtlich *Betrag und Richtung* konstant ist,

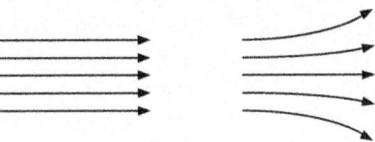

Abb. 1.1. Beispiel für ein homogenes Feld (links) und für ein inhomogenes Feld (rechts)

- *inhomogenen* Feldern, die nicht homogen sind.

Eine andere wichtige Klassifizierung der vektoriellen Felder:
- Reine *Quellenfelder*, bei denen alle Feldlinien einen Anfang und ein Ende haben, auch wenn das Ende im Unendlichen liegt, wie auf Abb.1.2 und 1.3.

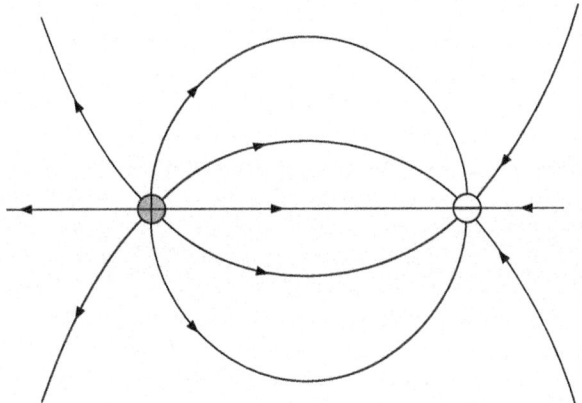

Abb. 1.2. Inhomogenes elektrisches Feld $\vec{E}$ zweier gleichgroßer ungleichnamiger Punktladungen (auch Drähte, Kugeln)

- Reine *Wirbelfelder* bei denen alle Feldlinien in sich geschlossen sind; sie haben keinen Anfang und kein Ende. Beispiel: alle magnetischen Felder, wie auf Abb. 1.4.

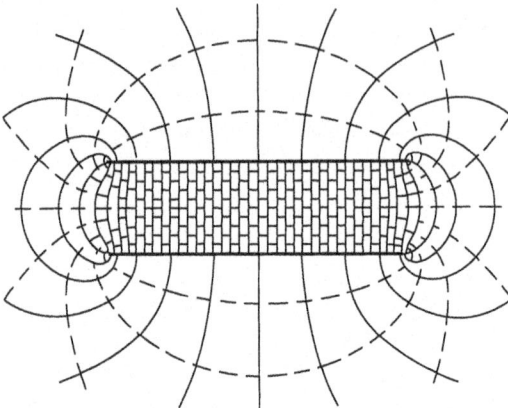

Abb. 1.3. Elektrisches Feld $\vec{E}$ zwischen zwei dünnen, geladenen Platten: in der Mitte homogen, an den Rändern inhomogen (gestrichelt: Äquipotentiallinien)

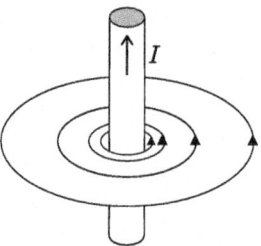

Abb. 1.4. Magnetfeld eines langen, geraden, stromdurchflossenen Leiters

◉ 1.1.3 Grundlegende Beobachtungsbefunde: Das Coulombsche Gesetz

Charles Auguste de Coulomb (1736 – 1806), französischer Physiker, hat mit Punktladungen experimentiert und folgende Beobachtungen gemacht:
Eine elektrische Ladung Q_2 übt auf jede andere Ladung Q_1 eine Kraft $\vec{F}$ aus,

- die proportional zu den beiden Ladungen Q_1 und Q_2 ist,
- die umgekehrt proportional zu r^2 ist, wobei r den Abstand zwischen den Ladungen bedeutet,
- und die die Richtung der Verbindungslinie zwischen Q_1 und Q_2, definiert durch den Einheitsvektor $\vec{e}_r$, hat.

1.1 Wesen des elektrostatischen Feldes

Die skalare Form des von Coulomb experimentell entdeckten Gesetzes ist:

$$F_{12} = k \cdot \frac{Q_1 \cdot Q_2}{r^2} \ . \tag{1}$$

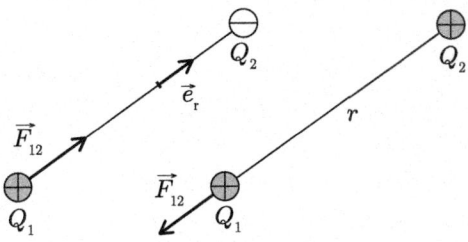

Abb. 1.5. Zum Coulombschen Gesetz

Hier muss man zwischen der „felderzeugenden" Ladung, z.B. Q_2, und der Ladung, auf die im elektrischen Feld die Kraft ausgeübt wird, z.B. Q_1, unterscheiden. Die Kraft wirkt also in dem Punkt, wo sich Q_1 befindet. Coulomb hat weiter festgestellt, dass:

Merksatz: Ladungen mit unterschiedlichen Vorzeichen sich anziehen, während Ladungen mit gleichem Vorzeichen sich abstoßen (Abb. 1.5).

Der Proportionalitätsfaktor k ist, bei definierten Einheiten für die Ladungen (Coulomb), den Abstand (m) und die Kraft (Newton) *nicht* frei wählbar. Er hängt von dem Medium ab, in dem die Kraft entsteht, ist also eine Materialkonstante.

Nachstehend wird hier vorab der Ausdruck für k angegeben, der später weiter erläutert werden wird:

$$k = \frac{1}{4\pi \cdot \varepsilon} \ ,$$

wobei ε die *Dielektrizitätskonstante* oder *Permittivität* genannt wird.
Die endgültige Form für das Coulombsche Gesetz ist also:

$$\boxed{\vec{F}_{12} = \frac{Q_1 \cdot Q_2}{4\pi \cdot \varepsilon \cdot r^2} \cdot \vec{e}_r} \ . \tag{2}$$

In diesem Buch wird die folgende willkürliche *Vereinbarung* bezüglich der Reihenfolge der Indizes der Kräfte getroffen: Der erste Index betrifft den Ort der Wirkung, der zweite den Ort der Ursache. Somit ist $\vec{F}_{12}$ die Kraft auf die Ladung Q_1, verursacht von der Ladung Q_2 und wirkt dort, wo sich Q_1 befindet.

1. Elektrostatische Felder

Im Vakuum (Luft) ist ε:

$$\varepsilon = \varepsilon_0 = 8{,}854 \cdot 10^{-12} \frac{As}{Vm},$$

wobei ε_0 die *absolute Dielektrizitätskonstante* ist. ε_0 ist eine Naturkonstante. Als Einheit von ε wird angegeben:

$$[\varepsilon] = \frac{[Q]^2}{[F] \cdot [L]^2} = \frac{A^2 \cdot s^2}{N \cdot m^2} = \frac{A^2 \cdot s^2 \cdot m}{As \cdot V \cdot m^2} = \frac{As}{Vm}.$$

Ganz allgemein kann man für ε auch angeben:

$$\varepsilon = \varepsilon_0 \cdot \varepsilon_r$$

mit $\varepsilon_r = $ *relative* Dielektrizitätszahl (ohne Einheit!).

Merksatz: Wirken mehrere Ladungen auf eine andere, so *überlagern sich die einzelnen Kräfte* (solange ε konstant ist) *vektoriell*.

Empfehlung: Da die Kräfte Vektoren sind, sollte man immer eine Skizze der Feldvektoren zeichnen, bevor man sie überlagert. Im Kopf gelingt die Addition von mehreren Vektoren nur selten und nur wenn man darin viel Übung hat.

Beispiel 1.1: Zur Berechnung der Coulombschen Kraft
Vier gleiche Ladungen Q sind in den Ecken eines Quadraten mit der Seitenlänge l angebracht ($\varepsilon = \varepsilon_0$). Q_1, Q_2 und Q_3 sind positiv, Q_4 ist negativ.
Berechnen Sie die resultierende Kraft $\vec{F}$ auf die Ladung Q_2.

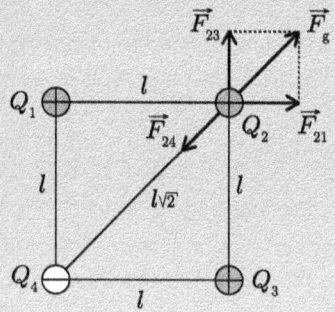

1.1 Wesen des elektrostatischen Feldes

Lösung:

Die Beträge der zwei abstoßenden Kräfte sind gleich groß, da sowohl die Ladungen, als auch die Abstände gleich sind. Die Kräfte berechnen sich zu:

$$F_{21} = F_{23} = \frac{Q^2}{4\pi \cdot \varepsilon_0 \cdot l^2} \; ; F_{24} = \frac{Q^2}{4\pi \cdot \varepsilon_0 \cdot (\sqrt{2}\,l)^2} = \frac{Q^2}{4\pi \cdot \varepsilon_0 \cdot 2l^2} \,.$$

Die Resultierende der zwei abstoßenden Kräfte ist:

$$F_g = 2 \cdot F_{21} \cdot \underbrace{\cos 45°}_{=\frac{\sqrt{2}}{2}} = \sqrt{2} \cdot F_{21} = \sqrt{2} \cdot \frac{Q^2}{4\pi \cdot \varepsilon_0 \cdot l^2} \,.$$

Die resultierende Kraft ist abstoßend und diagonal gerichtet:

$$F = F_g - F_{24} = \frac{Q^2}{4\pi \cdot \varepsilon_0 \cdot l^2} \cdot \left(\sqrt{2} - 0,5\right) = \boxed{0,914 \cdot \frac{Q^2}{4\pi \cdot \varepsilon_0 \cdot l^2}} \,.$$

Rechenbeispiel: $Q = 5\,\mu C, l = 1\,m$

$$F = 0,914 \cdot \frac{5^2 \cdot 10^{-12}\,(As)^2 \cdot Vm}{4\pi \cdot 8,85 \cdot 10^{-12} \cdot As \cdot 1^2 \, m^2} = \boxed{0,2\,N} \,.$$

● 1.1.4 Die elektrische Feldstärke $\vec{E}$

Aus den Untersuchungen von Coulomb ergab sich, dass die Kraft auf eine Ladung Q (vorhin Q_1) proportional zu ihrer Größe und einem Faktor, der nicht von Q abhängt, ist:

$$F = \underbrace{\frac{Q_2}{4\pi \cdot \varepsilon \cdot r^2}}_{E} \cdot Q_1 = E \cdot Q_1 \,. \tag{3}$$

Diesen Faktor nennt man *elektrische Feldstärke E*; sie beschreibt die Kraftwirkung auf Ladungen im elektrischen Feld. Es gilt hier:

$$E = \frac{Q_2}{4\pi \cdot \varepsilon \cdot r^2} \,, \quad \text{allgemein:} \quad \boxed{E = \frac{Q}{4\pi \cdot \varepsilon \cdot r^2}} \,. \tag{4}$$

Man sieht, dass E völlig unabhängig von Q_1 ist, es kann also jede beliebige Ladung sein. E hängt von der Ladung Q_2, die „felderzeugende" Ladung,

und von dem Abstand r zu dem betrachteten Punkt im Raum, ab.
Die Einheit von E ist:

$$[E] = \frac{[F]}{[Q]} = \frac{N}{As} = \frac{\frac{VAs}{m}}{As} = \boxed{\frac{V}{m}}.$$

Da Q eine skalare Größe ist, muss in der Gl. (3) $\vec{E}$ dieselbe Richtung wie $\vec{F}$ besitzen:

$$\boxed{\vec{F} = Q \cdot \vec{E}}. \tag{5}$$

Die Gl. (5) – Coulombsches Gesetz – gibt die Kraft $\vec{F}$ an, die ein elektrisches Feld $\vec{E}$ auf eine beliebige Ladung Q ausübt.

Merksatz: $\vec{E}$ *stimmt bezüglich der Richtung und des Richtungssinns mit der Kraft überein, die auf eine positive Ladung ausgeübt wird.*
Somit fangen die Feldlinien von $\vec{E}$ *immer auf positiven Ladungen an und enden auf negativen Ladungen.*

Jetzt kann man das Feldbild der von Punktladungen erzeugten Feldstärken zeichnen (Abb. 1.6). In jedem Punkt des Raumes ist $\vec{E}$ radial gerichtet (inhomogenes Quellenfeld).

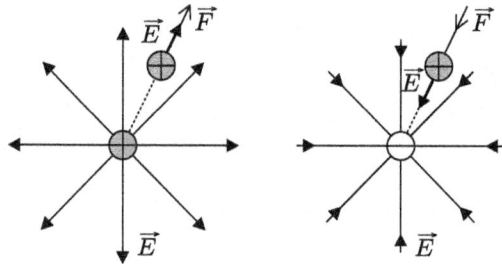

Abb. 1.6. Das Feld $\vec{E}$ einer positiven (links) und einer negativen (rechts) Punktladung

Anmerkungen:
1. In der Formel nach Gl. (5) ist $\vec{E}$ das „Fremdfeld", nicht das Feld der Ladung Q!
2. Wird $\vec{E}$ von mehreren Punktladungen (bei konstantem ε) erzeugt, so gilt der *Überlagerungssatz: Die Gesamtfeldstärke ist die vektorielle Addition der einzelnen Feldstärken.*

Beispiel 1.2: Elektrische Feldstärken

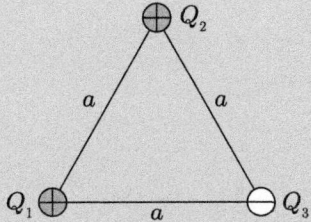

Drei Punktladungen $Q_1 = 2,5 \cdot 10^{-8}\,As$, $Q_2 = 1,5 \cdot 10^{-8}\,As$ und $Q_3 = -2 \cdot 10^{-8}\,As$ sind in den Eckpunkten eines gleichseitigen Dreiecks mit der Seitenlänge $a = 10\,cm$, in der Luft $\left(\varepsilon_0 = 8,854 \cdot 10^{-12}\,\frac{As}{Vm}\right)$ angebracht (siehe oberes Bild). Legen Sie den Ursprung eines kartesischen 2D-Koordinatensystems in den Mittelpunkt P des Dreiecks und berechnen Sie:

1. Die Beträge der drei elektrischen Feldstärken, die von den drei Ladungen in dem Mittelpunkt P erzeugt werden.
2. Den Betrag der resultierenden Feldstärke in dem Mittelpunkt.
3. Den Winkel α der resultierenden Feldstärke mit der horizontalen x-Achse.

<u>Lösung:</u>

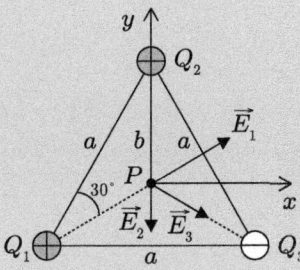

1. Alle drei Ladungen liegen gleich weit weg vom Mittelpunkt des Dreiecks:

$$b = \frac{\frac{a}{2}}{\cos 30°} = \frac{5 \cdot 10^{-2}\,m}{\cos 30°}$$
$$= 5,77 \cdot 10^{-2}\,m\,.$$

Die Feldstärken werden berechnet nach der Formel:

$$E = \frac{Q}{4\pi \cdot \varepsilon_0 \cdot b^2}$$

$$E_1 = \frac{Q_1}{4\pi \cdot \varepsilon_0 \cdot b^2} = \frac{2,5 \cdot 10^{-8} \, As \cdot Vm}{4\pi \cdot 8,854 \cdot 10^{-12} \, As \cdot (5,77)^2 \cdot 10^{-4} \, m^2}$$

$$E_1 = \boxed{6,75 \cdot 10^4 \, \tfrac{V}{m}} \, ; \quad E_2 = \frac{Q_2}{Q_1} \cdot E_1 = 4,05 \cdot \boxed{10^4 \, \tfrac{V}{m}} \, ;$$

$$E_3 = \frac{Q_3}{Q_1} \cdot E_1 = \boxed{5,4 \cdot 10^4 \, \tfrac{V}{m}},$$

weil die Feldstärken E sich allein durch die Ladung im Zähler unterscheiden.

2. Um den Betrag der resultierenden Feldstärke bestimmen zu können, muss man die drei Feldstärken in Komponenten–Darstellung schreiben.

$$E_{1_x} = E_1 \cdot \cos 30° = 5,845 \cdot 10^4 \, \tfrac{V}{m}$$
$$E_{1_y} = E_1 \cdot \cos 60° = 3,375 \cdot 10^4 \, \tfrac{V}{m}$$
$$E_{2_x} = 0$$
$$E_{2_y} = -E_2 = -4,05 \cdot 10^4 \, \tfrac{V}{m}$$
$$E_{3_x} = E_3 \cdot \cos 30° = 4,676 \cdot 10^4 \, \tfrac{V}{m}$$
$$E_{3_y} = -E_3 \cdot \cos 60° = -2,7 \cdot 10^4 \, \tfrac{V}{m}.$$

Die resultierende Feldstärke $\vec{E}$ wird:

$$\vec{E} = \vec{E}_1 + \vec{E}_2 + \vec{E}_3$$
$$= \left[\begin{pmatrix} 5,845 \\ 3,375 \end{pmatrix} + \begin{pmatrix} 0 \\ -4,05 \end{pmatrix} + \begin{pmatrix} 4,676 \\ -2,7 \end{pmatrix} \right] \cdot 10^4 \, \tfrac{V}{m}$$
$$= \begin{pmatrix} 10,52 \\ -3,375 \end{pmatrix} \cdot 10^4 \, \tfrac{V}{m}$$

$$|\vec{E}| = \sqrt{10,52^2 + 3,375^2} \cdot 10^4 \, \tfrac{V}{m} = \boxed{11,05 \cdot 10^4 \, \tfrac{V}{m}}.$$

3. Der Winkel, den $\vec{E}$ mit der x-Achse bildet, wird:

$$\cos \alpha = \frac{E_x}{|\vec{E}|} = \frac{10,52}{11,05} = 0,952 \quad \curvearrowright \quad \boxed{\alpha \simeq 18°}.$$

1.2 Verhalten der Leiter im elektrostatischen Feld

Im elektrostatischen Feld *führen Leiter keinen Strom*, denn der „Leitungsstrom" entsteht durch die *Bewegung* der freien Ladungsträger im Metall. Im „statischen" Zustand bewegen sich die Ladungen jedoch nicht mehr, es fließt also kein Strom, und es wird auch keine Wärme entwickelt.
Wenn die Ladungen sich nicht mehr bewegen, dann bedeutet dies:

Merksatz: In einem leitenden Körper ist kein elektrostatisches Feld vorhanden:

$$\vec{E} = 0.$$

In der Tat, wäre $\vec{E} \neq 0$, so wäre auch die Coulombsche Kraft $\vec{F}$ verschieden von Null, und da in Metallen die Elektronen frei beweglich sind, würden sie sich unter der Wirkung der Kraft $\vec{F}$ bewegen.
Trotzdem tragen die Metalle Ladungen (ruhende), was für viele Anwendungen in der Elektrostatik von Bedeutung ist. Die ruhenden Ladungen sind demzufolge so verteilt, dass das Feld $\vec{E}$ im Inneren gleich Null ist. Daraus ergibt sich:

Merksatz: Im elektrostatischen Feld sind die Ladungen in Leitern nur an der Oberfläche verteilt. Im Inneren sind keine Ladungen vorhanden.

Wir betrachten dazu einen Metallkörper, dem an einer Stelle negative Ladungen übertragen wurden.

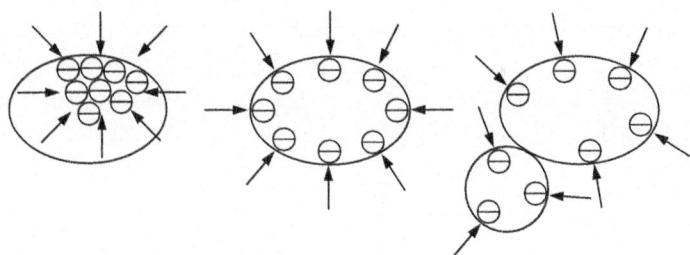

Abb. 1.7. Zur Erklärung der Ladungsverteilung in Leitern

Im ersten Moment sitzt die übertragene Ladung konzentriert an der Berührungsstelle, und es bildet sich um sie herum ein elektrisches Feld (Abb. 1.7, links). Jedes Elektron befindet sich im Feld aller anderen, und diese üben eine Kraft aus, die das Elektron abstößt. Alle Elektronen stoßen sich gegenseitig ab. Sie sind im Metall frei und bewegen sich weg von den anderen, bis

16   1. Elektrostatische Felder

jedes Elektron möglichst weit weg von den anderen ist. Dann endet die Bewegung. Die Ladungen liegen an der Oberfläche, der Innenraum ist feldfrei: das ist der elektro*statische* Zustand (Abb. 1.7, Mitte).

Berührt man jetzt einen zweiten Leiter, so verteilen sich die Ladungen auf der nunmehr vergrößerten Oberfläche (Abb. 1.7, rechts).

Wenn das Innere der Leiter im statischen Zustand feldfrei ist ($\vec{E} = 0$), so ergibt sich:

Merksatz: Die Feldlinien des elektrostatischen Feldes $\vec{E}$, das außerhalb des Leiters vorhanden ist, stehen an allen Stellen senkrecht auf der Leiteroberfläche.

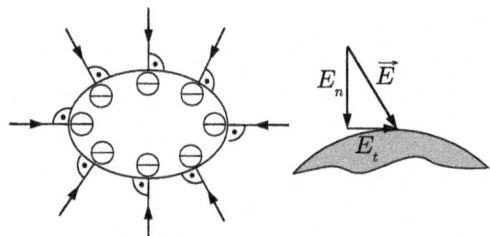

Abb. 1.8. Feldlinien von $\vec{E}$ an der Leiteroberfläche und Beweis (rechts)

Mathematisch heißt es: Die *Leiteroberfläche ist immer eine Äquipotentialfläche* (auch Niveaufläche genannt).

Das ist leicht zu beweisen: hätte $\vec{E}$ nicht nur eine normale, sondern auch eine tangentiale Komponente, so würde auf die beweglichen Ladungsträger eine Coulombsche Kraft in der Ebene der Oberfläche wirken (Abb. 1.8, rechts), und somit würde ein elektrischer Strom erzeugt werden. Das widerspricht jedoch der Voraussetzung, dass der *statische* Zustand bereits erreicht war.

Influenz

Was geschieht mit einem Metallkörper, wenn man ihn in ein elektrostatisches Feld bringt, z.B. zwischen zwei geladene Platten, *ohne* dass er sie berührt? Die freien Elektronen müssen sich so verschieben, dass im Inneren des Körpers das *resultierende* elektrostatische Feld wieder $\vec{E} = 0$ ist! Das äußere Feld und das Feld der jetzt getrennten Ladungen heben sich im Leiterinneren gerade auf. Diesen Vorgang nennt man *„Influenz"*. Praktisch dauert die Trennung der Ladungen bei Metallen extrem kurze Zeit (unter 10^{-12} Sekunden).

1.2 Verhalten der Leiter im elektrostatischen Feld

Man versteht den Vorgang leicht mit dem Experiment der „Maxwellschen Doppelplatte" (Abb. 1.9):

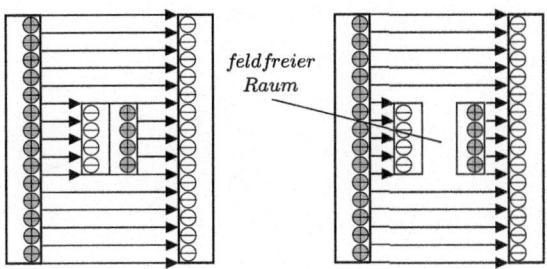

Abb. 1.9. Die Maxwellschen Doppelplatten

Zwischen zwei geladene Platten führt man zwei ungeladene Leiterplättchen, die sich zunächst berühren. Die freien Elektronen wandern aufgrund der Influenz auf die der positiven Ladung zugewandten Seite. Es wird eine solche Ladung „influenziert", damit das Feld in den Metallplättchen Null, also das äußere Feld kompensiert wird.

Trennt man jetzt die Platten *im Feld*, so entsteht zwischen ihnen ein feldfreier Raum. Ein solcher Raum innerhalb eines elektrostatischen Feldes wird *„Faradayscher Käfig"* genannt.

Werden die Plättchen aus dem Feld entfernt, so kann man messtechnisch feststellen, dass ein Plättchen positiv, das andere negativ geladen ist. Influenzladungen lassen sich also trennen (Elektrizitätserzeugung).

Zusammenfassend kann man über das *Verhalten von Leitern im elektrostatischen Feld* sagen:

– Wenn Leiter elektrostatisch geladen sind, dann verteilen sich die Ladungen an der Oberfläche.
– Das Innere von Leitern ist feldfrei: $\vec{E} = 0$.
– Die äußeren Feldlinien von $\vec{E}$ stehen senkrecht auf den Metalloberflächen (diese sind „äquipotential").
– Die äußeren Felder „influenzieren" Ladungen und zwar so, dass das Innere des Leiters feldfrei bleibt.
– Und schließlich: Im elektrostatischen Zustand gibt es im Leiter keinen Strom; oder umgekehrt: Damit ein Strom fließt, muss $\vec{E}$ im Leiter verschieden von Null sein.

1.3 Elektrische Spannung und Potential

1.3.1 Arbeit und elektrische Spannung

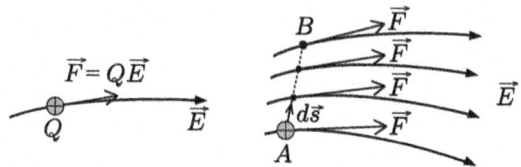

Abb. 1.10. Kräfte auf eine Punktladung

Bewegt sich eine Ladung im elektrostatischen Feld, so werden auf diese Kräfte ausgeübt und es wird eine Arbeit geleistet (Abb. 1.10).
Bewegt sich eine positive Ladung auf einer Feldlinie in Richtung von $\vec{E}$, (Abb. 1.10, links) so wird sie beschleunigt, ihre kinetische Energie nimmt zu. Dagegen muss die Potentialenergie abnehmen (dies gebietet der Energieerhaltungssatz).
Soll eine Ladung zwischen zwei beliebigen Punkten A und B im Feld bewegt werden, so muss dafür die folgende Arbeit geleistet werden:

$$W_{AB} = \int_A^B \vec{F} \cdot d\vec{s} = Q \cdot \underbrace{\int_A^B \vec{E} \cdot d\vec{s}}_{U_{AB}} \qquad \text{(weil } \vec{F} = Q \cdot \vec{E} \text{ ist)}.$$

Das Integral wird elektrische Spannung genannt:

$$\boxed{U_{AB} = \int_A^B \vec{E} \cdot d\vec{s}},$$

wo $d\vec{s}$ das Wegelement bedeutet (Abb. 1.10, rechts).

Definition: Das Linienintegral der elektrischen Feldstärke zwischen zwei Punkten ist die elektrische Spannung zwischen diesen Punkten.

Da $U_{AB} = \frac{W_{AB}}{Q}$ ist, ist die elektrische Spannung ein Maß für die Arbeit bzw. die Energie, die notwendig ist, um eine Ladung Q im elektrischen Feld zwischen A und B zu verschieben.

1.3 Elektrische Spannung und Potential

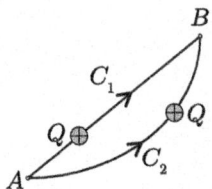

Abb. 1.11. Zur Wegunabhängigkeit von U

1.3.2 Wegunabhängigkeit der elektrostatischen Spannung

Man kann mit einem „energetischen" Beweis leicht zeigen, dass in der Elektrostatik das Integral $\int_A^B \vec{E} \cdot d\vec{s}$ nicht von dem Weg zwischen den Punkten A und B abhängt.

In der Tat: Bewegt man eine Probeladung Q von A nach B auf dem Weg C_1 und zurück von B nach A auf dem Weg C_2 (siehe Abb. 1.11), so darf die Ladung bei einem solchen Umlauf keine Energie gewinnen oder verlieren, da das System im elektrostatischen Zustand im Gleichgewicht ist und kein Energieaustausch mit der Außenwelt möglich ist. Dann gilt:

$$0 = Q \cdot \int_{A_{C_1}}^{B} \vec{E} \cdot d\vec{s} + Q \cdot \int_{B_{C_2}}^{A} \vec{E} \cdot d\vec{s}$$

oder auch:

$$\int_{A_{C_1}}^{B} \vec{E} \cdot d\vec{s} = \int_{A_{C_2}}^{B} \vec{E} \cdot d\vec{s},$$

was beweist, dass die Spannung U_{AB} nicht von dem Weg zwischen den Punkten A und B abhängt.

Man kann auch schreiben:

$$\boxed{\oint \vec{E} \cdot d\vec{s} = 0}.$$

Gesetz: Das Linienintegral der elektrischen Feldstärke $\vec{E}$ längs jeder beliebigen geschlossenen Kurve ist Null.

Anmerkung: Das ist eines der *Grundgesetze* der *Elektrostatik*. Es ist eine partikuläre Form einer der Maxwellschen Gleichungen, die allgemein

$$\boxed{\oint \vec{E} \cdot d\vec{s} = -\frac{d\Phi}{dt}} \qquad \Phi = \text{magnetischer Fluß}$$

lautet (das ist das Induktionsgesetz, siehe dazu Abschnitt 4.1.4).). In der Elektrostatik ist $\Phi = 0$ und $\frac{d}{dt} = 0$ und somit $\oint \vec{E} \cdot d\vec{s} = 0$!

Anmerkung: Das hier diskutierte Gesetz ist eine allgemeinere Formulierung des *2. Kirchhoffschen Satzes*, den man in der Netzwerktheorie anwendet: „Die Summe aller Teilspannungen in einer Masche ist Null."

Ein Vektorfeld $\vec{a}$, das die Eigenschaft $\oint \vec{a} \cdot d\vec{s} = 0$ auf jeder Kurve besitzt, nennt man *wirbelfrei*. Diese Bezeichnung sagt aus, dass die *Feldlinien* keine Wirbel bilden, also *nicht geschlossen sind*.
Man kann dies wie folgt beweisen: Auf Feldlinien sind der Feldvektor und das Wegelement parallel (Definition der Feldlinie):

$$\vec{E} \| d\vec{s}.$$

Ist der Integrationsweg eine Feldlinie, so gilt:

$$\oint \vec{E} \cdot d\vec{s} = \oint |\vec{E}| \cdot |d\vec{s}| \cdot \underbrace{\cos 0}_{=1} = \oint E \cdot ds$$

Da E und ds nicht gleich Null sind, kann $\oint E \cdot ds$ nicht Null sein, d.h.: eine Feldlinie kann nicht geschlossen sein, sie hat einen Anfang und ein Ende.

Merksatz: Die Feldlinien von $\vec{E}$ fangen an auf positiven Ladungen und enden auf negativen Ladungen (siehe dazu die Abb. 1.12).

1.3 Elektrische Spannung und Potential

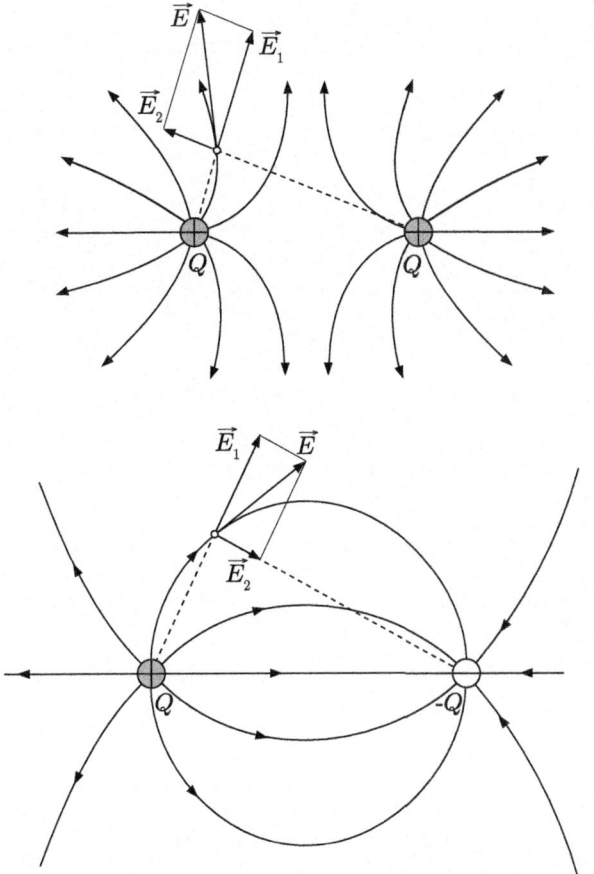

Abb. 1.12. Feldbild der elektrischen Feldstärke $\vec{E}$ von zwei gleichgroßen Punktladungen (oben: gleichnamig, unten: ungleichnamig)

Abb. 1.12 zeigt anschaulich, wie das Feldbild von zwei gleichgroßen Punktladungen (1-links, 2-rechts) entsteht. In jedem Punkt des Raumes überlagern sich die zwei Feldstärken $\vec{E}_1$ und $\vec{E}_2$ der zwei Ladungen, vektoriell. Die als Beispiel ausgewählten Punkte oben und unten liegen näher an der linken Ladung. Somit wird die Feldstärke $\vec{E}_2$ der enfernteren Ladung kleiner als $\vec{E}_1$ sein. Beide Feldstärken sind gerichtet nach der (gestrichelt dargestellten) Verbindungslinie zwischen den Ladungen und dem betrachteten Punkt. Die vektorielle Summe von $\vec{E}_1$ und $\vec{E}_2$ ergibt die gesuchte Feldstärke $\vec{E}$, die tangent an der Feldlinie verläuft.

1.3.3 Das elektrische Potential φ

Da die elektrische Spannung U zwischen zwei Punkten A und B nur von diesen und nicht vom Weg abhängt, kann man schreiben:

$$U_{AB} = \int_A^B \vec{E} \cdot d\vec{s} = \varphi_A - \varphi_B \Rightarrow \varphi_B = \varphi_A - \int_A^B \vec{E} \cdot d\vec{s} \quad (6)$$

wo φ eine skalare Ortsfunktion ist, die *elektrisches Potential* genannt wird.

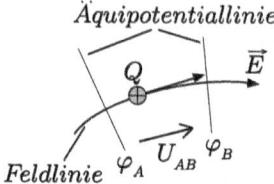

Abb. 1.13. Zur Erklärung des Vorzeichens der elektrischen Spannung

Warum schreibt man $(\varphi_A - \varphi_B)$ und nicht, wie man erwarten konnte, $(\varphi_B - \varphi_A)$?
Die Einführung des Minuszeichens hat die folgende Erklärung: Die Spannung U ist nach dem Ohm'schen Gesetz:

$$U = R \cdot I,$$

hat also dieselbe Richtung wie I, also die Richtung von *positiven* Ladungen, die sich im Feld bewegen (diese ist die *technische* Stromrichtung, die vereinbart wurde). Positive Ladungen bewegen sich in Richtung von $\vec{E}$, also ist die Spannung U_{AB} von A nach B, in Richtung der Feldlinie gerichtet. Somit ist $\varphi_A > \varphi_B$ und

$$U_{AB} = \varphi_A - \varphi_B.$$

Man kann auch „energetisch" denken: Die positive Ladung wird von A nach B beschleunigt, ihre kinetische Energie nimmt zu. Dann muss die *Potentialenergie* abnehmen (Energieerhaltungssatz): φ_B ist immer kleiner als φ_A.

Merksatz:Entlang einer Feldlinie nimmt die Spannung zu, das Potential φ jedoch ab.
Mathematisch kann man die Gl. (6) noch anders schreiben:

$$\vec{E} = -grad\,\varphi \quad (7)$$

1.3 Elektrische Spannung und Potential

$$\text{mit } grad\,\varphi = \vec{e}_x \frac{\partial \varphi}{\partial x} + \vec{e}_y \frac{\partial \varphi}{\partial y} + \vec{e}_z \frac{\partial \varphi}{\partial z}, \tag{8}$$

wobei hier das kartesische Koordinatensystem x, y, z gilt.

Aus der Definition von φ ergibt sich eine wichtige Schlussfolgerung für das Potential: φ ist eine *stetige* Funktion, erfährt also keine Sprünge. Wäre sie es nicht, so wäre ihre Ableitung unendlich groß und somit wären auch E und U unendlich groß. Aber es gibt keine unendlich große Spannung!

Merksatz: Die Flächen $\varphi = const.$ nennt man Äquipotential- oder Niveau-Flächen und sie stehen, wie man leicht zeigen kann, immer senkrecht auf den Feldlinien von $\vec{E}$ (siehe z.B. Abb. 1.3).

Ist $\varphi_A = \varphi_B$ (Äquipotentialfläche), so ist $\int_A^B \vec{E} \cdot d\vec{s} = 0$ und somit $\vec{E} \perp d\vec{s}$.

Die Definitionsgleichung (6) von U_{AB} kann man noch so schreiben:

$$U_{AB} = \int_A^B \vec{E} \cdot d\vec{s} = \int_A^\infty \vec{E} \cdot d\vec{s} + \int_\infty^B \vec{E} \cdot d\vec{s} = \underbrace{\int_A^\infty \vec{E} \cdot d\vec{s}}_{=\varphi_A} - \underbrace{\int_B^\infty \vec{E} \cdot d\vec{s}}_{=\varphi_B}$$

φ_A und φ_B sind die Spannungen zwischen den Punkten A bzw. B und einem beliebigen Bezugspunkt, der hier im Unendlichen liegt. Dieser Punkt ist meistens die weit entfernte Erde, doch kann der Bezugspunkt nicht immer im Unendlichen angenommen werden (so bei geladenen Flächen, die sehr weit ausgedehnt sind, oder bei sehr langen, geladenen Drähten).

Man sagt: Das Potential ist bis auf eine Konstante bestimmt, und man nimmt das Potential in einem Bezugspunkt als *Null* an. Ist z.B. der Bezugspunkt A, so kann man schreiben:

$$\varphi_B = \underbrace{\varphi_A}_{=0} - \int_A^B \vec{E} \cdot d\vec{s} = -\int_A^B \vec{E} \cdot d\vec{s}. \tag{9}$$

Beispiel 1.3: Berechnung von Spannungen im homogenen elektrischen Feld

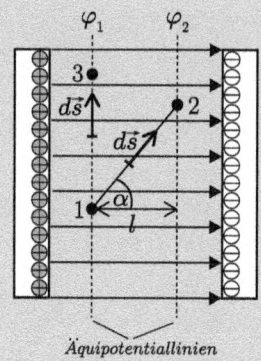

Äquipotentiallinien

Man berechne die Spannungen U_{12} und U_{13} in einem homogenen Feld, also wenn E konstant ist. Ein solches Feld entsteht (in guter Näherung) zwischen zwei parallelen, geladenen Flächen, wenn ihre Abmessungen sehr groß gegenüber dem Abstand zwischen ihnen ist.

Lösung:

$$U_{12} = \int_1^2 \vec{E} \cdot d\vec{s}$$

$$= \int_1^2 E \cdot ds \cdot \cos\alpha.$$

Der Abstand zwischen den Punkten 1 und 2 sei s. Dann werden die Spannungen U_{12} und U_{13}:

$$U_{12} = E \cdot \cos\alpha \int_1^2 ds$$

$$U_{12} = E \cdot \frac{l}{s} \cdot s = \boxed{E \cdot l = \varphi_1 - \varphi_2}$$

$$U_{13} = \int_1^3 \vec{E} \cdot d\vec{s} = \int_1^3 E \cdot ds \cdot \cos 90° = \boxed{0}.$$

Auf einer Fläche senkrecht zu den Feldlinien (Äquipotentialfläche) ist die Spannung zwischen zwei beliebigen Punkten Null.

Beispiel 1.4: Potential einer Punktladung

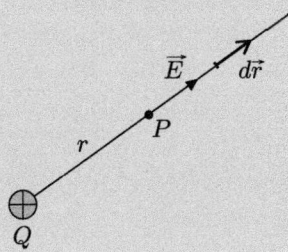

Berechnen Sie allgemein das elektrische Potential φ, das eine Punktladung Q in der Entfernung r von ihr erzeugt.

<u>Lösung:</u>

Man kennt die Feldstärke $\vec{E}$ im Punkt P (Gl. (4)):

$$\vec{E} = \vec{e}_r \cdot \frac{Q}{4\pi \cdot \varepsilon_0 \cdot r^2}$$

$$\varphi_P = \varphi_\infty - \int_\infty^P \vec{E} \cdot d\vec{s}$$

In der Gl.(4) ist $\vec{e}_r$ der Einheitsvektor in radialer Richtung.
Das Potential φ_∞ kann als Null angenommen werden. Diese Annahme ist durch die starke Abhängigkeit der Feldstärke E von dem Abstand r ($E \sim \frac{1}{r^2}$) gerechtfertigt. In großer Entfernung von der Punktladung ist kein Feld E mehr vorhanden, sodass man auch $\varphi_\infty = 0$ annehmen kann. Man kann entlang der Richtung $\vec{e}_r$ bis ∞ integrieren, da der Integrationsweg frei wählbar ist. Dann ist $\varphi_\infty = 0$ und $d\vec{s} = \vec{e}_r \cdot dr$ und es wird:

$$\varphi_P = -\int_\infty^r \frac{Q}{4\pi \cdot \varepsilon_0} \cdot \frac{dr}{r^2} = -\frac{Q}{4\pi \cdot \varepsilon_0}\left(-\frac{1}{r}\right)_\infty^r = \boxed{\frac{Q}{4\pi \cdot \varepsilon_0 \cdot r}}.$$

Anmerkung: Zur Berechnung des Potentials integriert man sinnvollerweise immer auf einer Feldlinie, wo $\vec{E} \| d\vec{s}$ ist und somit das skalare Produkt der Vektoren $\vec{E}$ und $d\vec{s}$ in das Produkt ihrer Beträge übergeht:

$$\vec{E} \cdot d\vec{s} = E \cdot ds.$$

1.4 Die Erregung des elektrostatischen Feldes

1.4.1 Die elektrische Verschiebungsflussdichte $\vec{D}$

Auf verschiedenen Wegen kann man zeigen, dass es zweckmäßig ist, außer der elektrischen Feldstärke $\vec{E}$ noch eine weitere elektrische Feldgröße einzuführen, weil

– die Coulombsche Formel $\vec{F} = Q \cdot \vec{E} \Rightarrow \vec{E} = \dfrac{\vec{F}}{Q}$ keine Aussage über den Zusammenhang zwischen einer Ladung und dem von *ihr* erzeugten Feld macht. $\vec{E}$ ist in der Formel von Coulomb ein bereits bestehendes, äußeres Feld.

Der direkte Zusammenhang kann somit nur von einer anderen Feldgröße festgelegt werden;

– die Formel für die Feldstärke einer Punktladung

$$\vec{E} = \frac{Q \cdot \vec{e}_r}{4\pi \cdot \varepsilon \cdot r^2}$$

zeigt, dass $\vec{E}$ auch von dem Stoff abhängt, der die Ladung Q umgibt (ε!).

Es ist zweckmäßig, eine Feldgröße einzuführen, die *materialunabhängig* ist.

Diese zweite Feldgröße heißt *Verschiebungsflussdichte* $\vec{D}$. Warum sie so heißt, und was sie bedeutet, kann man folgendermaßen (Abb. 1.14) erläutern: Wird eine mit $+Q$ geladene Metallkugel durch eine Metallhülle beliebiger Form umgeben, so „influenzieren" sich auf der inneren Oberfläche negative Ladungen, genau $-Q$. Wie kommen diese Ladungen dorthin, denn im Dielektrikum sind keine freien Ladungsträger? Man dachte, dass dies durch atomare „Verschiebungen" stattfindet, die offensichtlich unabhängig von Größe und Lage der Hülle und von den Materialeigenschaften des Nichtleiters sind.

Von der inneren Kugel geht ein „elektrischer Fluss" (Verschiebungsfluss) aus, der durch den Nichtleiter zur äußeren Hülle hin gerichtet ist. Er wird Ψ genannt und hat die Richtung von positiven nach negativen Ladungen, also genau wie die Feldstärke $\vec{E}$.

Seine Dichte ist die *Verschiebungsflussdichte* oder Verschiebungsdichte $\vec{D}$. Im homogenen Feld ist:

$$D = \frac{\Psi}{A} \qquad \text{mit } A = \text{Fläche}. \tag{10}$$

1.4 Die Erregung des elektrostatischen Feldes

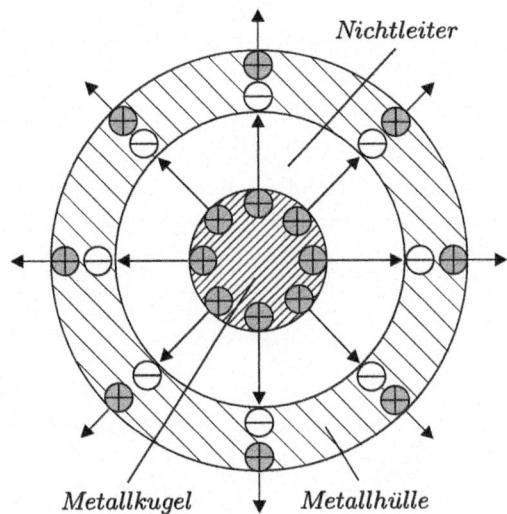

Abb. 1.14. Zur Verschiebungsflussdichte

Allgemein ist es jedoch so, dass $\vec{D}$ nicht immer gleichmäßig auf der Fläche A verteilt ist und einen beliebigen Winkel mit der Normalen bilden kann. Dann schreibt man:

$$\Psi = \iint \vec{D} \cdot d\vec{A}. \tag{11}$$

Da die Ladungsverschiebung gerichtet ist, ist $\vec{D}$ eine vektorielle Größe, die genau die Richtung von $\vec{E}$ hat, also die Richtung der Kraft auf positive Ladungen.

1.4.2 Der Gaußsche Satz der Elektrostatik

Ein *Grundgesetz* der Elektrostatik betrifft den elektrischen Fluss Ψ durch eine geschlossene Fläche (Hülle). Es wird auch Gaußscher Satz genannt, nach *Carl Friedrich Gauß (1777-1855)*.

Die Integration über eine geschlossene Hülle ergibt:

$$\boxed{\oiint \vec{D} \cdot d\vec{A} = Q}. \tag{12}$$

> *Gaußscher Satz der Elektrostatik: Der Fluss der elektrischen Verschiebungsflussdichte $\vec{D}$ durch eine beliebige geschlossene Fläche ist gleich den von der Fläche insgesamt umhüllten Ladungen.*

Da die Ladungen als Erregung für den Raumzustand angesehen werden, der sich durch Kraftwirkungen auf Ladungen bemerkbar macht, wird die Verschiebungsflussdichte $\vec{D}$ oft *elektrische Erregung* genannt.
Aus dem Gaußschen Gesetz ergibt sich die Einheit von D:

$$[D] = \frac{[Q]}{[A]} = \boxed{\frac{As}{m^2}}.$$

Anmerkungen:
- $d\vec{A}$ ist das in jedem Punkt normal gerichtete Flächenelement und zeigt auf geschlossenen Flächen immer nach außen hin.
- Der Gaußsche Satz gilt allgemein für *beliebig geformte* Hüllflächen $\vec{D}$ (nicht nur Kugel) und auch für *nichtleitende* Hüllflächen, auf denen das elektrostatische Feld nicht senkrecht steht.

Die letzte Anmerkung kann man nicht beweisen, sie ist aber experimentell bestätigt. Das ist das Wesen eines Naturgesetzes!
Das Gaußsche Gesetz gilt nicht nur in der Elektrostatik, sondern auch bei zeitlich schnell veränderlichen Feldern. Es ist eine der vier Maxwellschen Gleichungen (s. auch Abschnitt 4.1.6).
Die lokale Form des Gaußschen Satzes lautet:

$$\varrho_v = div\vec{D} \qquad (13)$$

mit ϱ_v = Volumen–Ladungsdichte und

$$div\vec{D} = \frac{\partial D_x}{\partial x} + \frac{\partial D_y}{\partial y} + \frac{\partial D_z}{\partial z} \text{ (in kartesischen Koordinaten).}$$

Die Felder $\vec{E}$ und $\vec{D}$ unterscheiden sich durch die folgenden Merkmale:
- Die Feldstärke $\vec{E}$ ist *stoffabhängig* und ist direkt der *Wirkung* des elektrischen Feldes, der Kraftwirkung $\vec{F}$, zugeordnet: $\vec{F} = Q \cdot \vec{E}$.
- Die Verschiebungsdichte $\vec{D}$ (oder elektrische Erregung) ist direkt der *Ursache*, also den felderzeugenden Ladungen, zugeordnet:

$$\oiint \vec{D} \cdot d\vec{A} = Q$$

und ist *stoffunabhängig*.

1.4.3 Das Materialgesetz der Elektrostatik

Die beiden Feldgrößen $\vec{E}$ und $\vec{D}$ haben dieselbe Richtung, sodass sie sich lediglich durch einen skalaren Faktor unterscheiden. Es gilt:

$$\boxed{\vec{D} = \varepsilon \cdot \vec{E} = \varepsilon_0 \cdot \varepsilon_r \cdot \vec{E}}. \tag{14}$$

Diese Beziehung wird als „Materialgesetz" der Elektrostatik bezeichnet, wo ε Dielektrizitätskonstante (auch Permitivittät) genannt wird. Das Gesetz (14) gilt nur in linearen und isotropen Dielektrika.

Die Dielektrika lassen sich nach ihrem chemischen Aufbau in anorganische und organische und nach ihrem Vorkommen in natürliche und künstliche unterteilen. Natürliche Dielektrika sind z.B.: Glimmer, Quarz (anorganisch), wie auch Papier, Textilstoffe (meistens in Öl getränkt), Isolieröle (organisch). Künstliche anorganische Dielektrika sind z.B.: Porzellan, Titanate, dagegen organische: Zellulosekunststoffe, Polyester- und Epoxidharze u.v.a.

In der Tabelle 1.1 sind die ε_r-Werte einiger ausgewählter Werkstoffe zusammengestellt:

Tabelle 1.1. ε_r-Werte einiger Dielektrika

Material	ε_r
Bor-Silikat-Glas	4...6
Kalk-Alkali-Glas	6...8
Glimmer	5...7
Trafoöl	2,3
Wasser	80
Porzellan	4...8
Papier (trocken)	2
Hartpapier	5
Kabelpapier in Öl	4,3
Bariumtitanat	> 1000
Silizium	11,9
Germanium	16,2
TiO_2-Keramik	85
Polyäthylen (PE)	2,3
Polyvinylchlorid (PVC)	3

Für die Zuverlässigkeit elektrischer Geräte ist es wichtig, dass die Isolationseigenschaft der Werkstoffe auch bei langzeitiger Temperaturbelastung erhalten bleibt.

Weitere Einzelheiten über die Abhängigkeit der Delektrizitätskonstante ε_r von Faktoren wie Temperatur, Feuchtigkeit, Herstellungsverfahren u.a. gehören in den Bereich der Werkstoffkunde.

⊙ Durchschlagfestigkeit

Dielektrika verlieren ihre Fähigkeit elektrisch zu isolieren (also keinen Strom zu führen), wenn die elektrische Feldstärke E einen bestimmten Wert E_0, genannt *Durchschlagfestigkeit* (oder -feldstärke) übersteigt. E_0 wird in kV/cm angegeben. Sie hängt von vielen Faktoren ab, wie: Druck, Temperatur, Materialdicke, Anstiegsgeschwindigkeit der angelegten Spannung.

In der folgenden Tabelle einige Werte für die Durchschlagfeldstärke E_0:

Tabelle 1.2. Durchschlagfeldstärken

Material	E_0 (kV/cm)
Luft	20...30
Glimmer	bis 100
Isolieröle	50...300
Hartporzellan	300...350
Quarz	300...400
Polystyrol	1000

Man ersieht, dass die Luft, der am häufigsten angewandte Isolator, eine erheblich niedrigere Durchschlagfestigkeit E_0 als die künstlichen, speziell in der Hochspannungstechnik angewendeten Isolierstoffe, aufweist.

1.5 Feldstärke und Potential spezieller Ladungsverteilungen

Sucht man die elektrische Feldstärke und/oder das elektrische Potential einer *vorgegebenen Ladungsverteilung*, so geht man zweckmäßig von dem Gaußschen Satz aus und ermittelt zunächst die Verschiebungsdichte $\vec{D}$:

$$Q = \oiint \vec{D} \cdot d\vec{A}.$$

Dazu muss man das Hüllenintegral lösen, doch ist die Wahl der Hülle *frei*!
Es gelten folgende *Empfehlungen*:
1. Man wählt immer eine solche Hülle, auf der das *Skalarprodukt* $\vec{D} \cdot d\vec{A}$ *möglichst einfach zu lösen ist*:
    - entweder gilt $\vec{D} \perp d\vec{A}$ ($\vec{D} \cdot d\vec{A} = 0$),
    - oder es ist $\vec{D} \| d\vec{A}$ ($\vec{D} \cdot d\vec{A} = D \cdot dA$),
    - oder $\vec{D} = 0$.

    Die Bedingungen können auch nur auf Teilflächen erfüllt werden.
2. Man benutzt alle *vorhandenen Symmetrien*, um Aussagen über $\vec{D}$ zu gewinnen.

Im Folgenden werden einige Ladungsverteilungen betrachtet, bei denen eine von den folgenden Symmetrien gilt:
- *Kugel*symmetrie (Punktladung, gleichmäßig geladene Metallkugel);
- *Ebene* Symmetrie (unendlich ausgedehnte, gleichmäßig geladene Metallebene);
- *Zylinder*symmetrie (unendlich langer, gleichmäßig geladener Draht).

Anmerkung:
Auf den ersten Blick erscheinen diese drei Ladungsverteilungen für die Praxis nicht besonders interessant, denn wo finden „unendlich" ausgedehnte Metallebenen oder „unendlich" lange Drähte eine technische Anwendung? In Wirklichkeit sind die im Folgenden abgeleiteten Formeln jedoch sehr nützlich, denn der Begriff „unendlich" soll immer relativiert werden. So kann man einen Draht von $2\,m$ Länge in guter Näherung als unendlich lang betrachten, falls das Feld in $10\,cm$ Entfernung vom Draht von Interesse ist. Und zwei runde Metallplatten mit dem Durchmesser $3\,cm$, die parallel zueinander in $2\,mm$ Entfernung liegen, können ebenfalls als praktisch unendlich ausgedehnt betrachtet werden.

1.5.1 Feldstärke und Potential einer Punktladung

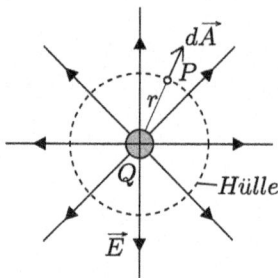

Abb. 1.15. Feld einer positiven Punktladung

Es wird die Feldstärke $\vec{E}$, die von der Ladung $+Q$ im Punkt P (Abstand r) erzeugt wird, gesucht. Die Feldstärke wurde bereits ausgehend von der Coulombschen Kraft ermittelt. Stellen wir zunächst einige *Symmetrie*- Überlegungen an:

- Die Feldlinien müssen auf der Ladung $+Q$ anfangen; sie können, aus Symmetriegründen, nur radial verlaufen.
- Bei $r = const.$ müssen E und D, ebenfalls aus Symmetriegründen, in jedem Punkt jeweils denselben Wert haben.

Dann muss die Hüllfläche eine Kugel mit dem Radius r, deren Mittelpunkt die Ladung ist, sein. Auf dieser Hüllfläche sind $\vec{D}$ und $d\vec{A}$ in jedem Punkt parallel und außerdem ist $D = const.$

$$\oint_{Kugel} \vec{D} \cdot d\vec{A} = D \oint_{Kugel} dA = D \cdot 4\pi \cdot r^2 = Q.$$

Aus diesem Zusammenhang ergeben sich zwei Gleichungen:

$$\boxed{\vec{D} = \frac{Q \cdot \vec{e}_r}{4\pi \cdot r^2}} \quad (15)$$

$$\boxed{\vec{E} = \frac{Q \cdot \vec{e}_r}{4\pi \cdot \varepsilon \cdot r^2}}. \quad (16)$$

Jetzt sieht man, woher der Faktor $k = \frac{1}{4\pi}$, der bereits eingeführt wurde, herrührt: von der Kugelfläche $4\pi \cdot r^2$.

Das Potential φ_P wurde berechnet als:

$$\boxed{\varphi_P(r) = \frac{Q}{4\pi \cdot \varepsilon \cdot r}}.$$

1.5 Feldstärke und Potential spezieller Ladungsverteilungen

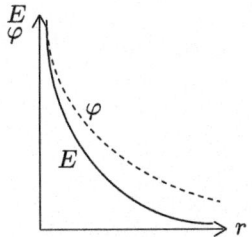

Abb. 1.16. Verlauf der Feldstärke E und des Potentials φ einer Punktladung

Beide Funktionen, E und φ, werden bei $r = 0$ theoretisch unendlich groß (Abb.1.16). In Wirklichkeit gibt es jedoch keinen Radius $r = 0$, da auch eine Punktladung eine gewisse Ausdehnung hat.

Anmerkung
Die Feldstärke von zwei Ladungen kann man nicht mehr mit dem Gaußschen Satz berechnen. In der Tat kann man jetzt keine Hüllfläche finden, auf der das Produkt $\vec{D} \cdot d\vec{A}$ mit einfachen mathematischen Mitteln zu bilden wäre. Auf der vorher, bei der alleinstehenden Ladung, angenommenen, konzentrischen Kugel (Abb. 1.15) verlaufen jetzt $\vec{D}$ und das Flächenelement $d\vec{A}$ nicht mehr parallel, weil $\vec{D}$ wegen der zweiten Ladung nicht mehr radial verläuft (Abb. 1.17).

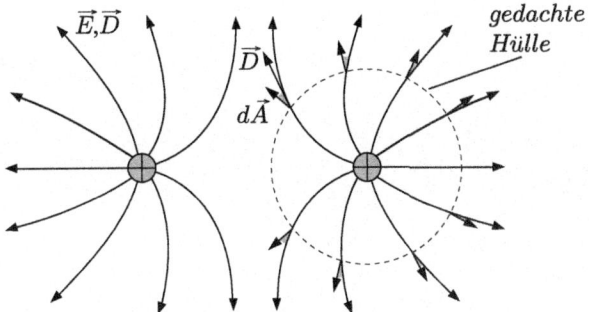

Abb. 1.17. Feldlinienverlauf von $\vec{D}$ und $\vec{E}$ bei zwei gleichnamigen, gleichgroßen Ladungen

● 1.5.2 Feldstärke und Potential einer gleichmäßig geladenen (Metall–) Kugel

Hier weiß man, dass die Feldlinien von der Kugeloberfläche aus radial verlaufen, und dass auf jeder gedachten Kugel D und E aus Symmetriegrün-

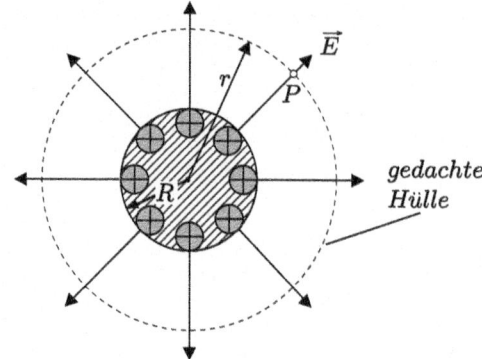

Abb. 1.18. Feldlinienverlauf von der Kugeloberfläche aus

den konstant sein müssen.

Was passiert im Inneren der geladenen Kugel? Dort sind $D = E = 0$, denn alle möglichen gedachten Hüllen würden *keine* Ladung beinhalten:

$$\oiint \vec{D} \cdot d\vec{A} = 0 \;! \;\Rightarrow\; D = 0.$$

Außerhalb der Kugel verhält sich $\vec{E}$ genau wie bei einer Punktladung, also:

$$\vec{E}(r) = \quad \text{für} \quad 0 \leq r < R$$
$$\vec{E}(r) = \frac{Q}{4\pi \cdot \varepsilon \cdot r^2} \cdot \vec{e}_r \quad \text{für} \quad R \leq r < \infty.$$

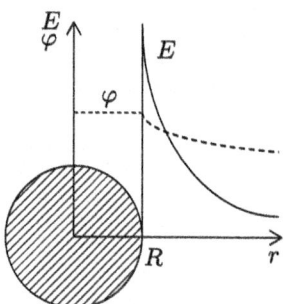

Abb. 1.19. Verlauf des Potentials und der Feldstärke in Abhängigkeit von der Entfernung r von dem Mittelpunkt der Kugel

1.5 Feldstärke und Potential spezieller Ladungsverteilungen

Das Potential φ ist außerhalb der Kugel wieder:

$$\varphi(r) = \frac{Q}{4\pi \cdot \varepsilon \cdot r} \quad \text{für} \quad R \leq r < \infty.$$

Innerhalb der Kugel gilt

$$\varphi = \frac{Q}{4\pi \cdot \varepsilon \cdot R},$$

denn Metalle sind *äqui*potential!

● 1.5.3 Feldstärke einer weit ausgedehnten Metallebene

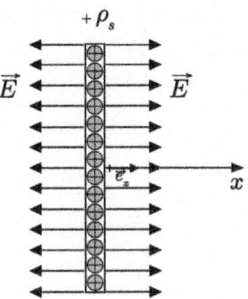

Abb. 1.20. Feld einer unendlich ausgedehnten geladenen Ebene

Obwohl hier die gesamte Ladung Q und die Fläche A der Ebene unendlich sind, ist die Flächenladungsdichte:

$$\varrho_s = \frac{Q}{A}$$

eine finite Größe. Das Feld $\vec{E}$ muss senkrecht auf der Ebene stehen und ist in jedem Punkt der Ebene gleich groß (wegen der unendlichen Ausdehnung). Man wählt sinnvollerweise eine geschlossene parallelepipedische Fläche mit sechs Teilflächen (Kasten), die ein Stück der Fläche A auf der Ebene einschließt (Abb. 1.21).

$$\oiint \vec{D} \cdot d\vec{A} = \varepsilon \cdot \iint \vec{E} \cdot d\vec{A} = \varrho_s \cdot A$$

(Die rechte Seite ergibt sich als Gesamtladung auf der grauen Fläche A in Abb. 1.21).

$\vec{E}$ und $d\vec{A}$ stehen auf vier Teilflächen senkrecht zueinander, sodass dort gilt: $\vec{E} \cdot d\vec{A} = 0$. Es bleiben nur die zwei Seitenflächen links und rechts, auf denen $\vec{E}$ und $d\vec{A}$ parallel verlaufen, sodass $\vec{E} \cdot d\vec{A} = E \cdot dA$ ist, übrig

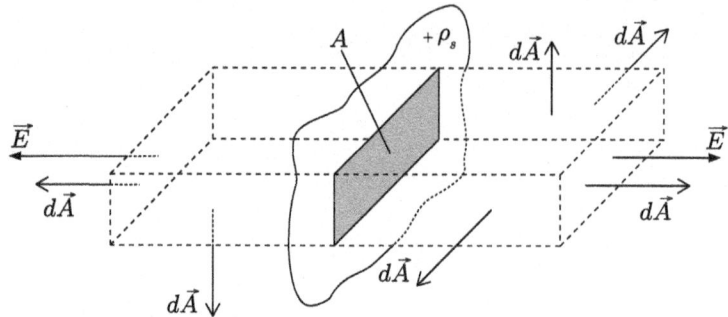

Abb. 1.21. Zur Berechnung der Feldstärke einer weit ausgedehnten geladenen Ebene

(Abb. 1.21). Somit wird die obige Gleichung

$$2 \cdot \varepsilon \cdot E \cdot A = \varrho_s \cdot A,$$

und

$$\boxed{\vec{E} = \frac{\varrho_s}{2 \cdot \varepsilon} \cdot \vec{e}_x}. \tag{17}$$

Die Feldstärke ist *konstant*, das Feld *homogen*.

Zur Ermittlung des Potentials die folgende *Anmerkung*:
Wenn die felderzeugende Anordnung bis ins Unendliche geht, darf man nicht $\varphi(\infty) = 0$ annehmen! Man muss das Potential $\varphi = 0$ an einer anderen Stelle annehmen, z.B. direkt auf der Metallebene, also bei $x = 0$ (siehe Abb. 1.22):

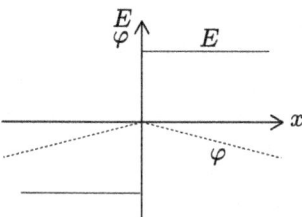

Abb. 1.22. Feldstärke E und Potential φ der geladenen Ebene

1.5 Feldstärke und Potential spezieller Ladungsverteilungen

$$\varphi(P) = \varphi(P_0) - \int_{P_0}^{P} \frac{\varrho_s}{2 \cdot \varepsilon} \cdot dx$$

$$= -\int_{0}^{x} \frac{\varrho_s}{2 \cdot \varepsilon} \cdot dx$$

$$\varphi(P) = -\frac{\varrho_s}{2 \cdot \varepsilon} \cdot x. \qquad (18)$$

Gl. (18) gilt jedoch nur dann, wenn φ bei $x = 0$ gleich Null gesetzt wird. Das Potential variiert *linear* mit dem Abstand zur Ebene.

❯ 1.5.4 Feldstärke von zwei parallelen, geladenen Platten

Sind zwei Ebenen, geladen mit $+\varrho_s$ und $-\varrho_s$, im Abstand d voneinander angebracht, so kann man ihr Gesamtfeld durch Superposition bestimmen:

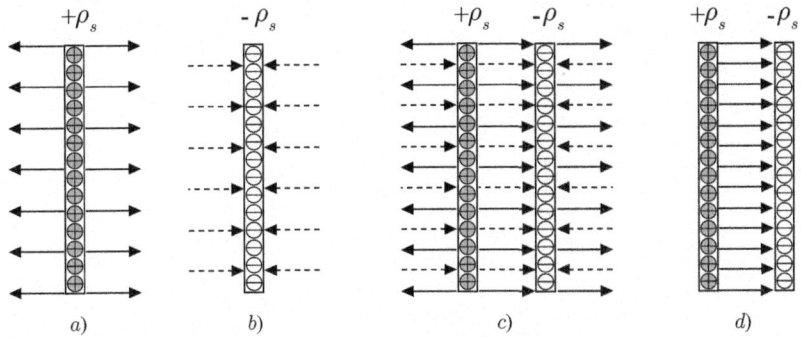

Abb. 1.23. Superposition der Feldstärken von zwei Platten

$$E = \frac{\varrho_s}{\varepsilon}. \qquad (19)$$

Abb. 1.23 a) zeigt das $\vec{E}$-Feld einer positiv geladenen, die Abb. 1.23 b) das einer negativ geladenen Metallplatte. Bringt man diese Platten nah beieinander, so verlaufen die Feldlinien von $\vec{E}$ wie auf Abb. 1.23 c). Außerhalb der Platten heben sich die zwei gleichen Feldstärken auf! Zwischen den Platten wird E doppelt so groß (siehe Abb. 1.23 d)).

$$E = \frac{\varrho_s}{\varepsilon} = \boxed{\frac{Q}{\varepsilon \cdot A}}. \qquad (20)$$

Diese Anordnung ist ein Plattenkondensator.

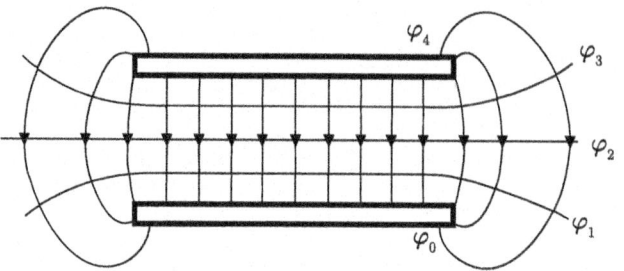

Abb. 1.24. Feld- und Äquipotentiallinien zweier Platten

Ist der Abstand zwischen den Platten relativ groß, so ist das Feld $\vec{E}$ nur in der Mitte homogen, am Rande treten Feldlinien aus und das Feld wird inhomogen (Abb. 1.24). In die Abb. 1.24 wurden auch einige Äquipotentiallinien eingezeichnet, die überall senkrecht auf den Feldlinien stehen. Ist das Potential der unteren negativen Platte $\varphi_0 = 0$ und die Spannung zwischen den Platten U, so gilt:

$$\varphi_1 = \frac{U}{4}, \; \varphi_2 = \frac{U}{2}, \; \varphi_3 = \frac{3}{4} \cdot U \text{ und } \varphi_4 = U.$$

❯ 1.5.5 Feldstärke und Potential einer Linienladung

Im Folgenden sollen die Feldstärke E und das Potential φ eines unendlich langen Drahtes mit der gleichmäßigen Ladungsdichte:

$$\varrho_l = \frac{Q}{l}$$

betrachtet werden. Die Integrationshülle, die hier sinnvoll erscheint, ist ein Zylinder, auf dessen Achse der Draht liegt (Abb. 1.25). Das Feld $\vec{E}$ kann, wegen der Zylindersymmetrie *und* der großen Länge, nur radial verlaufen, und bei gegebenem Radius r in jedem Punkt im Betrag gleich sein. Von den drei Teilflächen (Zylindermantel und zwei „Deckel") bringt nur der Mantel einen Beitrag zum Hüllenintegral, da auf den Deckeln stets $\vec{E} \perp d\vec{A}$ ist (Abb. 1.25).

Es gilt:

$$\oiint \vec{D} \cdot d\vec{A} = \varrho_l \cdot l \quad \Rightarrow \quad \varepsilon \cdot E \cdot 2\pi \cdot r \cdot l = \varrho_l \cdot l$$

$$\boxed{\vec{E} = \frac{\varrho_l}{2\pi \cdot \varepsilon \cdot r} \cdot \vec{e}_r}. \tag{21}$$

1.5 Feldstärke und Potential spezieller Ladungsverteilungen

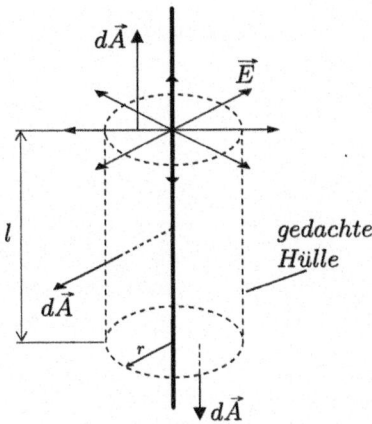

Abb. 1.25. Zur Berechnung der elektrischen Feldstärke einer Linienladung

Für das Potential kann man wieder nicht $\varphi = 0$ bei $r = \infty$ annehmen.

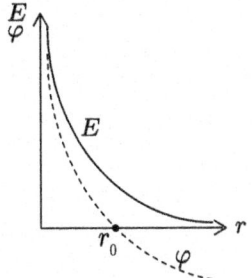

Abb. 1.26. Feldstärke– und Potentialverlauf eines langen Drahtes

Das Potential sei Null bei einem beliebigen Radius r_0 (siehe Abb. 1.26)

$$\varphi = -\int_{r_0}^{r} \frac{\varrho_l}{2\pi \cdot \varepsilon} \cdot \frac{dr}{r} = -\frac{\varrho_l}{2\pi \cdot \varepsilon} \cdot \ln r \bigg|_{r_0}^{r}$$

$$= \boxed{\frac{\varrho_l}{2\pi \cdot \varepsilon} \cdot \ln\left(\frac{r_0}{r}\right)}. \tag{22}$$

Das Potential variiert bei allen Anordnungen mit Zylindersymmetrie *logarithmisch*.

Allgemeine Anmerkung:

Um den Gaußschen Satz anwenden zu können, muss man den Verlauf von $\vec{E}$ und $\vec{D}$ *kennen und mathematisch beschreiben können.* Das ist mit einfachem mathematischem Werkzeug nur in einigen symmetrischen Anordnungen möglich.

Für alle anderen Fälle werden heute sogenannte nummerische Feldberechnungs-Programme eingesetzt, meistens „Finite-Elemente"-Programme. Eine kurze Erläuterung dieser Berechnungsmethode befindet sich im Anhang. Die meisten Programme können nur Anwendungen behandeln, die als „zweidimensional" betrachtet werden können, also bei denen das Feld von einer der drei Koordinaten nicht abhängt. Das ist der Fall bei weit ausgedehnten Ebenen oder langen Drähten. Anordnungen mit Kugelsymmetrie (Punktladungen, Kugeln) können nur mit 3D-Programmen untersucht werden, was erheblich aufwändiger ist.

1.6 Zusammenfassung der Grundgesetze der Elektrostatik

Betrachtet man die Elektrostatik als geschlossenes Wissensgebiet, also ohne ihre Verbindungen zur Mechanik, so gelten drei allgemeine und zwei Materialgesetze. Die letzteren enthalten, im Gegensatz zu den allgemeinen Gesetzen, Materialkonstanten.

Gesetze kann man nicht ableiten, sie werden meistens experimentell festgestellt und gelten solange, bis möglicherweise ein Experiment sie widerlegt. Dann muss eine neue Theorie entwickelt werden, die auch dieses Experiment erklärt.

Die Elektrostatik makroskopischer Körper ist ein längst abgeschlossenes Wissensgebiet; alle Gesetze wurden bisher von allen experimentellen Fakten bestätigt.

1.6.1 Allgemeine Gesetze

Allgemeine Gesetze gelten überall, sind also materialunabhängig.

Der Ladungserhaltungssatz: Die Summe der Ladungen eines elektrisch isolierten Körpers ist konstant.

$$\boxed{\sum Q = const.} \tag{23}$$

In einem isolierten System, das keine Verbindung nach außen hat, können sich die Ladungen nur *um*verteilen, verschwinden oder entstehen können sie nicht.

Wegunabhängigkeit der Spannung: Das Linienintegral der elektrischen Feldstärke $\vec{E}$ entlang jeder beliebigen geschlossenen Kurve ist gleich Null.

$$\boxed{\oint \vec{E} \cdot d\vec{s} = 0}. \tag{24}$$

Dieses Gesetz gilt nur im stationären Zustand und ist eine partikuläre Form des viel allgemeineren *Induktionsgesetzes*:

$$\oint \vec{E} \cdot d\vec{s} = -\frac{d\Phi}{dt} \qquad \text{mit } \Phi = \text{Magnetfluss.} \tag{25}$$

Folgende *Konsequenzen* dieses Gesetzes sind erwähnenswert:

- $\vec{E}$ ist ein *wirbelfreies* Feld, dessen Feldlinien nicht geschlossen sein können. Sie fangen auf positiven Ladungen an und enden auf negativen Ladungen.
- Das Integral $\int_A^B \vec{E} \cdot d\vec{s}$ ist *wegunabhängig*.
- Man kann eine *Potential*funktion definieren:

$$\varphi_B = \varphi_A - \int_A^B \vec{E} \cdot d\vec{s} = U_{AB}$$

oder man kann das elektrische Feld $\vec{E}$ aus einem Potential ableiten:

$$\vec{E} = -\mathrm{grad}\,\varphi \ .$$

Der Gaußsche Satz der Elektrostatik: Das Integral der elektrischen Verschiebungsdichte $\vec{D}$ über jede beliebige Hülle ist gleich der Summe der Ladungen, die in der Hülle eingeschlossen sind.

$$\boxed{\oint \vec{D} \cdot d\vec{A} = Q} \tag{26}$$

$d\vec{A}$ ist das *nach außen gerichtete* Flächenelement.
Dieses Gesetz kann zur Bestimmung von $\vec{D}$ angewendet werden, allerdings geht das mit einfachen mathematischen Mitteln nur dann, wenn man weiß wie $\vec{D}$ verläuft, z.B. bei symmetrischen Anordnungen.
Das Gesetz gilt allgemein, d.h. auch im nichtstationären Zustand.

❯ 1.6.2 Materialgesetze

Verbindungsgesetz zwischen $\vec{D}$ und $\vec{E}$:

$$\boxed{\vec{D} = \varepsilon_0 \cdot \varepsilon_r \cdot \vec{E}} \tag{27}$$

mit der Vakuumsdielektrizitätskonstante $\varepsilon_0 = 8,854 \cdot 10^{-12} \, \frac{As}{Vm}$ und der Dielektrizitäts*zahl* ε_r.

Zu den Materialgesetzen kann man noch den folgenden Satz zählen, der nur in Metallen gilt:

1.6 Zusammenfassung der Grundgesetze der Elektrostatik

Elektrostatisches Gleichgewicht in Metallen:

$$\vec{E} = 0. \qquad (28)$$

Die *Konsequenzen* dieses Satzes:
- Metalloberflächen sind äquipotential, äußere Felder stehen *senkrecht* darauf.
- Die Ladungen befinden sich an der *Oberfläche*.

Mit diesen fünf Gesetzen kann man im Prinzip jede Aufgabenstellung der Elektrostatik lösen. Eine Lösung darf keinem von diesen Sätzen widersprechen, sonst ist sie *falsch*.

◗ 1.6.3 Bedingungen an Grenzflächen

In der Technik kommt es oft vor, dass unterschiedliche Isolationsmaterialien mit unterschiedlichen Dielektrizitätskonstanten ε aneinander grenzen. Solange ε konstant ist, unterscheiden sich $\vec{D}$ und $\vec{E}$ lediglich durch eine Konstante. Variiert ε, so verhalten sich $\vec{D}$ und $\vec{E}$ unterschiedlich!
Wir betrachten das Verhalten von $\vec{E}$ und $\vec{D}$ an den Grenzflächen der Dielektrika.

◗ Stetigkeit der Tangentialkomponente von $\vec{E}$

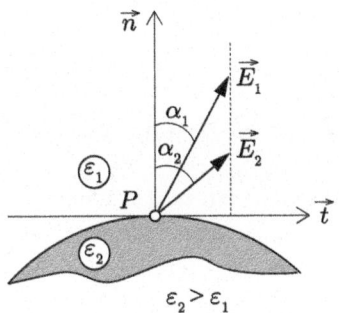

Abb. 1.27. Zur Stetigkeit der Tangentialkomponente von $\vec{E}$

Man betrachtet die Grenze zwischen zwei Materialien mit ε_1 und ε_2.
Die Feldstärke $\vec{E}_1$ bildet mit der Normalen in einem beliebigen Punkt P der Grenze den Winkel α_1, $\vec{E}_2$ den Winkel α_2 (Abb. 1.27).

Die Feldstärke $\vec{E}$ muss *immer* die Bedingung

$$\oint \vec{E} \cdot d\vec{s} = 0$$

erfüllen.
Daraus ergibt sich (ohne Ableitung):

$$\boxed{E_{t_1} = E_{t_2}}. \tag{29}$$

Merksatz: Die Tangentialkomponente der Feldstärke $\vec{E}$ ist an Grenzflächen verschiedener Dielektrika stetig, d.h. auf beiden Seiten gleich groß.

⊚ Stetigkeit der Normalkomponente von $\vec{D}$

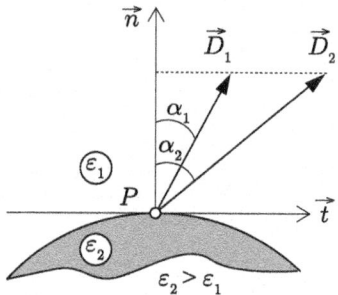

Abb. 1.28. Zur Stetigkeit der Normalkomponente von $\vec{D}$

Die Verschiebungsflussdichte $\vec{D}$ erfüllt den Gaußschen Satz:

$$\oiint \vec{D} \cdot d\vec{A} = Q.$$

Daraus ergibt sich (allerdings nur in den Fällen, in denen auf der Grenze zwischen den zwei Materialien keine Ladungen vorhanden sind, was meistens, jedoch nicht immer, der Fall ist!):

$$\boxed{D_{n_1} = D_{n_2}}. \tag{30}$$

Merksatz: Die Normalkomponente der elektrischen Verschiebungsdichte $\vec{D}$ ist an Grenzflächen verschiedener Dielektrika stetig, falls die Grenze keine Ladung trägt!

1.6 Zusammenfassung der Grundgesetze der Elektrostatik

⊙ Brechungsgesetz der Feldlinien an Grenzflächen

Wir wollen sehen, wie sich die anderen Komponenten, die Normalkomponente von $\vec{E}$ und die Tangentialkomponente von $\vec{D}$, verhalten.
Aus Gl. (30) ergibt sich:

$$\varepsilon_1 \cdot E_{n_1} = \varepsilon_2 \cdot E_{n_2}$$
$$\frac{E_{n_1}}{E_{n_2}} = \frac{\varepsilon_2}{\varepsilon_1}. \tag{31}$$

Aus Gl. (29) ergibt sich:

$$\frac{D_{t_1}}{\varepsilon_1} = \frac{D_{t_2}}{\varepsilon_2}$$
$$\frac{D_{t_1}}{D_{t_2}} = \frac{\varepsilon_1}{\varepsilon_2}. \tag{32}$$

Aus den Abb. 1.27 und Abb. 1.28 ergeben sich für die zwei Winkel α_1 und α_2:

$$\tan\alpha_1 = \frac{E_{t_1}}{E_{n_1}} = \frac{D_{t_1}}{D_{n_1}} \qquad \tan\alpha_2 = \frac{E_{t_2}}{E_{n_2}} = \frac{D_{t_2}}{D_{n_2}}$$

$$\frac{\tan\alpha_1}{\tan\alpha_2} = \frac{E_{t_1}}{E_{n_1}} \cdot \frac{E_{n_2}}{E_{t_2}} = \frac{D_{n_2} \cdot \varepsilon_1}{\varepsilon_2 \cdot D_{n_1}} = \frac{\varepsilon_1}{\varepsilon_2}.$$

Das *Brechungsgesetz der Feldlinien an Grenzflächen* lautet also:

$$\boxed{\frac{\tan\alpha_1}{\tan\alpha_2} = \frac{\varepsilon_1}{\varepsilon_2}}. \tag{33}$$

⊙ Verhalten von $\vec{E}$ und $\vec{D}$ bei Quer– und Längsschichtung

Sehr oft verlaufen die Grenzen zwischen zwei Dielektrika entweder senkrecht (dann spricht man von „Quer"schichtung) zu $\vec{E}$ und $\vec{D}$ oder parallel (dies ist die „Längs"schichtung) zu $\vec{E}$ und $\vec{D}$. Im nächsten Abschnitt werden einige Beispiele aus der Praxis ausführlich diskutiert.

Wir untersuchen diese zwei Sonderfälle:

Querschichtung
Steht die Grenze senkrecht zu den Feldlinien von $\vec{E}$ und $\vec{D}$, so ist sie eine Äquipotentiallinie. Da $D_{n_1} = D_{n_2}$ ist, geht $\vec{D}$ unverändert von einem Medium zum anderen. Dagegen ändert sich $\vec{E}$ sprunghaft an der Grenze. Als

Beispiel betrachten wir das homogene Feld zwischen zwei geladenen Platten bei $\varepsilon_1 = 2 \cdot \varepsilon_2$ (siehe Abb. 1.29).

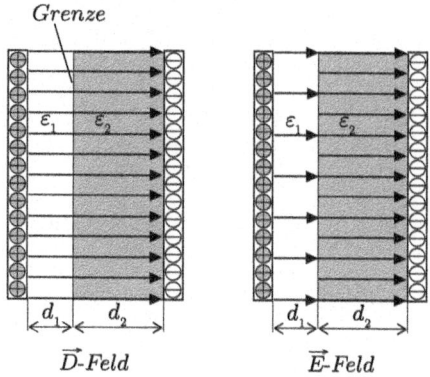

Abb. 1.29. Querschichtung zweier Dielektrika

Längsschichtung
Bei dieser Schichtung verlaufen die Feldlinien tangent zur Grenze, also E ist stetig. D verändert sich dagegen sprunghaft.

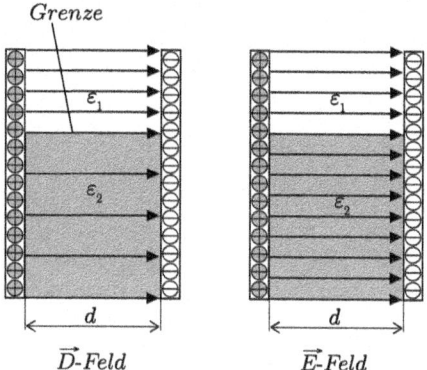

Abb. 1.30. Längsschichtung zweier Dielektrika

In der Praxis erscheinen sehr unterschiedlich gestaltete Grenzen zwischen verschiedenen Dielektrika, die u.U. zu Feldstärkeerhöhungen führen, die vor allem in der Hochspannungstechnik kritisch sein können. So z.B. bringen Luftblasen im Isolieröl von Hochspannugstransformatoren Isolationsprobleme mit sich, weil durch Feldverzerrung die kritische Feldstärke („Durchschlagfestigkeit") überschritten werden kann, was zur Funkenbildung und schließlich zur Zerstörung des Transformators führt.

1.7 Die Kapazität

▸ 1.7.1 Definition der Kapazität, technische Anwendungen

Bisher war von Punkt-, Linien- oder Flächenladungen die Rede.

Eine Anwendung von zwei getrennten, voneinander isolierten leitenden Körpern, welche die Ladungen $+Q$ und $-Q$ tragen, nennt man *Kondensator*, die beiden geladenen Körper heißen *Elektroden*.

In dem Raum zwischen den Elektroden wird das elektrostatische Feld verdichtet. Der Name „Kondensator" leitet sich von dem lateinischen „condensare" = Verdichten ab.

So hat man z.B. gesehen, dass zwei geladene Platten in geringem Abstand voneinander das Feld zwischen ihnen verdoppeln, während das Feld außerhalb der Platten (im Idealfall) verschwindet (siehe Abb. 1.23).

Bisher weiß man also:
- Die beiden Elektroden tragen die Ladungen $+Q$ bzw. $-Q$ (man sagt: „Der Kondensator trägt die Ladung Q").
- Die Elektroden sind Metalle, der Raum zwischen ihnen wird als perfekt isolierend angenommen.

▸ Ladevorgang

Aufgeladen wird ein Kondensator dadurch, dass man die beiden Elektroden an die beiden Pole einer Gleichspannungsquelle mit der Spannung U schaltet. Unter der Wirkung dieser Spannung werden der einen Elektrode Elektronen entzogen und der anderen zugeführt. Dieser Vorgang dauert solange, bis die Spannung zwischen den Elektroden U wird.

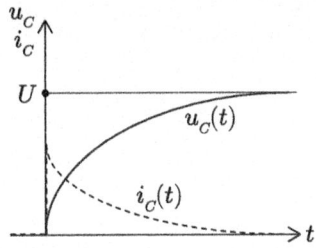

Abb. 1.31. Einschaltvorgang eines Kondensators

Der Kondensator verzögert den Aufbau der Spannung zwischen den Elektroden. Je nachdem, welchen elektrischen Widerstand der Stromkreis, in dem der Kondensator geschaltet ist, enthält, kann dieser Vorgang von einigen Millisekunden bis zu einigen Minuten dauern.

Während des Ladevorganges fließt in den Zuleitungen kurzzeitig ein Leitungsstrom, der „Ladestrom" i_C, der sich zwischen den Platten als „dielektrischer Strom" fortsetzt (über diesen Strom wird noch im Kapitel „Zeitlich veränderliche Felder" zu sprechen sein).

Wenn die Spannung U erreicht wird, also das elektrostatische Feld zwischen den Elektroden aufgebaut ist, fließt kein Strom mehr und man kann den Kondensator von der Spannungsquelle *abtrennen*. Zwischen den Elektroden bleibt die Spannung U bestehen (Ladungserhaltungssatz).

Die exakte Untersuchung des Ladevorganges gehört nicht zu der Elektro*statik*, sondern in den Bereich der „Schaltvorgänge".

⊘ Kapazität

Welche Ladung Q trägt ein Kondensator, wenn man ihn an eine Spannung U schaltet, oder anders: wie groß ist die Ladung Q, die man von einer Elektrode zur anderen transportieren muss, um eine Potentialdifferenz U zwischen ihnen aufzubauen?

Dieses „Ladungs–Fassungsvermögen bezogen auf die Spannung" ist die maßgebende Kenngröße eines Kondensators und heißt *Kapazität*:

$$\boxed{C = \frac{Q}{U}}. \tag{34}$$

Hier bedeutet Q die Ladung auf der positiven Elektrode und U die elektrische Spannung zwischen der positiven und der negativen Elektrode.

Allgemein gilt:

$$\boxed{C = \frac{\oint_2 \vec{D} \cdot d\vec{A}}{\int_1^{} \vec{E} \cdot d\vec{s}} > 0}. \tag{35}$$

Die *Einheit* der Kapazität ist

$$[C] = \boxed{\frac{As}{V}} = \text{Farad}.$$

In der Technik kommen Werte zwischen $10^{-12}\,F$ (pF) und $1\,F$ vor.

1.7 Die Kapazität

⊳ Technische Anwendungen

Während des Ladevorganges entnimmt man der Spannungsquelle Energie, um die Ladungen auf den Elektroden zu trennen und ein elektrostatisches Feld aufzubauen. Trennt man den Kondensator von der Quelle ab, so bleibt diese *Energie* in dem Raum zwischen den Elektroden *gespeichert*. Der Kondensator kann sie bei Bedarf wieder abgeben.

Die Fähigkeit der Kondensatoren, elektrische Energie zu speichern, findet heute eine immer breitere Anwendung bei allen Arten von elektrisch angetriebenen Fahrzeugen und Bahnen: beim Bremsen wird die Energie in Kondensatoren gespeichert, die sie beim Beschleunigen wieder abgeben.

Aus der *Energiespeicherfähigkeit* resultiert auch das „Blindverbraucher"-Verhalten im Wechselstromkreis und die Hauptanwendung der Kondensatoren in der Energie- und Nachrichtentechnik.

Eine andere wichtige technische „Anwendung" von Kapazitäten bildet die Kategorie der störenden „parasitären" Kapazitäten, die vor allem für den Hochfrequenztechniker oft sehr wichtig sind. Jede Anordnung, bei der Elektroden durch ein Isoliermaterial getrennt sind, weist eine bestimmte Kapazität auf. Sie abzuschätzen kann sehr wichtig sein, so z.B. bei elektrischen Leitungen, deren vorhandene Kapazität störend wirken kann.

In der Nachrichtentechnik werden meistens extrem kleine Bauelemente gebraucht, da die Miniaturisierung immer mehr an Bedeutung gewinnt. Hier ist man bestrebt, die Baugröße der Kondensatoren so klein wie möglich zu halten.

● 1.7.2 Parallel- und Reihenschaltungen von Kapazitäten

Zusammenschaltungen von Kapazitäten können absichtlich hergestellt werden. Oft treten sie jedoch als störende Kombination von unvermeidlichen Kapazitäten zwischen Leitungsteilen und Stromkreiselementen auf. Wichtig ist, die „*Ersatz*kapazität" zu kennen, die sich an den Klemmen genauso verhält, wie die Zusammenschaltung der Einzelkapazitäten.

⊙ Parallelschaltung von Kondensatoren

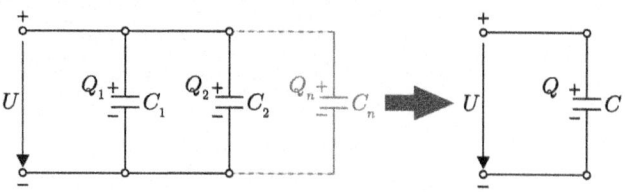

Abb. 1.32. Parallelschaltung von Kondensatoren

Wir betrachten n Kapazitäten $C_1 \ldots C_n$, die im *un*geladenen Zustand parallel geschaltet sind (siehe Abb. 1.32). Für jede Kapazität gilt:

$$Q_\nu = C_\nu \cdot U_\nu.$$

Andererseits ist hier:

$$U_1 = U_2 = \ldots = U_n = U.$$

Also gilt:

$$\begin{aligned} Q_1 &= C_1 \cdot U \\ Q_2 &= C_2 \cdot U \\ &\vdots \\ Q_n &= C_n \cdot U. \end{aligned}$$

Die Gesamtladung, die von der Schaltung gespeichert wird, ist:

$$Q = Q_1 + Q_2 + \ldots + Q_n. \tag{36}$$

Somit wird

$$C = \frac{Q}{U} = \frac{Q_1 + Q_2 + \ldots + Q_n}{U} = C_1 + C_2 + \ldots + C_n.$$

$$\boxed{C = \sum_{\nu=1}^{n} C_\nu}. \tag{37}$$

Merksatz: Bei Parallelschaltung ist die resultierende Kapazität gleich der Summe der zusammengeschalteten Kapazitäten.

Reihenschaltung von Kondensatoren

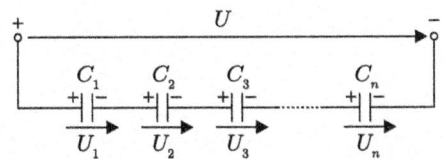

Abb. 1.33. Reihenschaltung von Kondensatoren

Werden n ungeladene Kondensatoren in Reihe geschaltet und *anschließend* an eine Spannungsquelle angeschlossen (siehe Abb. 1.33), so verteilen sich die Ladungen folgendermaßen:

Die obere Platte des Kondensators C_1 (siehe nächstes Bild) trägt die Ladung Q; dieselbe Ladung, aber mit negativem Vorzeichen, wird auf seine untere Platte influenziert: $-Q$. Die obere Platte des nächsten Kondensators (C_2) *muss* jetzt die Ladung $+Q$ tragen.

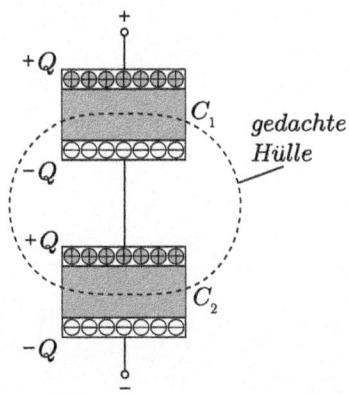

Das kann man sehr leicht mit dem Ladungserhaltungssatz erklären: Innerhalb der gestrichelten gedachten Hülle in der oberen Abbildung ist ein isoliertes System vorhanden, dessen Ladung vorher Null war; sie muss auch nach dem Aufladen Null bleiben. Auf allen in Reihe geschalteten Kondensatoren befindet sich *dieselbe* Ladung Q.

Für die Spannungen gilt:

$$U = U_1 + U_2 + \ldots + U_n$$

$$U = \frac{Q_1}{C_1} + \frac{Q_2}{C_2} + \ldots + \frac{Q_n}{C_n} = Q \cdot \left(\frac{1}{C_1} + \frac{1}{C_2} + \ldots + \frac{1}{C_n} \right).$$

Die Ersatz–Kapazität ist $C = \frac{Q}{U}$ bzw. $\frac{1}{C} = \frac{U}{Q}$.

$$\frac{1}{C} = \sum_{\nu=1}^{n} \frac{1}{C_\nu} \qquad (38)$$

Merksatz: Bei Reihenschaltung ist der Kehrwert der resultierenden Kapazität gleich der Summe der Kehrwerte der zusammengeschalteten Kapazitäten.

Bei *zwei Kapazitäten* gilt:
$$C = \frac{C_1 \cdot C_2}{C_1 + C_2}. \qquad (39)$$

Beispiel 1.5: Kondensatorschaltungen
Welche verschiedenen Kapazitätswerte lassen sich mit drei Einzelkondensatoren mit jeweils $C = 1\,\mu F$ herstellen?

<u>Lösung:</u>

a) $C_{ges} = 1\,\mu F$; *b)* $C_{ges} = 2\,\mu F$;
c) $C_{ges} = 3\,\mu F$ *(größtmögliche Kapazität)*; *d)* $C_{ges} = \frac{1}{2}\,\mu F$;
e) $C_{ges} = \frac{1}{3}\,\mu F$ *(kleinste Kapazität)*; *f)* $C_{ges} = (1 + 0{,}5)\,\mu F = \frac{3}{2}\,\mu F$;
g) $\frac{1}{C_{ges}} = (\frac{1}{1} + \frac{1}{2})\,\mu F^{-1} = 1{,}5\,\mu F^{-1} \Rightarrow C_{ges} = \frac{2}{3}\,\mu F$.

1.7.3 Die Kapazität spezieller Anordnungen

Ebener Plattenkondensator

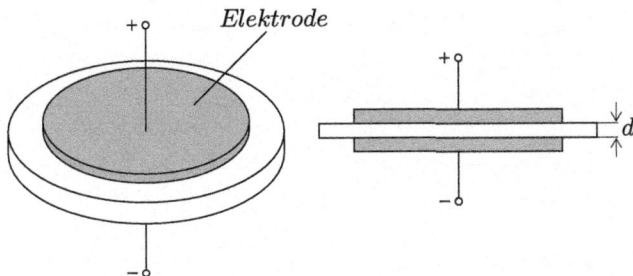

Abb. 1.34. Plattenkondensator mit runden Elektroden

Ein Plattenkondensator ist die einfachste technische Kondensator-Anordnung: zwei planparallele dünne *gleich*große Metallplatten (rechteckig oder rund), durch ein Dielektrikum isoliert. Der Abstand d ist viel kleiner als die Plattenabmessungen.

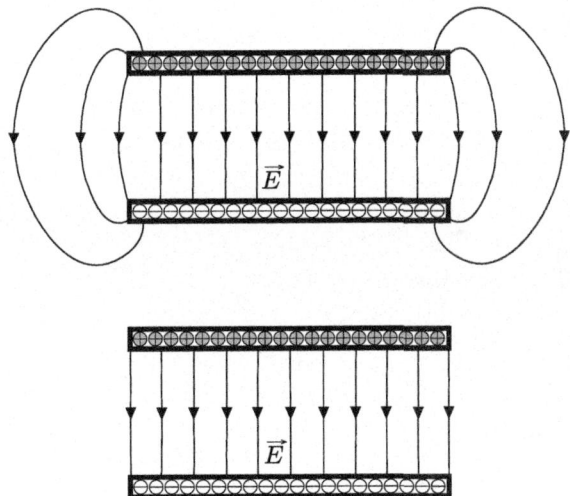

Abb. 1.35. Elektrostatisches Feld in einem Plattenkondensator, oben: tatsächliches Feld, unten: idealisiertes, streufreies Feld

Abb. 1.35 zeigt nochmals das elektrostatische Feld $\vec{E}$ zwischen zwei Metallplatten im Abstand d voneinander. Man erkennt, dass das Feld in der Mitte praktisch homogen ist, also in jedem Punkt dieselbe Richtung und dieselbe Größe aufweist. Am Rande jedoch treten einige Feldlinien heraus, die als „Streufeldlinien" bezeichnet werden. Das Feld außerhalb der Platten ist nicht mehr homogen. In Wirklichkeit ist der Abstand d zwischen den Elektroden viel kleiner als auf der Abb. 1.35 gezeigt, meistens so klein gegenüber den Abmessungen der Platten, dass das Streufeld in sehr guter Näherung vernachlässigt werden kann. Von diesem Idealfall, der auf Abb. 1.35 unten dargestellt ist, wird im Folgenden ausgegangen.

Die Kapazität ist definiert als:

$$C = \frac{\oiint \vec{D} \cdot d\vec{A}}{\int_1^2 \vec{E} \cdot d\vec{s}} \ .$$

Um C zu bestimmen, verfolgt man den folgenden *Weg*:
- man nimmt eine beliebige Ladung Q an,
- man bestimmt $\vec{D}$ aus dem Gaußschen Satz,
- man bestimmt $\vec{E}$ aus $\vec{D} = \varepsilon \cdot \vec{E}$,
- man ermittelt die Spannung U zwischen den Elektroden,
- $C = \frac{Q}{U}$ und hängt *nicht* von der angenommenen Ladung Q ab!

Dazu umhüllt man die positive Elektrode mit einer Hülle (Kasten) mit sechs Teilflächen. Auf vier dieser Teilflächen stehen $\vec{D}$ und $d\vec{A}$ senkrecht zueinander (siehe nächstes Bild), links ist $\vec{D} = 0$ (außerhalb des Kondensators ist im Idealfall kein Feld).
Es bleibt:

$$Q = D \cdot A \Rightarrow D = \frac{Q}{A} \Rightarrow E = \frac{Q}{\varepsilon \cdot A}$$

und:

$$\int_1^2 \vec{E} \cdot d\vec{s} = E \int_1^2 ds = E \cdot d = \frac{Q \cdot d}{\varepsilon \cdot A} \ ,$$

1.7 Die Kapazität

wo mit 1 die positive und mit 2 die negative Elektrode bezeichnet wurden. Damit wird:

$$C = \frac{Q}{U} = \frac{Q \cdot \varepsilon \cdot A}{Q \cdot d} = \boxed{\frac{\varepsilon \cdot A}{d}}.$$

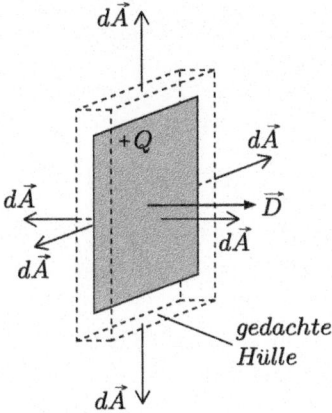

Man merkt:
- C ist proportional der Plattenfläche A,
- C ist proportional der Dielektrizitätszahl ε,
- C ist umgekehrt proportional dem Abstand d,
- und: *C hängt nicht von Q und nicht von U ab!*

Es sollen nur noch E, D und φ zwischen den Elektroden graphisch dargestellt werden (siehe nächste Abbildung).

$$\varphi(x) = \varphi(0) - \int_0^x E \cdot ds\,.$$

Sei es φ bei $x = 0$ gleich Null, also auf der linken, positiven Platte.
Da das Potential entlang einer Feldlinie *ab*nimmt, wird es im gesamten Kondensator negativ sein:

$$\varphi(x) = 0 - E \int_0^x ds = -E \cdot x\,.$$

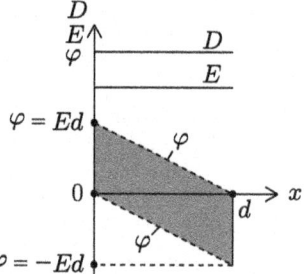

und somit auf der rechten, negativen Platte, gleich:

$$\varphi(d) = -E \cdot d.$$

Nimmt man $\varphi = 0$ auf der rechten Platte, bei $x = d$, an, so ist das Potential überall positiv (siehe obere Gerade auf dem Bild).
Man sieht, dass:
- φ bis auf eine Konstante (hier $E \cdot d$) bekannt ist,
- φ entlang einer Feldlinie abnimmt,
- φ immer auf der positiven Platte größer ist als auf der negativen Platte, egal ob es positiv oder negativ ist,
- es gleichgültig ist, wo man $\varphi = 0$ annimmt.

Beispiel 1.6: Kondensatorschaltung

Die skizzierte Kondensatorschaltung wird durch die Spannungsquelle U_0 aufgeladen und anschließend wird der Schalter S geöffnet.

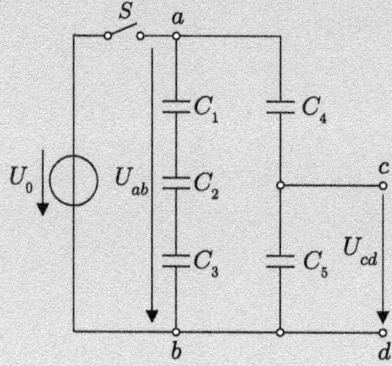

Es gilt: $C_1 = 5\,\mu F$, $C_2 = 2\,\mu F$, $C_3 = 1\,\mu F$, $C_4 = 2\,\mu F$, $C_5 = 1\,\mu F$.

1.7 Die Kapazität

Danach misst man am Kondensator C_1 die Spannung $U_1 = 40\,V$.
a) Wie groß ist U_{ab}?
b) Wie groß ist U_{cd}?
c) Wie groß ist die insgesamt von der Quelle gelieferte Ladungsmenge Q?
d) Um die Spannung U_{ab} zu reduzieren, schiebt man zwischen die Elektroden des Kondensators C_5 ein Dielektrikum mit $\varepsilon_r = 4$ ein. Wie groß ist jetzt U_{ab}?

Hinweis: Die Gesamtladung der Kondensatorschaltung Q kann sich nicht ändern, weil das System isoliert ist, die einzelnen Ladungen können sich jedoch ändern.

<u>Lösung:</u>

a) $U_1 = 40\,V$, $Q_1 = Q_2 = Q_3 = 5\,\mu F \cdot 40\,V = 200\,\mu As$
C_1, C_2 und C_3 sind in Reihe geschaltet
$\frac{1}{C_{123}} = \frac{1}{C_1} + \frac{1}{C_2} + \frac{1}{C_3} = (\frac{1}{5} + \frac{1}{2} + \frac{1}{1})\frac{1}{\mu F} = 1{,}7\,\frac{1}{\mu F}$
$C_{123} = 0{,}588\,\mu F$
$U_{ab} = \frac{Q}{C_{123}} = 200\,\mu As \cdot \frac{1{,}7}{\mu F} = \boxed{340\,V}$.

b) $U_{cd} = \frac{Q_5}{C_5}$
$Q_5 = Q_4 = 340\,V \cdot C_{45}$; $\frac{1}{C_{45}} = \frac{1}{C_4} + \frac{1}{C_5} = (\frac{1}{2} + \frac{1}{1})\frac{1}{\mu F}$
$C_{45} = \frac{2}{3}\mu F \Rightarrow Q_5 = Q_4 = 340\,V \cdot \frac{2}{3}\mu F = 226{,}\tilde{6}\,\mu As$
$U_{cd} = \boxed{226{,}\tilde{6}\,V}$.

c) $Q = Q_1 + Q_4 = 200\,\mu As + 226{,}\tilde{6}\,\mu As = \boxed{426{,}\tilde{6}\,\mu As}$.

d) C_5 wird jetzt: $C_5' = 1\,\mu F \cdot 4 = 4\,\mu F$.
Die Ladung Q kann sich nicht ändern, sie bleibt $Q = 426{,}\tilde{6}\,\mu As$, weil das System isoliert ist.
$U_{ab}' = \frac{Q}{C_{ges}'}$.
Es ändert sich C_{45}: $C_{45}' = \frac{C_4 \cdot C_5'}{C_4 + C_5'} = \frac{2\mu F \cdot 4\mu F}{6\mu F} = 1{,}\tilde{3}\,\mu F$
$C_{ges}' = C_{123} + C_{45}' = 0{,}588\,\mu F + 1{,}\tilde{3}\,\mu F = 1{,}92\,\mu F$
$U_{ab}' = \frac{426{,}\tilde{6}\,\mu As}{1{,}92\,\mu F} = \boxed{222\,V}$.

Sonderbauformen des Plattenkondensators

Aus der Bestrebung heraus, möglichst kleine Bauabmessungen zu erzielen, ergaben sich spezielle Formen (siehe Abb. 1.36), wie z.B. der „Schicht"- oder „Scheiben"-Kondensator. Beim Schichtkondensator wirken n Metallfolien,

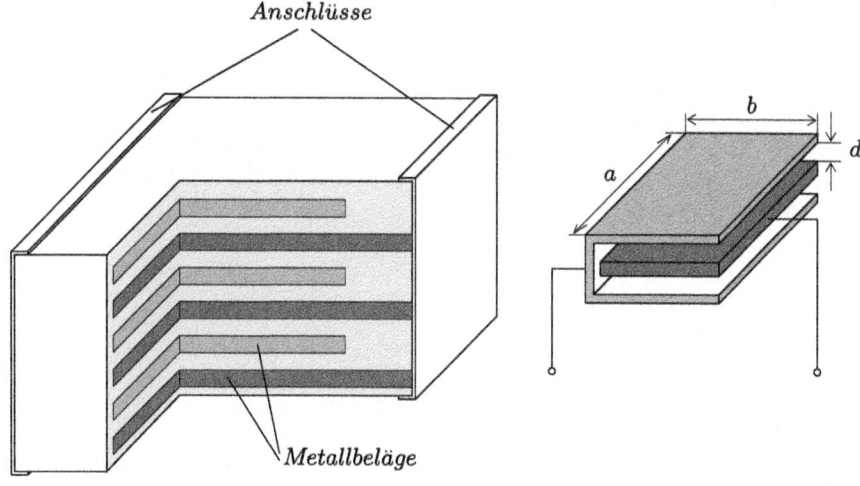

Abb. 1.36. Schichtkondensator

die kammartig ineinander greifen. Mit Ausnahme der beiden äußeren Seiten sind bei jeder Folie *beide* Seiten wirksam. Es entstehen $(n-1)$ Kondensatoren, die parallel geschaltet sind:

$$C = (n-1) \cdot \frac{\varepsilon \cdot A}{d}. \qquad (40)$$

So gilt auf Abb. 1.36 rechts:

$$C = 2 \frac{\varepsilon \cdot a \cdot b}{d},$$

da die mittlere Platte sowohl am oberen, als auch am unteren Kondensator beteiligt ist.

Die Anordnung auf der Abb. 1.36 links erzeugt mit sechs Platten fünf parallel geschaltete Kapazitäten. Die Ersparnis an Material und Volumen ist erheblich.

Eine interessante Ausführung, bei der man die Kapazität einstellen kann, ist der *Drehkondensator* (siehe Abb. 1.37), bei dem die Halbkreisplatten gegeneinander drehbar sind. Ist der äußere Radius R_a und der Radius der Aussparung R_i, so ist die wirksame Fläche:

$$A = \frac{\alpha}{2} \cdot \left(R_a^2 - R_i^2\right).$$

Bei n Platten ist:

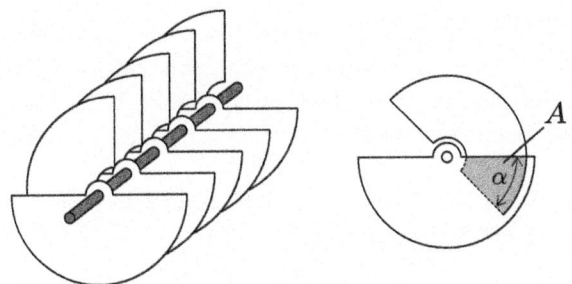

Abb. 1.37. Drehkondensator

$$C = (n-1) \cdot \varepsilon \cdot \frac{\alpha}{2} \cdot \frac{R_a^2 - R_i^2}{d}. \tag{41}$$

Sind die Platten Halbkreise, so erreicht man C_{max} bei $\alpha = \pi$.

Ebenfalls ein „Platten"–Kondensator (also eine Anordnung mit parallel liegenden Elektroden) ist der *Wickelkondensator*, bei dem zwei Metallfolien, getrennt durch eine Isolierfolie, zusammen gewickelt werden (Abb. 1.38).

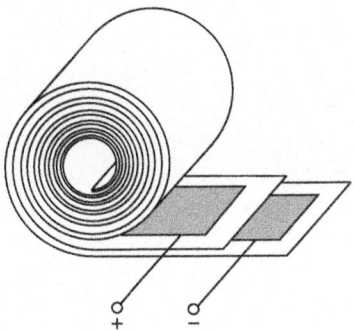

Abb. 1.38. Wickelkondensator

Dadurch ist jede der Folien beidseitig wirksam und die Kapazität wird, gegenüber den noch nicht aufgewickelten Folien, praktisch *verdoppelt*.

Plattenkondensator mit Mehrschichtdielektrikum

Normalerweise haben Kondensatoren, die eine bestimmte Kapazität aufweisen sollen, nur ein Dielektrikum.

Es gibt jedoch sehr interessante Anwendungen mit sowohl quer, als auch parallel zur Feldrichtung geschichtetem Dielektrikum. Ein leider oft vorkommender Fall der Querschichtung tritt ein, wenn sich die Isolation von einer Elektrode ablöst, sodass ein Luftspalt entsteht. Bei einer solchen Störung interessiert immer, ob die *Durchschlagfestigkeit* der gesamten Anordnung dadurch nicht überschritten wird. Wir betrachten eine *Querschich-*

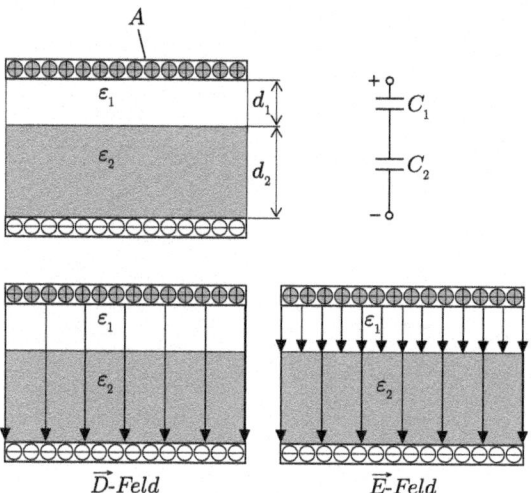

Abb. 1.39. Querschichtung mit zwei Dielektrika

tung mit zwei Schichten (vgl. Abb. 1.39). Weil $D_{n_1} = D_{n_2}$ und D senkrecht auf den Elektroden ist, gilt:

$$D_1 = D_2 = \frac{Q}{A}$$

$$\varepsilon_1 \cdot E_1 = \varepsilon_2 \cdot E_2 \Rightarrow \frac{E_1}{E_2} = \frac{\varepsilon_2}{\varepsilon_1}.$$

Für $\varepsilon_2 = 2 \cdot \varepsilon_1$ sehen die Feldlinien so wie in Abb. 1.39 unten gezeichnet aus. Tritt also eine dünne Luftschicht mit $\varepsilon_r = 1$ in einem Isolierstoff mit $\varepsilon_r = 2$ auf, so ist E_1 zweimal größer als E_2. Das kann zu einem Durchschlag führen.

1.7 Die Kapazität

Wie variiert aber das Potential φ bei einer Querschichtung mit zwei Dielektrika?

Wenn auf der positiven Platte $\varphi = 0$ ist, dann nimmt φ erst schneller, dann langsamer ab $(E_1 > E_2)$.

Das Integral muss in zwei Teilintegrale geteilt werden, da $E_1 \neq E_2$ ist!

$0 \leq x \leq d_1$:

$$\varphi(x) = -E_1 \cdot x \qquad \varphi(d_1) = -E_1 \cdot d_1 = -\frac{Q}{\varepsilon_1 \cdot A} \cdot d_1 = -\frac{Q \cdot d_1}{\varepsilon_1 \cdot A}$$

$d_1 \leq x \leq d_1 + d_2$:

$$\varphi(x) = \varphi(d_1) - \int_{d_1}^{x} E_2 \cdot dx = -\frac{Q}{\varepsilon_1 \cdot A} \cdot d_1 - \frac{Q}{\varepsilon_2 \cdot A} \cdot (x - d_1).$$

Mit $x = d_1 + d_2$, also auf der negativen Elektrode, wird der obige Ausdruck:

$$\varphi(d_1 + d_2) = -\frac{Q}{A} \cdot \left(\frac{d_1}{\varepsilon_1} + \frac{d_2}{\varepsilon_2} \right).$$

Bei einer Querschichtung entsteht eine *Reihen*schaltung von Kondensatoren:

$$C_{ges} = \frac{C_1 \cdot C_2}{C_1 + C_2} \text{ mit } C_1 = \frac{\varepsilon_1 \cdot A}{d_1} \text{ und } C_2 = \frac{\varepsilon_2 \cdot A}{d_2}.$$

Man kann das beweisen, indem man von der Definition $C = \frac{Q}{U}$ ausgeht:

$$U = \int_{0}^{d_1} \frac{Q}{\varepsilon_1 \cdot A} \cdot dx + \int_{d_1}^{d_1+d_2} \frac{Q}{\varepsilon_2 \cdot A} dx = \frac{Q}{\varepsilon_1 \cdot A} \cdot d_1 + \frac{Q}{\varepsilon_2 \cdot A} \cdot d_2$$

und

$$C = \frac{Q}{U} = \frac{A}{\frac{d_1}{\varepsilon_1} + \frac{d_2}{\varepsilon_2}}.$$

Um das Modell der Reihenschaltung von Kondensatoren bei einer Querschichtung besser zu verstehen, sollte hier ein Rechenverfahren erwähnt werden, das oft bei der Auflösung elektrostatischer Feldprobleme Anwendung findet: Das *Prinzip der Materialisierung*.

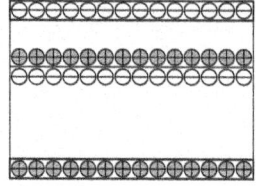

Es geht von dem folgenden Gedankenexperiment aus: Jede Metallfläche ist äquipotential, also kann man sich auch jede Äquipotentialfläche als „materialisiert" vorstellen, also als ganz dünne Metallfläche, die ungeladen ist.

In der Tat ändert sich bei der (gedanklichen) Einführung eines solchen Metallplättchens überhaupt nichts an der Feldverteilung: Auf dem Plättchen würden Ladungen influenziert werden, so dass das Feld unverändert bleibt. Aber jetzt kann man klar die Reihenschaltung der zwei Kondensatoren erkennen: Es handelt sich hier um zwei „Elektroden" mit gleicher Ladung (siehe Bild oben).

Wenn das wahr ist, dann kann man sich beliebig viele solche metallisierte Äquipotentialflächen gedanklich vorstellen, zum Beispiel n. Es entstehen $(n+1)$ in Reihe geschaltete Kondensatoren, mit der Kapazität $C' = \frac{\varepsilon \cdot A}{d'}$, wo d' der Abstand zwischen den virtuell materialisierten Äquipotentialflächen sein soll.

Die Gesamtkapazität ist:

$$C = \frac{1}{(n+1)} \cdot \frac{\varepsilon \cdot A}{d'}.$$

Der Abstand d' ist aber:

$$d' = \frac{d}{n+1}, \quad \text{sodass}$$

$$C = \frac{1}{(n+1)} \cdot \frac{\varepsilon \cdot A \cdot (n+1)}{d} = \frac{\varepsilon \cdot A}{d}$$

bleibt. Somit führt die gedankliche Metallisierung der Äquipotentialflächen zu demselben Ergebnis für die Gesamtkapazität.

Anwendung 1.1: Kapazitive Dickenmessung

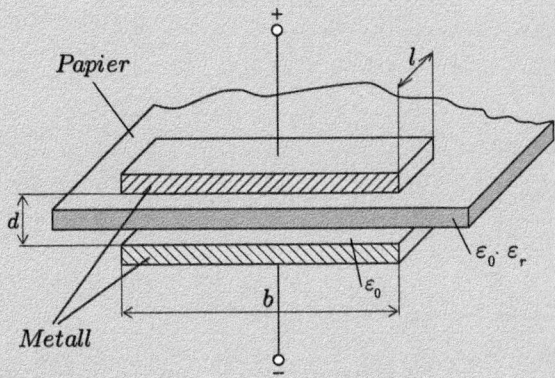

Das Bild zeigt das Prinzip einer Messeinrichtung, die die Dicke einer Papierbahn im Herstellungsprozess kontinuierlich und berührungslos ermittelt. Das Messergebnis wird einer Regeleinrichtung zugeführt, die eventuell eine Nachstellung veranlaßt.

Zwei parallele Metallplatten mit den Abmessungen $l = 10\,cm$, $b = 1,5\,m$ und dem Abstand $d = 1\,mm$ bilden einen Platten–Kondensator, dessen Kapazität gemessen wird. Welche Kapazität C wird gemessen, wenn das Papier mit $\varepsilon_r = 2,2$ eine Dicke von $0,45\,mm$ aufweist?

<u>Lösung:</u>
Es entsteht ein Kondensator mit drei Schichten quer zur Feldrichtung. Die Reihenfolge der Dielektrika ist: Luft, Papier, Luft. Die drei Kapazitäten sind in <u>Reihe</u> geschaltet:

$$\frac{1}{C_{ges}} = \frac{1}{C_{L_1}} + \frac{1}{C_P} + \frac{1}{C_{L_2}} = \frac{d_1}{\varepsilon_0 \cdot A} + \frac{d_P}{\varepsilon_0 \cdot \varepsilon_r \cdot A} + \frac{d_2}{\varepsilon_0 \cdot A}$$

$$= \frac{d_1 + d_2}{\varepsilon_0 \cdot A} + \frac{d_P}{\varepsilon_0 \cdot \varepsilon_r \cdot A}.$$

Hier ist $d_1 + d_2 = 1,0\,mm - 0,45\,mm = 0,55\,mm$, <u>unabhängig</u> von der Lage des Papiers zwischen den Elektroden.

$$\frac{1}{C_{ges}} = \frac{0,55 \cdot 10^{-3}\,m\,Vm}{8,854 \cdot 10^{-12}\,As \cdot 1,5m \cdot 0,1m}$$
$$+ \frac{0,45 \cdot 10^{-3}\,m\,Vm}{2,2 \cdot 8,854 \cdot 10^{-12}\,As \cdot 1,5m \cdot 0,1m}$$
$$= 4,14 \cdot 10^8 \,\frac{V}{As} + 1,54 \cdot 10^8 \,\frac{V}{As}$$
$$C_{ges} = \boxed{1,76\,nF}$$

Beispiel 1.7: Kondensator mit Schutzschichten

Ein idealer Luftkondensator hat die Plattenfläche $A = 15\,cm^2$ und den Plattenabstand $d = 1,5\,mm$ (Skizze auf Bild links).

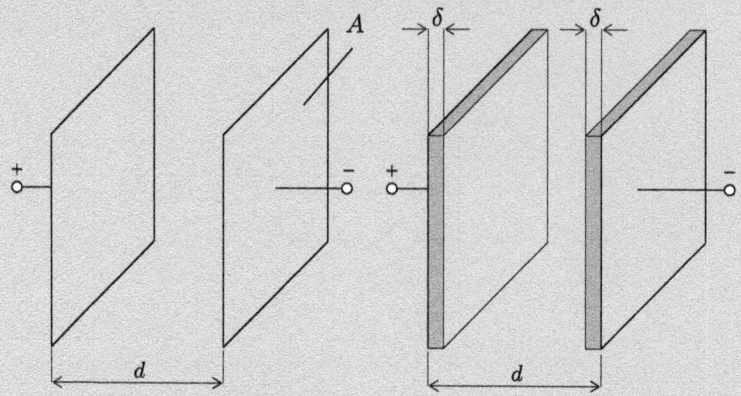

a) Welche maximale Spannung U_{max} darf an dem Kondensator liegen, damit die elektrische Feldstärke in der Luft zwischen den Platten den Wert $E = 10\,\frac{kV}{cm}$ nicht überschreitet?

b) Welche Kapazität C hat der Kondensator?

Jetzt werden die Platten des Kondensators zum Schutz gegen Kurzschluss mit Polystyrol ($\varepsilon_r = 2,8$) überzogen (siehe Skizze auf Bild rechts).

c) Welche Schichtung entsteht jetzt?

d) In welchem Verhältnis stehen jetzt die Feldstärken in der Luft E_L und in dem Polystyrol E_P zueinander?

e) Wie groß darf die Dicke δ der beiden Schutzschichten auf den Elektroden sein, wenn die Kapazität den Wert $10\,pF$ nicht überschreiten soll?

Lösung:

a) $U_{max} = E_{max} \cdot d = 10\,\frac{kV}{cm} \cdot 0,15\,cm = \boxed{1,5\,kV}$.

b) $C = \frac{\varepsilon_0 \cdot A}{d} = \frac{8,854 \cdot 10^{-12}\,\frac{As}{Vm} \cdot 15 \cdot 10^{-4}\,m^2}{1,5 \cdot 10^{-3}\,m} = \boxed{8,854\,pF}$.

c) Querschichtung.

d) $D_L = D_P \Rightarrow \varepsilon_0 E_L = \varepsilon_0 \varepsilon_r \cdot E_P \Rightarrow \frac{E_L}{E_P} = \boxed{\varepsilon_r = 2,8}$.

e) Es entsteht eine Reihenschaltung von drei Kondesatoren:
$$\frac{1}{C} = \frac{1}{C_P} + \frac{1}{C_L} + \frac{1}{C_P} = \frac{2}{C_P} + \frac{1}{C_L}$$
$$\frac{1}{C} = \frac{2 \cdot \delta}{\varepsilon_0 \varepsilon_r A} + \frac{d - 2 \cdot \delta}{\varepsilon_0 A} = \frac{2 \cdot \delta + \varepsilon_r \cdot d - 2 \varepsilon_r \delta}{\varepsilon_0 \varepsilon_r A}$$
$$2\delta(1 - \varepsilon_r) = \frac{\varepsilon_0 \varepsilon_r A}{C} - \varepsilon_r \cdot d$$
$$\delta = \boxed{0,1\tilde{3}\,mm}.$$

1.7 Die Kapazität

Eine *Längsschichtung* entsteht z.B., wenn man zwischen die Platten ein Dielektrikum hineinschiebt und dadurch die Kapazität beeinflußt.

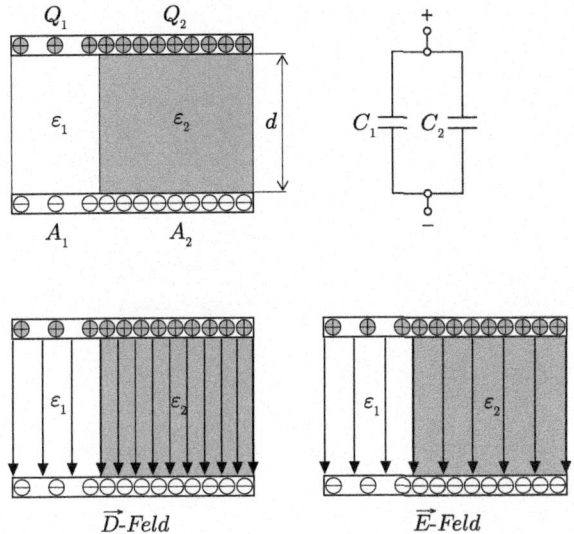

Abb. 1.40. Längsgeschichtete Dielektrika, $\vec{E}$– und $\vec{D}$–Feld

Das Feld $\vec{E}$ verläuft tangential zur Grenze und ist, da seine Tangentialkomponente stetig ist, in beiden Stoffen gleich:

$$E_1 = E_2.$$

Dann gilt für D:

$$\frac{D_1}{\varepsilon_1} = \frac{D_2}{\varepsilon_2} \Rightarrow D_1 = \frac{\varepsilon_1}{\varepsilon_2} \cdot D_2.$$

Wenn aber D_1 und D_2 verschieden sind, dann müssen, laut dem Gaußschen Satz, auch die entsprechenden Ladungen auf den Platten verschieden sein:

$$Q_1 = D_1 \cdot A_1 \qquad Q_2 = D_2 \cdot A_2 \qquad Q_1 + Q_2 = Q.$$

Dies ist eine *Parallel*schaltung von zwei Kondensatoren:

$$C_{ges} = C_1 + C_2 = \frac{\varepsilon_1 \cdot A_1}{d} + \frac{\varepsilon_2 \cdot A_2}{d}.$$

Anwendung 1.2: Füllstandsmessung über Kapazitäten

Eine Messanordnung zur Füllstandsmessung besteht aus zwei parallelen gleichen Metallelektroden, die in die zu messende, elektrisch nichtleitende Flüssigkeit mit der relativen Dielektrizitätszahl ε_r eingetaucht werden (siehe Bild).

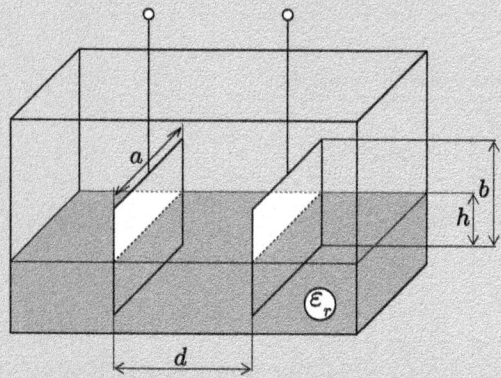

Es gilt: $a = 5\,cm$, $b = 10\,cm$, $d = 1\,cm$, $\varepsilon_r = 2,3$.
Die Randeffekte können vernachlässigt werden, das Feld zwischen den Platten sei homogen.

a) Stellen Sie eine allgemeine Formel für die Kapazität der Anordnung in Abhängigkeit von der Füllstandshöhe h auf!

b) Wenn eine Kapazität von $C = 6\,pF$ gemessen wird, welche Füllstandshöhe h liegt vor?

Lösung:

a) Es entsteht ein Kondensator mit Längsschichtung: oben Luft mit $\varepsilon_r = 1$, unten Flüssigkeit mit $\varepsilon_r = 2,3$, also eine Parallelschaltung.
$$C = \frac{\varepsilon_0 \cdot a(b-h)}{d} + \frac{\varepsilon_0 \varepsilon_r \cdot a \cdot h}{d} = \boxed{\frac{\varepsilon_0 \cdot a}{d}[b + h(\varepsilon_r - 1)]}.$$

b) $h(\varepsilon_r - 1) = \frac{C \cdot d}{\varepsilon_0 a} - b$

$h \cdot 1,3 = \frac{6 \cdot 10^{-12} \cdot 1 \cdot 10^{-2}}{8,854 \cdot 10^{-12} \cdot 5 \cdot 10^{-2}}\,m - 0,1\,m$

$h \cdot 1,3 = (0,1355 - 0,1)\,m$ $\boxed{h = 2,7\,cm}$.

⊙ Zylinderkondensator (Koaxialkabel)

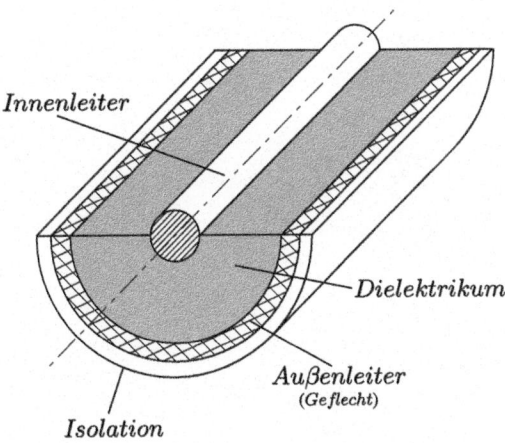

Abb. 1.41. Schnitt durch ein Koaxialkabel

In der Nachrichtentechnik werden aus Gründen der Abschirmung meistens Koaxialkabel benutzt.

Ein solches Hochfrequenzkabel besteht aus einem runden Innenleiter mit dem Radius R_i und einem Außenleiter mit dem Innenradius R_a, der meistens als Geflecht ausgeführt wird. Dazwischen ist ein Dielektrikum, von außen wird das Kabel mit einer Isolationshülle überzogen (Abb. 1.41 und Abb. 1.42).

Ein solches Kabel verhält sich wie ein Kondensator und weist eine Kapazität auf, die man kennen muss.

Zur Ermittlung dieser Kapazität geht man von einer Ladung Q aus. Wendet man den Gaußschen Satz auf einer gedachten Zylinderhülle mit einem Radius $R_i < r < R_a$ an, so ist auf der Zylindermantelfläche $\vec{D} \| d\vec{A}$, da $\vec{D}$ aus Symmetriegründen nur radial verlaufen kann. (In Wirklichkeit treten an den Zylinderenden Feldlinien heraus, das sogenannte Streufeld des Kondensators. Dieser Effekt kann mit zwei zusätzlichen kurzen Zylindern stark reduziert werden). D ist darüber hinaus konstant auf einer solchen Hülle, also:

$$\oiint \vec{D} \cdot d\vec{A} = D \cdot \iint_{Mantel} dA$$
$$= D \cdot 2\pi \cdot r \cdot l = Q.$$

Die Deckel des Zylinders bringen keinen Beitrag, weil dort $d\vec{A} \perp \vec{D}$ ist.

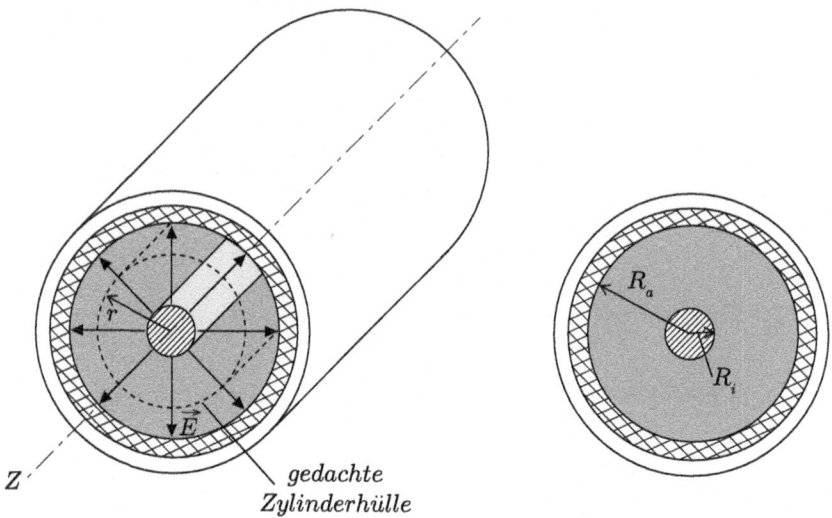

Abb. 1.42. Zur Ermittlung der Kapazität eines Koaxialkabels

Q ist die Ladung auf der Länge l.

$$\vec{D} = \frac{Q}{2\pi \cdot r \cdot l} \cdot \vec{e}_r \qquad (42)$$

$$\vec{E} = \frac{Q}{2\pi \cdot r \cdot \varepsilon \cdot l} \cdot \vec{e}_r. \qquad (43)$$

Jetzt kann man die Spannung U zwischen dem inneren Leiter (R_i) und dem äußeren Leiter (R_a) berechnen:

$$U = \int_{R_i}^{R_a} \vec{E} \cdot d\vec{r} = \int_{R_i}^{R_a} \frac{Q}{2\pi \cdot \varepsilon \cdot l} \cdot \frac{dr}{r}$$
$$= \frac{Q}{2\pi \cdot \varepsilon \cdot l} \cdot \ln \frac{R_a}{R_i}. \qquad (44)$$

Dabei integriert man auf *einer Feldlinie*, also radial.

Die Kapazität ergibt sich zu:

$$\boxed{C = \frac{Q}{U} = \frac{2\pi \cdot \varepsilon \cdot l}{\ln \frac{R_a}{R_i}}}. \qquad (45)$$

1.7 Die Kapazität

Anmerkung: In Gl. (45) muss im Nenner *immer* $\frac{R_a}{R_i}$ stehen, und nicht $\frac{R_i}{R_a}$, da sonst $\ln \frac{R_i}{R_a} < 0$ wäre, und damit die Kapazität negativ. C ist jedoch immer positiv.

Nimmt man $\varphi(R_i)$, also auf dem inneren Leiter, als Null an, so berechnet sich das Potential $\varphi(r)$ zu:

$$\varphi(r) = \varphi(R_i) - \int_{R_i}^{r} \vec{E} \cdot d\vec{r} = -\int_{R_i}^{r} \frac{Q}{2\pi \cdot \varepsilon \cdot l} \cdot \frac{dr}{r}$$
$$= -\frac{Q}{2\pi \cdot \varepsilon \cdot l} \cdot \ln \frac{r}{R_i}. \tag{46}$$

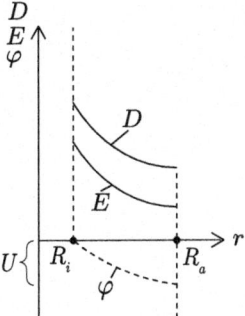

Abb. 1.43. Verläufe von D, E und φ als Funktion des Radius r in einem Zylinderkondensator

Bei einem Koaxialkabel interessiert insbesondere, an welcher Stelle die maximale Feldstärke auftritt. Wie man sieht, gilt dies auf der inneren Elektrode:

$$E_{max} = \frac{Q}{2\pi \cdot \varepsilon \cdot l} \cdot \frac{1}{R_i}. \tag{47}$$

Beispiel 1.8: Zylinderkondensator

Bei einem Koaxialkabel hat der Innenleiter den Radius $R_1 = 2\,mm$, der Außenleiter den (Innen-)Radius $R_2 = 5\,mm$. Das Isoliermaterial hat die Durchschlagfeldstärke $E_0 = 300\,\frac{kV}{cm}$.
Für welche maximale Spannung U_{max} ist dieses Kabel verwendbar, wenn im Betrieb eine 2fache Sicherheit gegen elektrischen Durchschlag gefordert wird?

Lösung:

Man kennt die elektrische Feldstärke im Zylinderkondensator:

$$E = \frac{Q}{2\pi r \varepsilon l}.$$

Die maximale Feldstärke (sie darf, wegen der 2fachen Sicherheit, nur $\frac{300}{2} \cdot \frac{kV}{cm}$ betragen!) erscheint auf dem inneren, kleinsten Radius R_1:

$$E_{max} = \frac{Q_{max}}{2\pi R_1 \varepsilon l} = 150\,\frac{kV}{cm}.$$

Die Spannung ist andererseits:

$$U = \frac{Q}{2\pi \varepsilon l} \ln \frac{R_2}{R_1} \quad (da\ E = \frac{Q}{2\pi r \varepsilon l}).$$

Somit wird:

$$U_{max} = E_{max} \cdot R_1 \cdot \ln \frac{R_2}{R_1}.$$

$$U_{max} = 150 \cdot \frac{10^3}{10^{-2}} \frac{V}{m} \cdot 2 \cdot 10^{-3} m \cdot \ln \frac{5}{2}$$

$$\boxed{U_{max} = 27{,}45\,kV}.$$

Kommentar: Hätte man irrtümlicherweise angenommen, dass die maximale Feldstärke bei dem maximalen Radius $R_2 = 5\,mm$ und nicht auf dem inneren Leiter, bei R_1, auftritt, so hätte man eine $2{,}5$mal größere maximale Spannung ermittelt, was für den Betrieb des Kabels gefährlich gewesen wäre.

Zylinderkondensator mit Mehrschichtdielektrikum (Querschichtung)

Wir betrachten den in der Praxis als mögliche Störung auftretenden Fall, dass in einem Koaxialkabel die Isolierschicht sich von der inneren Elektrode ablöst, sodass eine dünne Luftschicht entsteht ($\varepsilon_1 = \varepsilon_0$).

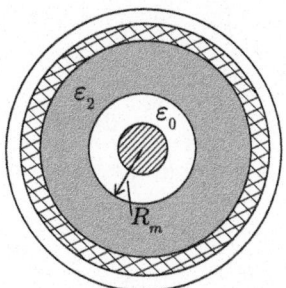

Die Grenze zwischen ε_1 und ε_2 steht quer zur Feldrichtung. Es ist $D_{n_1} = D_{n_2}$ und somit

$$D_1 = D_2 = \frac{Q}{2\pi \cdot r \cdot l}.$$

Mit $\varepsilon_1 \cdot E_1 = \varepsilon_2 \cdot E_2$ ergeben sich die beiden Feldstärken:

$$\underbrace{E_1 = \frac{Q}{2\pi \cdot r \cdot \varepsilon_1 \cdot l}}_{\text{für } R_i \leq r \leq R_m} \qquad \underbrace{E_2 = \frac{Q}{2\pi \cdot r \cdot \varepsilon_2 \cdot l}}_{\text{für } R_m \leq r \leq R_a}.$$

Dabei ist $\varepsilon_2 > \varepsilon_1$, denn die Luft hat die kleinste relative Dielektrizitätskonstante (1). In der dünnen Luftschicht entsteht eine viel größere Feldstärke als in dem Dielektrikum; diese kann zum Durchschlag und folglich zur Zerstörung führen.

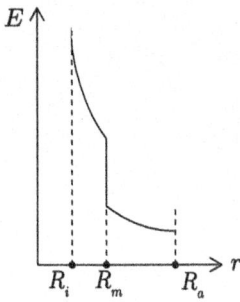

Die Spannung U ist in diesem Fall eine Summe von zwei Integralen:

$$U = \int_{R_i}^{R_m} \frac{Q}{2\pi \cdot \varepsilon_1 \cdot l} \cdot \frac{dr}{r} + \int_{R_m}^{R_a} \frac{Q}{2\pi \cdot \varepsilon_2 \cdot l} \cdot \frac{dr}{r}$$

$$= \frac{Q}{2\pi \cdot l} \cdot \left[\frac{1}{\varepsilon_1} \cdot \ln \frac{R_m}{R_i} + \frac{1}{\varepsilon_2} \cdot \ln \frac{R_a}{R_m} \right].$$

Die Kapazität berechnet sich zu:

$$C = \frac{Q}{U} = \frac{2\pi \cdot l}{\frac{1}{\varepsilon_1} \cdot \ln \frac{R_m}{R_i} + \frac{1}{\varepsilon_2} \cdot \ln \frac{R_a}{R_m}}. \qquad (48)$$

Es ist die *Reihen*schaltung der zwei Kapazitäten:

$$C_1 = \frac{2\pi \cdot \varepsilon_1 \cdot l}{\ln \frac{R_m}{R_i}} \quad \text{und} \quad C_2 = \frac{2\pi \cdot \varepsilon_2 \cdot l}{\ln \frac{R_a}{R_m}}$$

$$\frac{1}{C_{ges}} = \frac{\ln \frac{R_m}{R_i}}{2\pi \cdot \varepsilon_1 \cdot l} + \frac{\ln \frac{R_a}{R_m}}{2\pi \cdot \varepsilon_2 \cdot l} = \frac{1}{2\pi \cdot l} \cdot \left[\frac{1}{\varepsilon_1} \cdot \ln \frac{R_m}{R_i} + \frac{1}{\varepsilon_2} \cdot \ln \frac{R_a}{R_m} \right].$$

Anmerkungen:
- Bei einer *Querschichtung* ergibt sich eine Reihenschaltung von Kapazitäten.
- Bei einer *Längsschichtung* ergibt sich eine Parallelschaltung von Kapazitäten.

⊙ Kugelkondensator

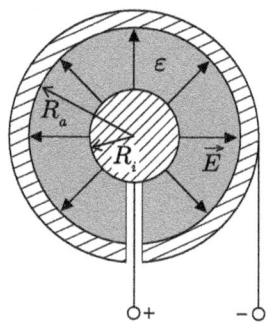

Abb. 1.44. Aufbau eines Kugelkondensators

1.7 Die Kapazität

Kapazitäten mit Kugelsymmetrie finden in der Hochspannungs- und in der Antennen-Technik Anwendung. Ein Kugelkondensator besteht aus zwei konzentrischen Metallkugeln mit den Radien R_i und R_a (siehe Abb. 1.44); der Raum dazwischen wird von einem Dielektrikum (ε) ausgefüllt. Um Ladungen auf der inneren Kugel zu bringen wird in die äußere Kugel eine kleine Öffnung praktiziert, durch die ein isolierter dünner Leiter zu der inneren Kugel geführt wird.

Die Kugelsymmetrie (die durch die kleine Öffnung praktisch nicht gestört wird) bewirkt:

$$Q = D \cdot 4\pi \cdot r^2 \Rightarrow \vec{D} = \frac{Q}{4\pi \cdot r^2} \cdot \vec{e}_r \tag{49}$$

$$\vec{E} = \frac{Q}{4\pi \cdot \varepsilon \cdot r^2} \cdot \vec{e}_r \tag{50}$$

$$U = \int_{R_i}^{R_a} \vec{E} \cdot d\vec{r} = \frac{Q}{4\pi \cdot \varepsilon} \int_{R_i}^{R_a} \frac{dr}{r^2}$$

$$= \frac{Q}{4\pi \cdot \varepsilon} \left(-\frac{1}{r}\right)_{R_i}^{R_a}$$

$$= \frac{Q}{4\pi \cdot \varepsilon} \cdot \left(\frac{1}{R_i} - \frac{1}{R_a}\right) \tag{51}$$

$$\boxed{C = \frac{Q}{U} = \frac{4\pi \cdot \varepsilon \cdot R_i \cdot R_a}{R_a - R_i}}. \tag{52}$$

Das Potential zwischen den Kugeln (falls die innere Kugel $\varphi = 0$ haben soll) ist:

$$\varphi = 0 - \int_{R_i}^{r} \frac{Q}{4\pi \cdot \varepsilon \cdot r^2} \cdot dr = \frac{Q}{4\pi \cdot \varepsilon} \left(\frac{1}{r}\right)_{R_i}^{r}$$

$$= \frac{Q}{4\pi \cdot \varepsilon} \left(\frac{1}{r} - \frac{1}{R_i}\right). \tag{53}$$

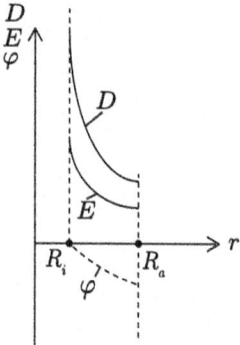

Abb. 1.45. Verläufe von E, D und φ als Funktion des Radius im Kugelkondensator

Als spezielle Anwendung berechnen wir auch die Kapazität eines *Halbkugel*kondensators, der aus zwei konzentrischen Halbkugeln besteht.

Um hier etwas berechnen zu können, muss man die *Randeffekte vernachlässigen* und eine Halbkugelsymmetrie annehmen (es ist jedoch praktisch unvermeidlich, dass Feldlinien sich auch außerhalb der Anordnung schließen, sodass das Ergebnis nicht ganz genau sein kann). Die gedachte Hülle ist eine Halbkugel mit dem Radius r:

$$D \cdot 2\pi \cdot r^2 = Q \Rightarrow D = \frac{Q}{2\pi \cdot r^2} \Rightarrow E = \frac{Q}{2\pi \cdot \varepsilon \cdot r^2}$$

$$U = \int_{R_i}^{R_a} \frac{Q}{2\pi \cdot \varepsilon \cdot r^2} \cdot dr = \frac{Q}{2\pi \cdot \varepsilon}\left(\frac{1}{R_i} - \frac{1}{R_a}\right).$$

Für die Halbkugelanordnung ergibt sich somit (näherungsweise):

$$C = \frac{Q}{U} = \frac{2\pi \cdot \varepsilon}{\dfrac{1}{R_i} - \dfrac{1}{R_a}}. \tag{54}$$

Häufig berechnet man die Kapazität einer *Vollkugel* (R_i) gegenüber einer unendlich entfernten und unendlich großen Gegenelektrode ($R_a = \infty$). Dann ist

$$C = 4\pi \cdot \varepsilon \cdot R_i. \tag{55}$$

Eine alleinstehende Kugel (wie z.B. die Erde) hat also eine Kapazität, die in guter Näherung mit der Gl. (55) berechnet werden kann.

Beispiel 1.9: Kugelkondensator

Ein Kugelkondensator hat die Radien $R_1 = 5\,mm$ und $R_2 = 20\,mm$ und ein Dielektrikum mit $\varepsilon_r = 2$. Zwischen den Kugeln liegt die Spannung U.
Dann gilt, falls:

$$\varphi(R_1) = 0 \Rightarrow \varphi(R_2) = -U.$$

1) Stellen Sie eine Formel auf für das Potential in einer beliebigen Enfernung r vom Kugelmittelpunkt.
2) Bei welchem Radius R_m beträgt das Potential $\varphi(R_m) = -\frac{U}{2}$?
3) Berechnen Sie die Kapazität C des Kondensators.

<u>Lösung:</u>

1) $\varphi(r) = \underbrace{\varphi(R_1)}_{=0} - \int_{R_1}^{r} \vec{E} \cdot d\vec{r};\ \vec{E} = \dfrac{Q}{4\pi\varepsilon r^2}\vec{e}_r;\ d\vec{r} = \vec{e}_r \cdot dr$

$\varphi(r) = -\dfrac{Q}{4\pi\varepsilon}\int_{R_1}^{r}\dfrac{dr}{r^2} = \boxed{\dfrac{Q}{4\pi\varepsilon}\left(\dfrac{1}{r} - \dfrac{1}{R_1}\right)}.$

2) $\varphi(R_m) = -\dfrac{U}{2};\quad \varphi(R_2) = -U$

$-\dfrac{U}{2} = \dfrac{Q}{4\pi\varepsilon}\left(\dfrac{1}{R_m} - \dfrac{1}{R_1}\right)$

$-U = \dfrac{Q}{4\pi\varepsilon}\left(\dfrac{1}{R_2} - \dfrac{1}{R_1}\right).$

Durch Dividieren der letzten zwei Gleichungen bekommt man:

$\dfrac{1}{2} = \dfrac{\frac{1}{R_m} - \frac{1}{R_1}}{\frac{1}{R_2} - \frac{1}{R_1}} \Rightarrow \dfrac{1}{2}\left(\dfrac{1}{R_2} - \dfrac{1}{R_1}\right) = \dfrac{1}{R_m} - \dfrac{1}{R_1}$

$\dfrac{1}{R_m} = \dfrac{1}{2R_2} + \dfrac{1}{2R_1} \Rightarrow \boxed{R_m = 8\,mm}$

3) $C = \dfrac{4\pi\varepsilon_0\varepsilon_r R_1 R_2}{R_2 - R_1} = \dfrac{4\pi \cdot 8{,}854 \cdot 10^{-12} \cdot 2 \cdot 5 \cdot 20 \cdot 10^{-6}}{15 \cdot 10^{-3}}\,F$

$\boxed{C = 1{,}48\,pF}.$

Kommentar: Hätte man irrtümlicherweise angenommen, dass das Potential $-\dfrac{U}{2}$ auf dem mittleren Radius gilt, so wäre das bei $12{,}5\,mm$ gewesen. Es erscheint jedoch bei $R_m = 8\,mm$.

⊘ Kapazität einer Doppelleitung

Eine für die Praxis oft interessante Frage ist, welche Kapazität eine Doppelleitung, also eine Anordnung von zwei langen Leitern (Länge l, Radius R) im Abstand a voneinander, aufweist (Abb. 1.46). Die Leiter tragen die Ladungen $+Q$ und $-Q$.

Setzt man voraus, dass die Ladungen gleichmäßig auf den Leitern verteilt sind (das trifft zu, wenn die Bedingung $a \gg R$ erfüllt ist), so kann man die Kapazität folgendermaßen ermitteln:

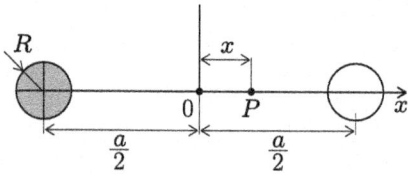

Abb. 1.46. Zur Berechnung der Feldstärke in einem Punkt P

Das Feld der Doppelleitung ist inhomogen (Abb. 1.47). Es entsteht als Überlagerung der Felder der beiden Leiter (Gl.(21) und Abb. 1.47).
In einem beliebigen Punkt P auf der x–Achse gilt:

$$\vec{E}_1(P) = \frac{Q}{2\pi \cdot \varepsilon \cdot l} \cdot \frac{1}{x + \frac{a}{2}} \cdot \vec{e}_x$$

$$\vec{E}_2(P) = \frac{Q}{2\pi \cdot \varepsilon \cdot l} \cdot \frac{1}{\frac{a}{2} - x} \cdot \vec{e}_x$$

$$\vec{E}(P) = \vec{E}_1(P) + \vec{E}_2(P).$$

Um die Spannung U zwischen den Leitern zu bestimmen, integriert man $\vec{E}$ entlang der x–Achse (diese ist eine Feldlinie, siehe Abb. 1.47), zwischen den Mantelflächen der Leiter:

$$U = \int_{-\frac{a}{2}+R}^{\frac{a}{2}-R} E \cdot dx = \frac{Q}{2\pi \cdot \varepsilon \cdot l} \cdot \int_{-\frac{a}{2}+R}^{\frac{a}{2}-R} \left(\frac{1}{x + \frac{a}{2}} + \frac{1}{\frac{a}{2} - x} \right) dx.$$

Die Integration ergibt:

$$U = \frac{Q}{\pi \cdot \varepsilon \cdot l} \ln\left(\frac{a}{R} - 1\right).$$

1.7 Die Kapazität

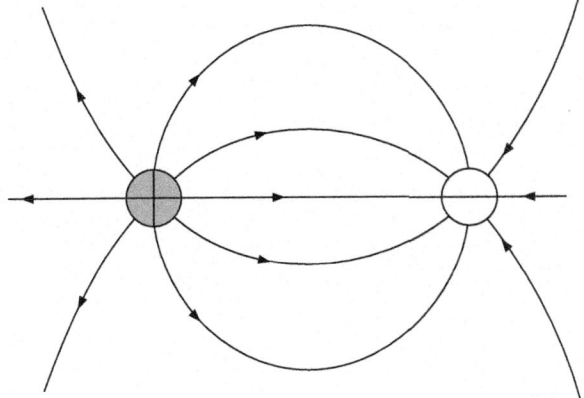

Abb. 1.47. Inhomogenes Feld $\vec{E}$ der Doppelleitung

Mit $a \gg R$ wird die Kapazität:

$$C = \frac{Q}{U} = \boxed{\frac{\pi \cdot \varepsilon \cdot l}{\ln \frac{a}{R}}}. \tag{56}$$

❷ 1.7.4 Zusammenfassung der meist angewendeten Kapazitäten

Anmerkungen:
- Damit eine Anordnung von zwei Elektroden ein „Kondensator" ist, muss
  a) die Ladung auf ihnen *gleich*groß sein (auch wenn ihre Flächen unterschiedlich sind; so ist in einem Zylinder- wie auch in einem Kugelkondensator die äußere Elektrode immer größer als die innere. Damit ist die Ladungsdichte außen kleiner als innen, aber die Gesamtladung Q ist dieselbe);
  b) der Raum zwischen ihnen *ladungsfrei* und isolierend sein.

- Das Dielektrikum kann leitend werden, wenn ein Defekt eintritt. Dann sind auch zwischen den Platten Ladungen vorhanden.
- Außerhalb von „idealen" Kondensatoren (Kugel–, Platten– oder Zylinderkondensator) ist *kein* Feld vorhanden, weil jede gedachte Hülle die Ladung $+Q - Q = 0$ umhüllt.

In der folgenden Tabelle sind die meist angewendeten Kapazitäten zusammengefasst.

1. Elektrostatische Felder

Tabelle 1.3. Kapazitäten „idealer" Kondensatoren

Eben	Zylindrisch	Kugel
$\vec{E}$ und $\vec{D}$ homogen (konstant)	$\vec{E}$ und $\vec{D}$ radial, variieren mit $\frac{1}{r}$	$\vec{E}$ und $\vec{D}$ radial, variieren mit $\frac{1}{r^2}$
Potential φ: linear	Potential φ: variiert mit $\ln r$	Potential φ: variiert mit $\frac{1}{r}$
$C = \dfrac{\varepsilon_0 \cdot \varepsilon_r \cdot A}{d}$	$C = \dfrac{2\pi \cdot \varepsilon_0 \cdot \varepsilon_r \cdot l}{\ln \frac{R_a}{R_i}}$	$C = \dfrac{4\pi \cdot \varepsilon_0 \cdot \varepsilon_r}{\frac{1}{R_i} - \frac{1}{R_a}}$

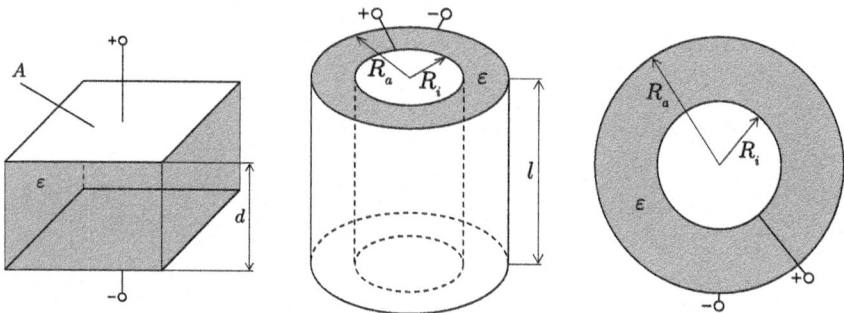

Der *Weg zur Berechnung von Kapazitäten* ist im Prinzip der folgende:

1. Falls die *Ladung Q* nicht bekannt ist, nimmt man eine an.
2. Mit dem Gaußschen Satz berechnet man die *Verschiebungsflussdichte* $\vec{D}$:

$$\oiint \vec{D} \cdot d\vec{A} = Q. \tag{57}$$

Dazu muss man eine geschlossene Hülle finden, auf der das Integral leicht durchführbar ist. Verständlicherweise muss die Hülle der Geometrie der Elektroden angepasst sein, also: ein Parallelepiped bei einem Plattenkondensator, ein Zylinder (mit Deckeln) bei einem Zylinderkondensator und eine Kugel bei einem Kugelkondensator. Nach der Integration auf der Hülle kann man die Gl. (57) nach D umstellen.

1.7 Die Kapazität

3. $\vec{E}$ ergibt sich jetzt aus dem Materialgesetz:

$$\vec{D} = \varepsilon \cdot \vec{E} \qquad (58)$$

4. Daraus kann man die Spannung U zwischen den Elektroden berechnen:

$$U = \int_1^2 \vec{E} \cdot d\vec{s} \qquad (59)$$

(Falls U vorgegeben wurde, kann man jetzt nach Q umstellen.)

5. Schließlich ist:

$$C = \frac{Q}{U}. \qquad (60)$$

Als schematischen Lösungsweg kann man angeben:

$$Q \to D \to E \to U \to C = \frac{Q}{U}. \qquad (61)$$

1.8 Energie und Kräfte im elektrostatischen Feld

1.8.1 Elektrische Energie und Energiedichte

Während des Aufladevorganges eines Kondensators wird ihm die folgende Energie zugeführt:

$$W_e = \int_0^\infty u_C(t) \cdot i(t) \cdot dt.$$

Der Vorgang dauert theoretisch unendlich lange, doch praktisch nur eine begrenzte Zeit, bis die Ladung Q getrennt wurde.

Hier bedeuten $u_C(t)$ und $i(t)$ die Augenblickswerte der Spannung und des Ladestroms.

Mit $u_C = \frac{q}{C}$ und $i = \frac{dq}{dt}$ wird:

$$W_e = \frac{1}{C} \int_0^Q q \cdot dq$$

$$W_e = \frac{1}{2} \cdot \frac{Q^2}{C}. \tag{62}$$

Berücksichtigt man die Beziehung $Q = C \cdot U$, so gewinnt man drei Ausdrücke für die Energie eines Kondensators:

$$\boxed{W_e = \tfrac{1}{2} \cdot \frac{Q^2}{C} = \tfrac{1}{2} \cdot C \cdot U^2 = \tfrac{1}{2} Q \cdot U}. \tag{63}$$

Die Energie, die der Kondensator der Spannungsquelle entnommen hat, wird in dem Raum zwischen den Elektroden (nicht etwa *auf* den Elektroden), also im elektrostatischen *Feld*, gespeichert.

Man kann diese Energie auch mit Hilfe der Feldgrößen $\vec{E}$ und $\vec{D}$ ausdrücken. Dafür gehen wir von dem *Platten*kondensator mit den Größen A, d und ε aus.

Die Energie kann man auch als

$$W_e = \int_0^Q u_C \cdot dq$$

schreiben. Beim Plattenkondensator gilt:

$$u_C = E \cdot d \text{ und } dq = A \cdot dD.$$

1.8 Energie und Kräfte im elektrostatischen Feld

Damit wird aus der Energiegleichung:

$$W_e = \underbrace{A \cdot d}_{Volumen} \int_0^D E \cdot dD = V \cdot \int_0^D E \cdot dD.$$

Für die Energie*dichte*, also für die Energie pro Volumen, gilt:

$$w_e = \frac{W_e}{V} = \int_0^D E \cdot dD.$$

Ist ε konstant, so erhält man durch Integration:

$$w_e = \frac{1}{\varepsilon} \int_0^D D \cdot dD = \frac{D^2}{2 \cdot \varepsilon}.$$

Man kann wieder drei Ausdrücke für die Energiedichte schreiben:

$$\boxed{w_e = \frac{D^2}{2 \cdot \varepsilon} = \frac{\varepsilon \cdot E^2}{2} = \frac{D \cdot E}{2}}. \tag{64}$$

Bemerkung: Alle abgeleiteten Formeln gelten *allgemein*, nicht nur für den Plattenkondensator. Man kann das folgendermaßen erklären: Jeder Kondensator kann als eine Vielzahl von Elementarkondensatoren betrachtet werden. Diese sind durchweg Plattenkondensatoren.

Beispiel 1.10: Elektrostatische Energie der Erde

Die Erde kann als Kugel mit dem Radius R betrachtet werden. Wenn die gesamte auf der Erde gespeicherte Ladung Q ist, wie groß ist die gesamte elektrische Energie W_e, die von der Erde gespeichert wird?

Lösung:
Die Energie kann mit der Formel:

$$W_e = \frac{Q^2}{2 \cdot C}$$

bestimmt werden, wo $C = 4\pi \cdot \varepsilon_0 \cdot R$ (siehe Gl. (55)) ist. Damit wird:

$$\boxed{W_e = \frac{Q^2}{2 \cdot 4\pi \cdot \varepsilon_0 \cdot R}}.$$

Zur Berechnung der Energie in *inhomogenen* Feldern muss man ein Volume-Integral lösen:

$$W_e = \iiint w_e \cdot dV \qquad \text{mit} \qquad dV = \text{Volumenelement}.$$

Beispiel 1.11: Elektrostatische Energie im Plattenkondensator

Ein Plattenkondensator mit der Kapazität C wird auf die Spannung U aufgeladen und dann von der Spannungsquelle getrennt. Ein zweiter Kondensator mit der gleichen Kapazität C, der jedoch entladen ist, wird zu dem ersten Kondensator parallel geschaltet.

Wie ändert sich die in den Kondensatoren gespeicherte Energie?

Lösung:

Am Anfang war die Energie:

$$W_1 = \frac{1}{2} \cdot C \cdot U^2.$$

Durch die Parallelschaltung muss die Ladung dieselbe bleiben (Ladungserhaltungssatz). Da die Gesamtkapazität doppelt so groß ist, muss $U = \frac{Q}{C}$ zweimal kleiner sein:

$$U_{||} = \frac{1}{2} \cdot U.$$

Die neue Energie ist:

$$W_2 = \frac{1}{2} \cdot 2 \cdot C \cdot \left(\frac{U}{2}\right)^2 = \frac{1}{4} \cdot C \cdot U^2 = \boxed{\frac{1}{2} \cdot W_1}.$$

Kommentar: Die Hälfte der ursprünglich im ersten Kondensator gespeicherten Energie wird ausgestrahlt.

1.8.2 Kräfte im elektrostatischen Feld, Prinzip der virtuellen Verschiebung

Bisher wurde nur die Coulombsche Kraft auf Punktladungen, mit der Gleichung

$$\vec{F} = Q \cdot \vec{E}$$

behandelt. Diese Formel kann nicht immer ohne weiteres angewendet werden, weil sie nur in homogenen Dielektrika gilt und ihre Anwendung die genaue Kenntnis der Ladungsverteilung erfordert.

Zur Bestimmung der Kräfte auf beliebige Körper im elektrostatischen Feld wurde eine andere Methode entwickelt, die von der *Energie* ausgeht, genauer gesagt: von der mechanischen Arbeit die geleistet werden würde, wenn sich Körper unter der Wirkung der elektrostatischen Kräfte *virtuell* verschieben würden (sie müssen sich nicht tatsächlich bewegen).

Das Prinzip der *virtuellen Verschiebung* ist aus der Mechanik bekannt: wenn ein Körper sich in Richtung einer Koordinate - sei sie x - um einen infinitesimal kleinen Betrag dx verschiebt, dann hat die Kraft F_x auf den Körper die mechanische Arbeit $dW = F_x \cdot dx$ geleistet. Im elektrostatischen Feld ist W die elektrostatische Energie W_e.

Es ergeben sich für die elektrostatische Kraft zwei Formeln (auf die Ableitung wird hier verzichtet), die sich nur durch das Vorzeichen unterscheiden.

$$\boxed{F_x = -\left(\frac{dW_e}{dx}\right)_q = \left(\frac{dW_e}{dx}\right)_U}. \qquad (65)$$

Merksatz: Die Kraft in Richtung einer „allgemeinen Koordinate" x ist gleich der Ableitung der Energie nach dieser Koordinate, mit Minuszeichen, wenn dabei die Ladung q konstant bleibt und mit Pluszeichen, wenn die Spannung U konstant bleibt.

Anmerkungen:
– Hier ist x irgendeine Koordinate. (Es kann auch ein Winkel sein. Dann ergibt die Formel ein Drehmoment). Die Richtung dieser Koordinate ist die Richtung, in die die Kraft wirkt.
– Ergibt sich die Kraft als negativ, so bedeutet dies, dass dabei die Energie des Systems *ab*nimmt (bei $U = const.$) oder *zu*nimmt (bei $q = const.$).
– Beide Formeln sind identisch.

— Um eine Kraft zu berechnen, muss man also erst wissen, entlang welcher Koordinate sie wirkt. Dann kann man die Energie als Funktion von *dieser* Koordinate ausdrücken und schließlich ihre Ableitung bilden.

Merksatz: Kräfte entstehen nur dann, wenn eine Änderung der Energie des Systems stattfindet.

Anwendung 1.3: Kraft zwischen den Kondensatorplatten

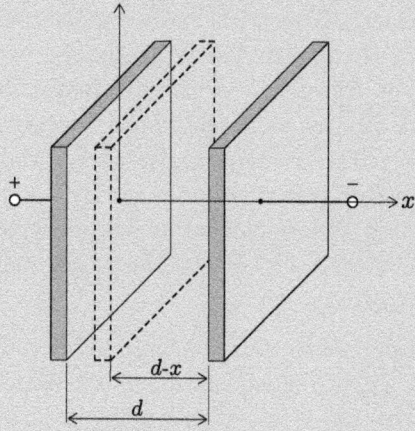

Welche Kraft wirkt zwischen den Platten eines Kondensators mit der Fläche A, im Abstand d voneinander, wenn die Spannung U zwischen ihnen und die Dielektrizitätskonstante ε bekannt sind?

<u>*Lösung:*</u>
Wir nehmen erst an, dass der Kondensator von der Quelle abgetrennt wurde. Eine günstige Formel für die Energie ist hier:

$$W_e = \frac{1}{2} \cdot \frac{Q^2}{C},$$

wobei Q konstant bleiben muss (Ladungserhaltungssatz). Würde sich eine Platte zu der anderen bewegen, so würde sich der Abstand d verändern. Wir nennen also den Abstand zwischen den Platten $(d-x)$ und schreiben für die Kapazität:

1.8 Energie und Kräfte im elektrostatischen Feld

$$C = \frac{\varepsilon \cdot A}{d - x}.$$

Damit wird die Energie: $W_e = \frac{1}{2} \cdot \frac{Q^2}{\varepsilon \cdot A} \cdot (d - x)$.

Die Kraft F_x ist:

$$F_x = -\left(\frac{dW_e}{dx}\right)_q = +\frac{1}{2} \cdot \frac{Q^2}{\varepsilon \cdot A}.$$

Da die Kraft positiv ist, strebt sie danach, die Energie zu verkleinern, d.h. die Platten anzunähern bzw. C zu vergrößern.

Q muss noch als Funktion von U ausgedrückt werden:

$$Q = D \cdot A = \varepsilon \cdot E \cdot A = \varepsilon \cdot \frac{U}{d} \cdot A.$$

Dann wird die Kraft:

$$F_x = \frac{1}{2} \cdot \frac{\varepsilon^2 \cdot U^2 \cdot A^2}{\varepsilon \cdot A \cdot d^2} = \boxed{\frac{1}{2} \cdot \frac{\varepsilon \cdot A}{d^2} \cdot U^2}.$$

Wie groß ist aber die Kraft, wenn der Kondensator an der Spannungsquelle bleibt?

Dann ist $U = $ const. und die Kraft ist:

$$F_x = +\left(\frac{dW_e}{dx}\right)_U$$

$$W_e = C \cdot \frac{U^2}{2} \ ; \ C = \frac{\varepsilon \cdot A}{d - x} \Big\} \Rightarrow W_e = \frac{\varepsilon \cdot A}{d - x} \cdot \frac{U^2}{2}.$$

Um den Ausdruck der Energie differenzieren zu können, wird die Kettenregel angewandt. Dabei ist $y = d - x \Rightarrow -dx = dy$.

$$F_x = \frac{dW_e}{dx} = \frac{dW_e}{dy} \cdot \frac{dy}{dx} = +\frac{1}{(d-x)^2} \cdot \frac{\varepsilon \cdot A \cdot U^2}{2}$$

Hier interessiert nur der Fall $x = 0$!

$$F_x = \frac{\varepsilon \cdot A \cdot U^2}{2 \cdot d^2}.$$

Es ist exakt dieselbe Kraft, mit demselben Vorzeichen. D.h.: in diesem Falle strebt die Kraft danach, die Energie im Kondensator zu vergrößern.

1.8.3 Kräfte auf freie Ladungen; Strahlablenkung

Besonders interessant für die Praxis der Fernseh-und überhaupt der Röhrentechnik ist die Bewegung von Ladungen (Elektronen) im elektrostatischen Feld. Die Kraft, die auf die Elektronen wirkt, ist die Coulombsche Kraft.

Beschleunigung von Ladungen im elektrischen Feld

Es soll erst untersucht werden, wie sich eine Ladung Q zwischen den Platten eines Kondensators (homogenes Feld, siehe nächstes Bild) bewegt. Dazu muss man auch einige Begriffe aus der Mechanik heranziehen.

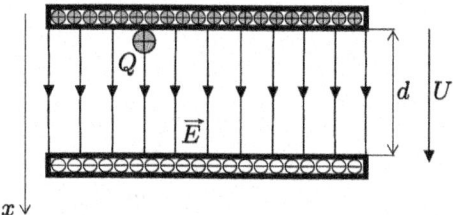

Es gilt $E = E_x$ und somit $F_x = Q \cdot E_x$. Unter dem Einfluß dieser Kraft wird die Ladung beschleunigt. Andererseits gilt immer das Newtonsche Gesetz (nach *Sir Isaac Newton, 1642-1727*):

$$F_x = m \cdot a_x.$$

Für die Beschleunigung der Ladung Q gilt somit:

$$a_x = \frac{Q}{m} \cdot E_x. \tag{66}$$

Folgende Begriffe der Mechanik sind zur Bestimmung der Geschwindigkeit v der Ladung und des zurückgelegten Weges s (unter Einwirkung einer konstanten Kraft) notwendig:

1. Für den Weg:

$$s = s_0 + v_0 \cdot t + a \cdot \frac{t^2}{2} \tag{67}$$

mit dem Anfangsweg s_0 und der Anfangsgeschwindigkeit v_0.

2. Für die Geschwindigkeit:

$$v = \frac{ds}{dt} = v_0 + a \cdot t. \tag{68}$$

1.8 Energie und Kräfte im elektrostatischen Feld

3. Für die Beschleunigung:

$$a = \frac{dv}{dt} = const. \qquad (69)$$

Die Gl. (68) und (69) gelten für jede Komponente, d.h.(in einem kartesischen Koodinatensystem) für $v_x = v_{0_x} + a_x \cdot t$, $v_y = v_{0_y} + a_y \cdot t$ und $v_z = v_{0_z} + a_z \cdot t$ und $a_x = \frac{dv_x}{dt}$, $a_y = \frac{dv_y}{dt}$, $a_z = \frac{dv_z}{dt}$. Wir betrachten den einfachen Fall $v_0 = 0$:

$$v_x = a_x \cdot t = \frac{Q}{m} \cdot E_x \cdot t.$$

Der Weg s (hier x), der in der Zeit t zurückgelegt wird, ist:

$$s = a_x \cdot \frac{t^2}{2} = \frac{1}{2} \cdot \frac{Q}{m} \cdot E_x \cdot t^2.$$

Möchte man die Geschwindigkeit v der Ladung Q beim Ankommen auf der negativen Platte, also nach dem Weg d, ermitteln, so muss man die Zeit t:

$$t = \sqrt{\frac{2 \cdot d \cdot m}{Q \cdot E_x}}$$

in die Formel für v einführen:

$$v_x = \frac{Q}{m} \cdot E_x \cdot \sqrt{\frac{2 \cdot d \cdot m}{Q \cdot E_x}} = \sqrt{\frac{2 \cdot Q \cdot E_x \cdot d}{m}} = \sqrt{\frac{2 \cdot Q \cdot U}{m}} \text{ mit } U = E_x \cdot d.$$

Die Geschwindigkeit v einer beweglichen Ladung Q im elektrostatischen Feld kann auch auf einem *anderen Weg* ermittelt werden, nämlich ausgehend von der *Energie*.

Wird die Ladung von der Anfangsgeschwindigkeit v_0 bis zur Endgeschwindigkeit v_e beschleunigt, so gewinnt sie an mechanischer (kinetischer) Energie:

$$\Delta W_{kin} = \frac{m}{2} \cdot \left(v_e^2 - v_0^2\right).$$

Diese Energie wird dem elektrischen Feld entnommen:

$$\Delta W_{el} = Q \cdot U.$$

Dabei ist die Spannung konstant $U = E_x \cdot d$.
Bei $v_0 = 0$ ergibt sich die Gleichheit:

$$\Delta W_{kin} = \Delta W_{el}$$
$$\frac{m \cdot v^2}{2} = Q \cdot U$$
$$v = \sqrt{\frac{2 \cdot Q \cdot U}{m}}. \qquad (70)$$

Mit der Herleitung über die Betrachtung der Energieverhältnisse kommt man wesentlich schneller zum Ziel.

⊚ Strahlablenkung in Elektronenstrahlröhren

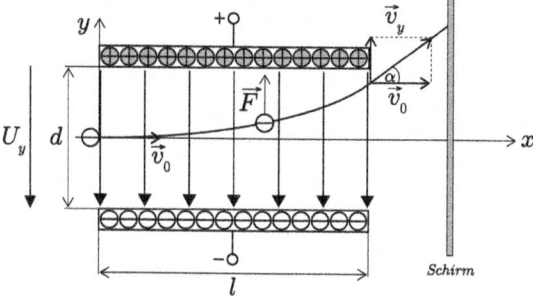

Die horizontale wie auch die vertikale Strahlablenkung in einer Elektronenstrahlröhre geschieht durch die Ablenkung der Elektronen im elektrostatischen Feld von zwei parallelen Platten. (Die Ablenkung kann aber auch in einem Magnetfeld geschehen, siehe dazu Abschnitt 4.1.3).

Ein Elektron tritt mit der Geschwindigkeit $\vec{v}_0$ zwischen die Platten, entlang der Achse x. Die Spannung zwischen den Platten ist U_y, der Abstand zwischen den Platten d, die Länge der Platten in x–Richtung ist l. Die genaue Anordnung des Systems ist oben skizziert dargestellt.

Da das Elektron negativ geladen ist, wird es zu der positiven Platte abgelenkt. Die Coulombsche Kraft wirkt in y-Richtung.

$$F = Q \cdot E \, , \, E = \frac{U_y}{d}.$$

Diese Kraft bewirkt eine Beschleunigung a_y:

$$m \cdot a_y = Q \cdot E \Rightarrow a_y = \frac{Q}{m} \cdot \frac{U_y}{d}. \qquad (71)$$

1.8 Energie und Kräfte im elektrostatischen Feld

In x–Richtung wirkt keine Kraft, sodass die x–Komponente der Geschwindigkeit $v_x \cdot \vec{e}_x$ unverändert bleibt.
Dann braucht das Elektron, um die Strecke l zurückzulegen, die Zeit

$$t = \frac{l}{v_0}.$$

Man kann dann auch die Geschwindigkeit v_y berechnen, die das Elektron beim Austritt aus den Platten hat:

$$v_y(\text{bei } x = l) = a_y \cdot t = \frac{Q}{m} \cdot \frac{U_y}{d} \cdot \frac{l}{v_0}. \tag{72}$$

Nach dem Austritt wirkt auf das Elektron keine Kraft mehr, da zwischen dem Ablenksystem und dem Schirm Vakuum ist, sodass jegliche Reibung vernachlässigt werden kann. Das Elektron bewegt sich auf einer Geraden mit dem Winkel α mit konstanter Geschwindigkeit weiter:

$$\tan \alpha = \frac{v_y}{v_0} = \frac{Q \cdot U_y \cdot l}{m \cdot d \cdot v_0^2}. \tag{73}$$

Hat das Elektron die Anfangsgeschwindigkeit v_0 durch Beschleunigung in einem anderen (vertikalen) Plattensystem mit der Spannung U erreicht, so ist seine Geschwindigkeit:

$$v_0 = \sqrt{\frac{2 \cdot Q \cdot U}{m}}.$$

Dann ergibt sich für den Austrittswinkel α:

$$\tan \alpha = \frac{Q \cdot U_y \cdot l \cdot m}{m \cdot d \cdot 2 \cdot Q \cdot U} = \frac{l}{2 \cdot d} \cdot \frac{U_y}{U}. \tag{74}$$

Beispiel 1.12: Elektronenröhre
In einer Elektronenröhre (siehe Bild), mit dem Abstand d zwischen der Anode und der Kathode, verlassen die Elektronen die Kathode mit der Anfangsgeschwindigkeit $v_0 = 0$.
1. *Mit welcher Geschwindigkeit v treffen die Elektronen auf der Anode auf, wenn die Spannung zwischen den ebenen Elektroden U beträgt?*
2. *Wie groß ist die Elektronengeschwindigkeit $v_x(x)$ in jedem Punkt des Weges, wenn x den Abstand zu der Kathode (den zurückgelegten Weg) bedeutet?*

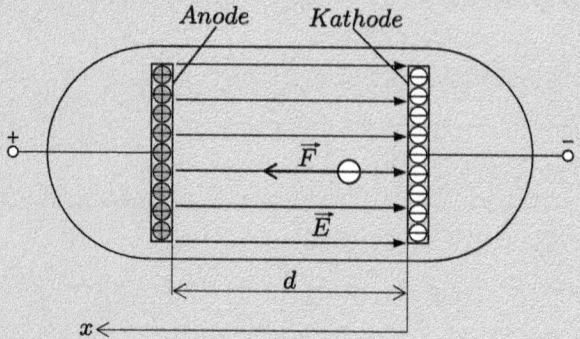

Die Ladung des Elektrons ist e, seine Masse m_e. Die Coulombsche Kraft, die nach x gerichtet ist, ist:

$$\vec{F} = \vec{e}_x \cdot e \cdot \frac{U}{d}.$$

Andererseits ist:

$$\vec{F} = m_e \cdot a_x \cdot \vec{e}_x \Rightarrow a_x = \frac{e}{m_e} \cdot \frac{U}{d}.$$

Lösung:

1. Am Ende des Weges d gilt $v_x = a_x \cdot t$ mit $t = \sqrt{\frac{2 \cdot d}{a_x}}$.

$$v_x = a_x \cdot \sqrt{\frac{2 \cdot d}{a_x}} = \sqrt{2 \cdot a_x \cdot d} = \boxed{\sqrt{\frac{2 \cdot e}{m_e} \cdot U}}.$$

Die Geschwindigkeit ergibt sich schneller aus der kinetischen Energie: Am Ende des Weges ist $W_{kin} = m_e \cdot \frac{v_x^2}{2}$. Die dafür aufgebrachte Energie ist $W_{el} = F \cdot d = e \cdot U$. Da $W_{kin} = W_{el}$ sein muss, muss gelten:

$$v_x = \sqrt{\frac{2 \cdot e \cdot U}{m_e}}.$$

Die erreichte Geschwindigkeit hängt also nicht vom Plattenabstand d ab!

2. Wird nur der Weg x zurückgelegt, so gilt:

$$m_e \cdot \frac{v_x^2}{2} = F \cdot x = e \cdot \frac{U}{d} \cdot x$$

$$\Rightarrow v_x = \boxed{\sqrt{\frac{2 \cdot e \cdot U}{m_e} \cdot \frac{x}{d}} \approx \sqrt{x}}.$$

Kapitel 2
Stationäre elektrische Felder

2	**Stationäre elektrische Felder**	**93**
2.1	Wesen des elektrischen Strömungsfeldes	93
2.2	Die Grundgesetze des elektrischen Strömungsfeldes	95
2.2.1	Die elektrische Stromdichte $\vec{S}$, Kontinuität	95
2.2.2	Wegunabhängigkeit der elektrischen Spannung U	98
2.2.3	Das Materialgesetz der Strömungsfelder	99
2.2.4	Das Gesetz über die Energiewandlung in Leitern	102
2.2.5	Zusammenfassung; Analogie mit der Elektrostatik	103
2.3	Widerstandsberechnung bei inhomogenen Feldern	104
2.3.1	Unterschiedliche Querschnitte der Stromfäden	104
2.3.2	Länge der Stromfäden oder κ unterschiedlich	106
2.4	Berechnung elektrischer Strömungsfelder	109
2.4.1	Homogene Felder	109
2.4.2	Inhomogenes Zylinderfeld	111
2.4.3	Inhomogenes Kugelfeld	118
2.4.4	Allgemeiner Lösungsweg	123

2 Stationäre elektrische Felder

2.1 Wesen des elektrischen Strömungsfeldes

Die kollektive *Bewegung von geladenen Teilchen* bildet das elektrische Strömungsfeld. Es kann also nur in *elektrischen Leitern* existieren. In *Nichtleitern* sind die elektrischen Ladungen unbeweglich, so dass (im Idealfall) kein Strom entstehen kann. Das war der elektrostatische Zustand (Kapitel 1).

Wird die Bewegung der Ladungen von einer *Gleich*spannung verursacht, dann entsteht ein *stationäres* Strömungsfeld, dem ein konstanter Strom I entspricht. Wie in der Elektrostatik, sind auch im stationären Strömungsfeld alle Größen zeit*unabhängig*. Der Unterschied zu der Elektrostatik besteht darin, dass man sich hier mit *strom*durchflossenen *Leitern* beschäftigt, während die Elektrostatik nur stromfreie Zustände betrachtet.

Stationäre Strömungsfelder werden in der Theorie der Gleichstromnetze ausführlich behandelt. Dort waren die Leiter jedoch lange Drähte mit geringem konstantem Querschnitt, bei denen man die Stromdichte immer als *konstant* annehmen kann. In linienhaften, dünnen Leitern ist die Strömung *homogen*, man kann sie durch den Strom I, eine integrale Größe, beschreiben.

In der Technik existieren jedoch elektrische Strömungen nicht nur in dünnen Drähten, sondern auch in beliebigen räumlichen Gebilden. Dann kann die Strömung *in*homogen sein.

Beispiele:
- Fehlerströme in Mauern von Gebäuden bei defekter elektrischer Installation.
- Kurzschlussstrom einer fehlerbehafteten Hochspannungsleitung, der über den Erder ins Erdreich abfließt.
- Defekte Kondensatoren, bei denen das Dielektrikum nicht nur eine Dielektrizitätskonstante ε, sondern auch eine spezifische Leitfähigkeit κ aufweist, die verschieden von Null ist; dann fließt zwischen den Elektroden ein schwacher Leitungsstrom.
- Massive Leiter für sehr hohe Ströme (z.B. in Kraftwerken) mit unterschiedlichen Querschnitten.

2. Stationäre elektrische Felder

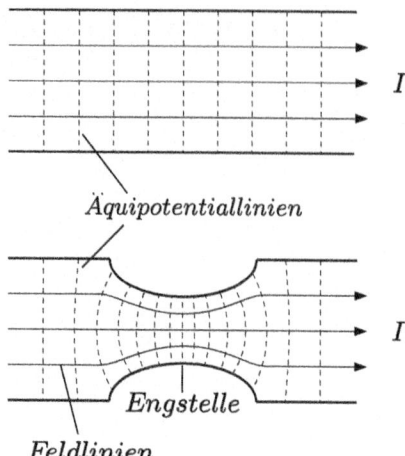

Abb. 2.1. Beispiele für Strömungsfelder, oben: homogen, unten: inhomogen

In Abb. 2.1, oben ist ein homogenes Feld in einem Draht und unten ein inhomogenes Feld in einem Schmelzleiter einer Hochspannungssicherung dargestellt. Im Folgenden soll also die räumliche Verteilung des Gleichstromes über ausgedehnte Querschnitte untersucht werden.

In der Elektrostatik hat man *zwei* vektorielle Feldgrößen benötigt, die elektrische Feldstärke $\vec{E}$ und die elektrische Verschiebungsflussdichte $\vec{D}$, um alle auftretenden Phänomene, sowohl im Vakuum, als auch in materiellen Körpern, zu beschreiben. Auch in dem hier untersuchten stationären elektrischen Strömungsfeld, sind *zwei* Feldgrößen notwendig, diese sind: die elektrische Feldstärke $\vec{E}$ (wie in der Elektrostatik) und die Stromdichte $\vec{S}$, die weiter behandelt wird.

Der Unterschied zur Elektrostatik besteht also grundsätzlich darin, dass die elektrischen Ladungen sich jetzt bewegen. Ihre orientierte Bewegung, die nur in Metallen möglich ist, erzeugt den sogenannten „Konvektionsstrom". Die beweglichen Ladungen in Metallen sind die negativ geladenen Elektronen. Leider dachte man zu der Zeit, als eine Vereinbarung für die Richtung des Stromes getroffen werden sollte, dass der Strom von der Bewegung positiver Ladungen verursacht wird. Deswegen ist die allgemein immer noch geltende *technische Richtung* des Stromes entgegen der Bewegungsrichtung der Elektronen gerichtet.

2.2 Die Grundgesetze des elektrischen Strömungsfeldes

❯ 2.2.1 Die elektrische Stromdichte $\vec{S}$; Kontinuität des stationären Strömungsfeldes

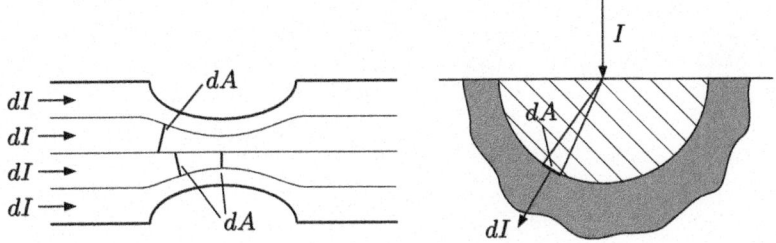

Abb. 2.2. Zur Erläuterung der Stromdichte

Die Netzwerktheorie geht von Stromstärken $I = \frac{Q}{t}$ in den Leitern aus, ohne sich mit der Verteilung der Ladungsträger im Leiter zu beschäftigen. Bei inhomogener Strömung ist jedoch diese Verteilung sehr wichtig. Sie wird durch die Stromdichte

$$\boxed{S = \frac{\Delta I}{\Delta A}} \tag{75}$$

definiert, wobei ΔA eine elementare Querschnittsfläche und ΔI einen elementaren Stromanteil, der durch ΔA hindurch fließt, bedeutet. Mann kann noch schreiben:

$$\boxed{I = \iint\limits_A S \cdot dA}, \tag{76}$$

mit dem Leiterquerschnitt A.
Steht die Fläche dA nicht senkrecht zum Strom I, sondern unter einem beliebigen Winkel, so schreibt man:

$$\boxed{I = \iint\limits_A \vec{S} \cdot d\vec{A} = \iint\limits_A S \cdot dA \cdot \cos \sphericalangle(\vec{S}, d\vec{A})}. \tag{77}$$

Merksätze:
- I ist eine skalare, integrale Größe.
- $\vec{S}$ ist ein Vektor, der in jedem Punkt parallel zur Geschwindigkeit $\vec{v}$ der Ladungsträger verläuft.

– $\vec{S}$ ist eine ortsabhängige Größe, kann also in jedem Punkt des Leiterquerschnittes einen anderen Wert annehmen.

Anmerkung: Ein Beispiel dafür ist die Verteilung der Stromdichte bei hohen Frequenzen, der sogenannte Skineffekt: der Strom wird zur Oberfläche des Leiters verdrängt und fließt durch eine dünne Schicht, während das Innere des Leiters stromfrei bleibt.

Die Stromdichte ist, analog der Verschiebungsichte $\vec{D}$, eine flächenbezogene Größe:

$$D = \frac{dQ}{dA}, \quad S = \frac{dI}{dA}.$$

Statt der Ladung Q erscheint jetzt der Strom I.

Für das *stationäre* Strömungsfeld gilt die folgende Konsequenz des *Ladungserhaltungsgesetzes*:

Gaußscher Satz des stationären Strömungsfeldes: Der Gesamtstrom durch eine geschlossene Fläche (Hülle) ist im stationären Zustand immer gleich Null.

$$\boxed{\sum I = \oiint \vec{S} \cdot d\vec{A} = 0}. \tag{78}$$

Dieses Gesetz wird auch „*Stromerhaltungssatz*" genannt. Dabei müssen alle Ströme, die in die Fläche hinein– oder herausfließen, mit ihrem *Vorzeichen* berücksichtigt werden.

Das ist aber, wie man sieht, die allgemeine Formulierung des I. Kirchhoffschen Satzes $\sum I = 0$ in einem Knoten. Diesmal jedoch wird anstelle von I jeweils das Integral $\iint \vec{S} \cdot d\vec{A}$ eingesetzt.

Merksatz: Zwischen dem Integral $\iint \vec{S} \cdot d\vec{A}$, das einen Strom bedeutet, und dem Hüllenintegral $\oiint \vec{S} \cdot d\vec{A}$, das die vorzeichenbehaftete Summe aller Ströme über eine geschlossene Hülle ist, besteht der Unterschied, dass das Hüllenintegral im stationären Fall immer gleich Null ist.

Einige *Konsequenzen* dieses Satzes sind sehr interessant:

– Entlang eines elektrischen Leiters ist der *Gleichstrom konstant*.

2.2 Die Grundgesetze des elektrischen Strömungsfeldes

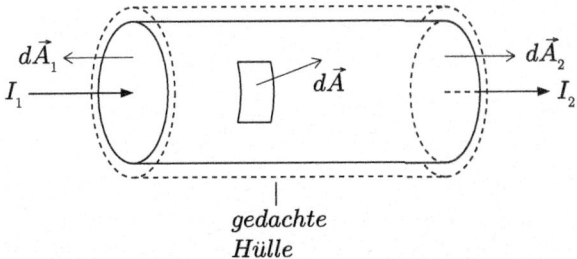

gedachte
Hülle

Eine Integrationshülle, die den Leiter eng umgibt, ergibt:

$$\oiint \vec{S} \cdot d\vec{A} = \iint\limits_{A_1} \ldots + \iint\limits_{A_2} \ldots + \iint\limits_{Mantel} \ldots = 0 \, .$$

Auf der Mantelfläche stehen $\vec{S}$ und $d\vec{A}$ senkrecht aufeinander, da aus dem Leiter keine Ladung austritt, sodass man auch schreiben kann:

$$\iint\limits_{A_1} \vec{S} \cdot d\vec{A} + \iint\limits_{A_2} \vec{S} \cdot d\vec{A} = -I_1 + I_2 = 0 \Rightarrow I_1 = I_2 \, .$$

— *An der Grenze* zwischen zwei unterschiedlichen Leitern 1 und 2 mit unterschiedlichen spezifischen Leitfähigkeiten κ_1 und κ_2 ist *die Normalkomponente der Stromdichte $\vec{S}$ stetig*:

$$\boxed{S_{n_1} = S_{n_2}} \, . \tag{79}$$

In der Tat, muss die elektrische Stromdichte $\vec{S}$ immer die Bedingung erfüllen: $\oiint \vec{S} \cdot d\vec{A} = 0$. Daraus ergibt sich (ohne Ableitung) die Gl. (79).

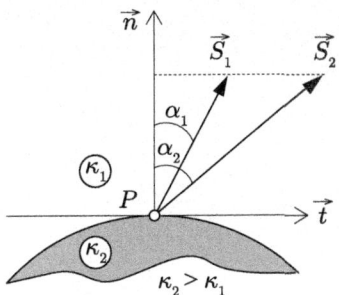

Die Bedingung ähnelt der bekannten Stetigkeitsbedingung für $\vec{D}$:

$$D_{n_1} = D_{n_2},$$

die allerdings nur dann gilt, wenn auf der Grenze keine Ladungen sind.

Jetzt sieht man deutlich, dass im Leiter das Strömungsfeld $\vec{S}$ tangential an der Oberfläche verlaufen muss. Da $\vec{S}$ außerhalb des Leiters Null ist, also $S_t = S_n = 0$ ist, muss auch im Inneren $S_n = 0$ sein.

— Ein Feld $\vec{V}$, das die Bedingung $\oiint \vec{V} \cdot d\vec{A} = 0$ auf jeder geschlossenen Hülle erfüllt, nennt man *quellenfrei* (oder „Wirbelfeld"). Seine *Feldlinien sind immer geschlossen*, haben keinen Anfang und kein Ende. Das bedeutet für $\vec{S}$: Der Gleichstrom kann nur in *geschlossenen Kreisen* fließen.

❯ 2.2.2 Wegunabhängigkeit der elektrischen Spannung U

Auch im stationären Strömungsfeld bleibt der folgende Satz gültig:

$$\boxed{\oint \vec{E} \cdot d\vec{s} = 0} . \tag{80}$$

Dieser Satz ist ein partikulärer Fall des allgemeineren Induktionsgesetzes

$$\oint \vec{E} \cdot d\vec{s} = -\frac{d\Phi}{dt},$$

das im Abschnitt „Zeitlich veränderliche magnetische Felder" behandelt wird. Im stationären Fall ist aber die rechte Seite dieser Gleichung Null.
Die folgenden Konsequenzen dieses Satzes bleiben also erhalten:

— $\vec{E}$ ist auch hier *wirbelfrei*.
— Die Spannung U ist wegunabhängig:

$$\boxed{U_{AB} = \int_A^B \vec{E} \cdot d\vec{s} = \varphi_A - \varphi_B} . \tag{81}$$

— Man kann ein Potential definieren:

$$\boxed{\varphi_B = \varphi_A - \int_A^B \vec{E} \cdot d\vec{s}} . \tag{82}$$

— Die elektrische Feldstärke kann auch als: $\vec{E} = -\mathrm{grad}\varphi$ definiert werden.
— An der Grenze zwischen zwei unterschiedlichen Leitern ist die Tangentialkomponente von $\vec{E}$ stetig:

$$\boxed{E_{t_1} = E_{t_2}} . \tag{83}$$

2.2 Die Grundgesetze des elektrischen Strömungsfeldes

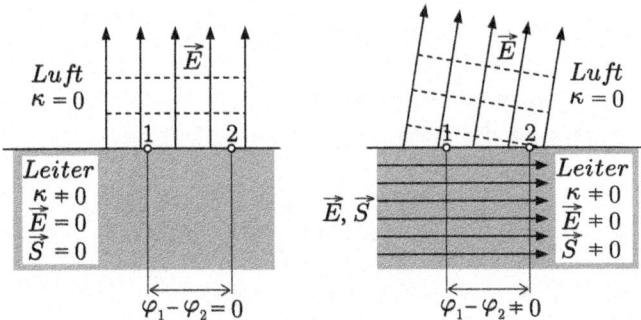

Abb. 2.3. Vergleich des elektrostatischen (links) und des stationären (rechts) Falls

Aus dieser Bedingung ergibt sich ein Unterschied zwischen dem elektrostatischen und dem stationären Strömungsfeld. Die Oberflächen der Leiter sind jetzt nicht mehr äquipotential und $\vec{E}$ steht nicht senkrecht auf ihnen. $\vec{E}$ ist im Leiter *nicht mehr Null* (sonst würde keine Coulombsche Kraft auf die Elektronen wirken und es würde kein Strom fließen können), und, da $E_{t_1} = E_{t_2}$ ist, muss auch in der Luft eine Tangentialkomponente vorhanden sein. In Abb. 2.3 ist links der elektrostatische Fall und rechts der stationäre Fall dargestellt.

In der Elektrostatik war in den Leitern $\vec{E} = 0$. Jetzt tritt anstelle dieses Gesetzes das Ohmsche Gesetz, das anschließend besprochen wird.

Anmerkung: Der Integralsatz $\oint \vec{E} \cdot d\vec{s} = 0$ ist offensichtlich eine allgemeinere Form des II. Kirchhoffschen Satzes, der besagt, dass die Summe aller Teilspannungen in einer geschlossenen Masche in jedem Augenblick gleich Null ist.

● 2.2.3 Das Materialgesetz der Strömungsfelder

Das Materialgesetz des stationären Strömungsfeldes wird auch Ohmsches Gesetz genannt, nach *Georg Simon Ohm (1789-1854)*. Ähnlich der Beziehung $\vec{D} = \varepsilon \cdot \vec{E}$ in der Elektrostatik gibt es auch hier eine Beziehung, diesmal allerdings zwischen $\vec{S}$ und $\vec{E}$:

$$\boxed{\vec{S} = \kappa \cdot \vec{E}}. \tag{84}$$

Die Proportionalitätskonstante κ wird spezifische Leitfähigkeit genannt. Diese Gleichung gilt allerdings nur in isotropen Medien, die nach allen Richtungen hin gleiche Eigenschaften aufweisen.

Physikalisch kann man diese Beziehung leicht begründen. In Leitern entsteht ein Strom, wenn die freien Ladungsträger eine orientierte Bewegung erhalten. Diese ist proportional der Kraft $\vec{F} = Q \cdot \vec{E}$, die auf sie wirkt. Die Stromdichte ist also proportional der Feldstärke $\vec{E}$.

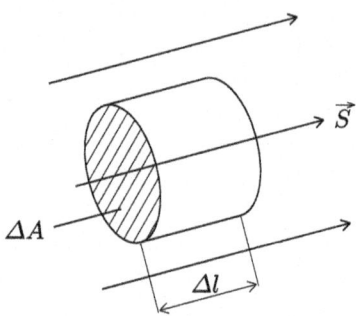

Eine andere Form des Gesetzes ist $\vec{E} = \varrho \cdot \vec{S}$, wo $\varrho = \frac{1}{\kappa}$ spezifischer Widerstand gennant wird. Man kann beweisen, dass diese Gleichung eine *verallgemeinerte* Form des Ohmschen Gesetzes, wie man es von der Netzwerktheorie kennt ($U = R \cdot I$), ist.

Dazu nimmt man einen kleinen Zylinder (siehe Bild oben) entlang einer Stromlinie an. Dann ist sein Leitwert

$$G = \kappa \cdot \frac{\Delta A}{\Delta l}.$$

Andererseits ist nach dem Ohmschen Gesetz:

$$G = \frac{\Delta I}{\Delta U} = \frac{S \cdot \Delta A}{E \cdot \Delta l}.$$

Setzt man beide Ausdrücke gleich, so ergibt sich

$$\kappa = \frac{S}{E}.$$

Das Gesetz gilt allerdings, wie auch das Ohmsche Gesetz, nur in Leitern. Es gilt nicht in Quellen.

Die Einheit von κ ist:

$$[\kappa] = \boxed{\frac{S}{m}}$$

wo S = Siemens = $\frac{1}{\Omega}$ ist, von *Werner von Siemens (1816-1892)*.

2.2 Die Grundgesetze des elektrischen Strömungsfeldes

Für den spezifischen Widerstand ϱ gilt:

$$[\varrho] = \boxed{\Omega m}\ .$$

In der Technik verwendet man oft auch die folgende Einheit für den spezifischen Widerstand ϱ:

$$[\varrho] = \boxed{\frac{\Omega\,mm^2}{m}}\ ,$$

weil der Querschnitt der Leiter meistens in mm^2 angegeben wird.
Im Folgenden einige Werte für die spezifische Leitfähigkeit κ (in manchen Büchern: γ)

Tabelle 2.1. Spezifische elektrische Leitfähigkeit κ

Material	$\kappa\left(\dfrac{S}{m}\right)$
Kupfer	$56 \cdot 10^6$
Aluminium	$(33\ldots 38) \cdot 10^6$
Eisen	$(6,7\ldots 10) \cdot 10^6$
Silber	$62,5 \cdot 10^6$
Messing	$12,5 \cdot 10^6$
Chromnickel	$0,9 \cdot 10^6$
Manganin	$2,3 \cdot 10^6$

In den letzten Jahrzehnten gewinnen immer mehr praktische Bedeutung spezielle Werkstoffe, die bei sehr niedrigen Temperaturen (in der Nähe des absoluten Nullpunktes $-273°C = 0\,K$) überhaupt *keinen Widerstand* aufweisen: die *Supraleiter*, die unter bestimmten Bedingungen perfekt leitend sind. Es wird jetzt überall auf der Welt geforscht, um Legierungen herzustellen, die bei möglichst „hohen" Temperaturen supraleitend werden. Es gibt bereits „warme" Supraleiter, die bei $90\,K$ keinen elektrischen Widerstand aufweisen und die Entwicklung schreitet ständig voran.

2.2.4 Das Gesetz über die Energiewandlung in Leitern

Die stationäre Strömung unterscheidet sich von dem elektrostatischen Zustand dadurch, dass in stromdurchflossenen Leitern immer Wärme entsteht. Es waren *Joule (1818-1889)* und *Lenz (1804-1865)*, die im Jahre 1841 feststellten, dass diese experimentelle Beobachtung ein allgemeines Gesetz ist, das folgendermaßen lautet:

> *Gesetz: Die Leistung, die vom elektromagnetischen Feld pro Volumeneinheit des Leiters (also die Leistungsdichte) abgegeben wird, ist gleich dem skalaren Produkt der Stromdichte $\vec{S}$ und der elektrischen Feldstärke $\vec{E}$.*

$$\boxed{p = \vec{S} \cdot \vec{E}}. \tag{85}$$

Die gesamte Leistung P, die in einem Leiter in Wärme umgesetzt wird, ist somit:

$$\boxed{P = \iiint p \cdot dV = \iiint \vec{S} \cdot \vec{E} \cdot dV}, \tag{86}$$

wobei dV das Volumenelement bedeutet.

Für den einfachen Fall eines Leiters mit dem Querschnitt A, mit konstanter Stromdichte $\vec{S}$ und konstanter Feldstärke $\vec{E}$ gilt:

$$P = \int_1^2 E \cdot S \cdot A \cdot ds = S \cdot A \int_1^2 E \cdot ds = I \cdot U_{12}$$

$$\boxed{P = U \cdot I = R \cdot I^2}. \tag{87}$$

2.2.5 Zusammenfassung der Grundgesetze der stationären Strömungsfelder; Analogie mit der Elektrostatik

Die Grundgesetze der stationären elektrischen Strömungsfelder sind:

Wegunabhängigkeit der elektrischen Spannung:

$$\boxed{\oint \vec{E} \cdot d\vec{s} = 0} \qquad \vec{E} \text{ ist wirbelfrei.} \tag{88}$$

Gaußscher Satz des stationären Strömungsfeldes (Stromerhaltungssatz):

$$\boxed{\oiint \vec{S} \cdot d\vec{A} = 0} \qquad \vec{S} \text{ ist quellenfrei.} \tag{89}$$

Materialgesetz:

$$\boxed{\vec{S} = \kappa \cdot \vec{E}} \qquad \text{in Leitern (nicht in Spannungsquellen).} \tag{90}$$

Das Materialgesetz stellt die Verbindung zwischen $\vec{S}$ und $\vec{E}$ dar.

Dazu kommt noch:

Gesetz über die Energiewandlung in Leitern:

$$\boxed{p = \vec{S} \cdot \vec{E}}. \tag{91}$$

Falls in Dielektrika $\kappa \neq 0$ ist, gelten noch die entsprechenden Gesetze der Elektrostatik.

Man kann die folgenden Analogien zu der Elektrostatik feststellen:

Tabelle 2.2. Analogie zwischen Elektrostatik und stationären Strömungsfeldern

Elektrostatik	Stationäre Strömungsfelder	Gleichstrom mit $\vec{S} = const.$
$\oiint \vec{D} \cdot d\vec{A} = Q$	$\oiint \vec{S} \cdot d\vec{A} = 0$	$\sum I = 0$
$\oint \vec{E} \cdot d\vec{s} = 0$	$\oint \vec{E} \cdot d\vec{s} = 0$	$\sum U = 0$
$\vec{D} = \varepsilon \cdot \vec{E}$	$\vec{S} = \kappa \cdot \vec{E}$	$I = G \cdot U$

2.3 Widerstandsberechnung bei inhomogenen Feldern

Bei homogenen Strömungen (Netzwerktheorie) hat man für den Widerstand R die Formel

$$R = \frac{U}{I} = \frac{l}{\kappa \cdot A} \qquad (92)$$

angewendet, mit l = Länge in Richtung des Stromes, A = Querschnitt senkrecht zur Stromrichtung und κ = spezifische elektrische Leitfähigkeit.

Im allgemeinen Fall inhomogener Felder gilt:

$$R = \frac{\int_1^2 \vec{E} \cdot d\vec{s}}{\iint \vec{S} \cdot d\vec{A}}. \qquad (93)$$

Meistens muss man jedoch nicht die zwei Integrale lösen, sondern man kann von einem Linienintegral ausgehen. Teile des Leiters mit unterschiedlichen Leitfähigkeiten κ müssen als *Teil*widerstände betrachtet werden.

Der Widerstand R kann in zwei oft auftretenden Fällen einfach berechnet werden:

2.3.1 Unterschiedliche Querschnitte der Stromfäden

Falls der Strom *unterschiedliche Querschnitte* durchfließt, aber die *Länge* der Stromfäden *gleich* ist (dies kommt z.B. in Erdern vor), dann kann man Gl. (92) leider nicht anwenden, denn der Querschnitt A variiert. Die scheinbar einfache Lösung, den *mittleren* Querschnitt einzusetzen, führt u.U. zu erheblichen Abweichungen von dem tatsächlichen Widerstand.

Bezeichnet man die Richtung des Stromes z.B. mit x, so bedeutet dies, dass der Querschnitt A eine Funktion von x ist, und die Inhomogenität des Feldes nur in x–Richtung besteht.
Man verfährt folgendermaßen:
— Man teilt den Leiter in Scheiben der Dicke dx in Richtung des Stromes.

2.3 Widerstandsberechnung bei inhomogenen Feldern

– Der Widerstand einer Scheibe ist dann:

$$dR = \frac{dx}{\kappa \cdot A(x)}.$$

– Die Scheiben liegen in Reihe geschaltet, also müssen ihre Widerstände über die Länge l des Leiters aufsummiert werden:

$$R = \int_0^l \frac{dx}{\kappa \cdot A(x)}. \tag{94}$$

Beispiel 2.1: Widerstand bei zwei zylindrischen Anordnungen

Ein Rohr der Länge L mit dem Innenradius r_i und dem Außenradius r_a hat die spezifische Leitfähigkeit κ.

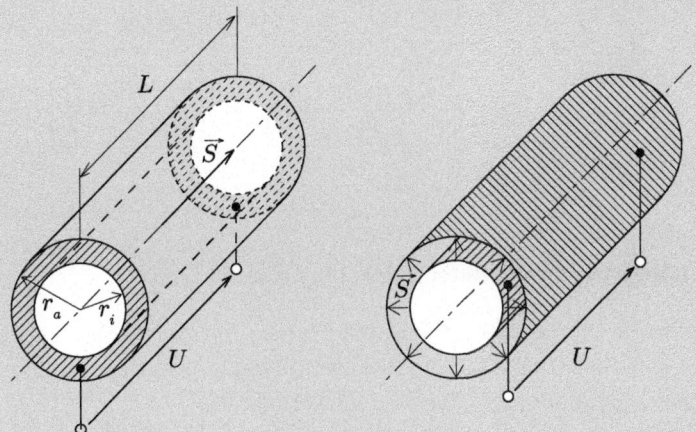

1. Berechnen Sie den elektrischen Widerstand R_1 des Rohres zwischen den beiden Stirnflächen des Rohres, wenn diese mit einem perfekt leitenden Material ($\kappa \to \infty$) beschichtet sind (Bild links).

Lösung:

Hier fließt der Strom axial, zwischen den beiden perfekt leitenden Stirnflächen. Der entstandene Leiter hat die Länge L und den Querschnitt $\pi \cdot (r_a^2 - r_i^2)$. Also ist

$$R_1 = \frac{l}{\kappa \cdot A} = \boxed{\frac{L}{\pi \cdot \kappa \cdot (r_a^2 - r_i^2)}}.$$

2. Jetzt sind der Innen- und der Außenmantel mit einem perfekt leitenden Material beschichtet, Bild rechts (siehe dazu die Anmerkung bei Beispiel 2.5).
Wie groß ist der Widerstand R_2 zwischen Innen- und Außenmantel?

Lösung:
Hier ist die Länge aller Stromfäden zwar konstant ($r_a - r_i$), aber der Querschnitt verändert sich. Man teilt deshalb die Rohrwand in viele dünne Rohre mit der Wanddicke dr auf, die nacheinander radial vom Strom durchflossen werden. Diese Scheiben stellen eine Reihenschaltung von Widerständen dar. Die Länge in Stromrichtung ist dr, die Fläche ist $A(r) = 2\pi \cdot r \cdot L$. Die Reihenschaltung führt zu dem Integral

$$R_2 = \int_{r_i}^{r_a} \frac{dr}{\kappa \cdot 2\pi \cdot r \cdot L} = \frac{1}{2\pi \cdot \kappa \cdot L} \int_{r_i}^{r_a} \frac{dr}{r} = \boxed{\frac{\ln \frac{r_a}{r_i}}{2\pi \cdot \kappa \cdot L}}.$$

❷ 2.3.2 Länge der Stromfäden oder κ unterschiedlich

Falls entweder *die Länge* der Stromfäden oder die *spezifische Leitfähigkeit* κ nicht konstant sind, dagegen aber *der Querschnitt* der Stromfäden überall derselbe ist, dann verfährt man folgendermaßen:
- man teilt den Leiter in Stromfäden der Länge l (variabel);
- man muss senkrecht zur Stromrichtung integrieren;
- da die Stromfäden parallel geschaltet sind, bestimmt man sinnvollerweise den Leitwert

$$\boxed{G = \int_{(A)} \frac{\kappa \cdot dA}{l}}. \tag{95}$$

– Ist der Widerstand gesucht, so berechnet man den Kehrwert

$$R = \frac{1}{G}\,.$$

Beispiel 2.2: Bügelförmiger Leiter

Ein elektrischer Leiter hat die Form eines Bügels mit rechteckigem Querschnitt. Bekannt sind die Radien r_i und r_a, die Breite b und κ (s. Bild). Berechnen Sie den Widerstand zwischen den Leiterenden A und B, wenn diese perfekt leitend sind.

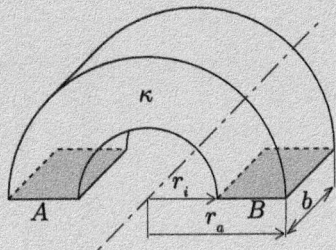

Lösung:
Die Stromlinien sind Halbkreise, die von der Fläche A zur Fläche B führen. Hier ist der Querschnitt des Leiters konstant, jedoch die Längen der einzelnen Stromfäden sind unterschiedlich. Da die Fäden parallel geschaltet sind, ist es günstiger, den Leitwert G zu berechnen.

$$G = \frac{\kappa \cdot A}{l} = \int_{r_i}^{r_a} \frac{\kappa \cdot b \cdot dr}{\pi \cdot r} = \frac{\kappa \cdot b}{\pi} \cdot \ln \frac{r_a}{r_i}$$

$$\boxed{R = \frac{\pi}{\ln \dfrac{r_a}{r_i} \cdot \kappa \cdot b}}\,.$$

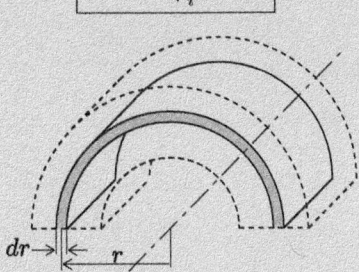

Beispiel 2.3: Keilförmiger Leiter

Ein Keil der Dicke b besteht aus zwei Materialien mit verschiedenen spezifischen Leitfähigkeiten κ_1 und κ_2. Die zylinderförmig ausgebildeten Stirnflächen mit den Radien r_1 und r_2 sind mit einem perfekt leitenden Material beschichtet. Der Öffnungswinkel des Keils beträgt ϑ_2, der des inneren Teils mit der Leitfähigkeit κ_1 beträgt ϑ_1.
Berechnen Sie den elektrischen Widerstand R zwischen den Stirnflächen.

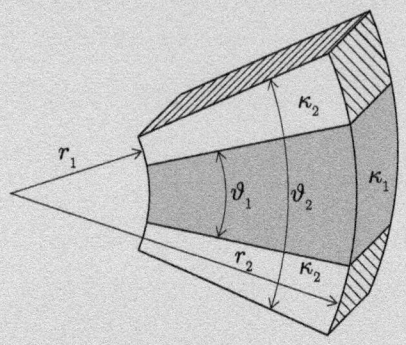

Lösung:
Alle Stromfäden sind gleich lang, doch der Querschnitt wird nach außen hin größer. Es liegt eine <u>Reihenschaltung</u> von infinitesimalen Widerständen vor. Wir betrachten den inneren Teil mit der Öffnung ϑ_1. Der Querschnitt bei einem Radius r ist $r \cdot \vartheta_1 \cdot b$ und somit wird:

$$R_1 = \int_{r_1}^{r_2} \frac{dr}{r \cdot \vartheta_1 \cdot \kappa_1 \cdot b} = \frac{\ln \frac{r_2}{r_1}}{\vartheta_1 \cdot \kappa_1 \cdot b}.$$

Für den oberen und den unteren Teil mit der Leitfähigkeit κ_2 gilt ähnlich:

$$R_{2o} = R_{2u} = \frac{\ln \frac{r_2}{r_1}}{\frac{(\vartheta_2 - \vartheta_1)}{2} \cdot \kappa_2 \cdot b}.$$

Die 3 Widerstände sind <u>parallel</u> geschaltet: $G = G_1 + G_{2u} + G_{2o}$. Der gesuchte Widerstand ist:

$$\boxed{R = \frac{\ln \frac{r_2}{r_1}}{b \cdot (\vartheta_1 \cdot \kappa_1 + \vartheta_2 \cdot \kappa_2 - \vartheta_1 \cdot \kappa_2)}.}$$

2.4 Berechnung elektrischer Strömungsfelder

2.4.1 Homogene Felder

Strömungsfeld in dünnen Leitern

Homogene Strömungsfelder kennt man von der Netzwerkanalyse. Dort geht es um dünne, lange Leiter, deren Querschnitt so klein ist, dass die Stromdichte $\vec{S}$ als konstant angenommen werden kann. Um die Größenordnungen von S, E und U bei üblichen Gleichstromleitungen zu erfahren, betrachten wir einen Leiter von $1\,km$ Länge mit $A = 10\,mm^2$ aus Kupfer mit einer spezifischen Leitfähigkeit $\kappa = 56 \cdot 10^6\,\frac{A}{Vm}$. Der *Widerstand* ist:

$$R = \frac{l}{\kappa \cdot A} = \frac{10^3}{56 \cdot 10^6 \cdot 10 \cdot 10^{-6}} = \frac{10^3}{560}\,\Omega = 1,785\,\Omega.$$

Die üblichen Stromdichten liegen zwischen $2\,\frac{A}{mm^2}$ und $10\,\frac{A}{mm^2}$.

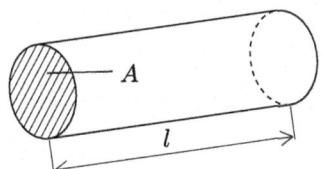

Abb. 2.4. Leiter mit homogenem Strömungsfeld

Welchen *Strom* kann ein solcher Leiter führen?

$$I_{min} = S_{min} \cdot A = 2\,\frac{A}{mm^2} \cdot 10\,mm^2 = 20\,A$$

$$I_{max} = S_{max} \cdot A = 10\,\frac{A}{mm^2} \cdot 10\,mm^2 = 100\,A.$$

Die entsprechenden *Wärmeverluste* pro $1\,km$ sind:

$$P_{min} = R \cdot I_{min}^2 = 1,785\,\Omega \cdot 400\,A^2 = 714\,W$$

$$P_{max} = R \cdot I_{max}^2 = 1,785\,\Omega \cdot (100)^2\,A^2 = 17850\,W = 17,85\,kW.$$

Interesant ist noch, wie groß die elektrische Feldstärke E in den Leitern ist:

$$E = \frac{S}{\kappa} = \frac{2 \cdot 10^6\,A \cdot Vm}{m^2 \cdot 56 \cdot 10^6\,A} = \frac{2}{56}\,\frac{V}{m} = 3,57 \cdot 10^{-7}\,\frac{kV}{cm}.$$

Man erinnert sich, dass in Kondensatoren elektrische Feldstärken bis zur Größenordnung 300 $\frac{kV}{cm}$ (die Durchschlagfestigkeit der Luft ist 20 $\frac{kV}{cm}$) auftreten. In Leitern liegt E um viele Größenordnungen darunter. Trotzdem darf man nicht vergessen, dass es keinen Strom I ohne eine Feldstärke E gibt, denn diese Feldstärke bewirkt die Coulombsche Kraft ($F = e \cdot E$) auf die Elektronen und somit ihre orientierte, kollektive Bewegung.

Welcher Spannungsabfall entsteht nun bei 1 km Leiterlänge?
Mit $I = 20\,A$ wird $U = R \cdot I = 1,785\,\Omega \cdot 20\,A = 35,7\,V$.

⊙ Ebener Kondensator mit leitendem Dielektrikum

Eine andere Kategorie von homogenen Strömungsfeldern tritt in *ebenen Kondensatoren* auf, wenn das Dielektrikum schwach *leitend* ist. Dann fließt zwischen den Elektroden ein sehr schwacher Leitungsstrom, der im Normalfall nicht existiert. Das Strömungsfeld kann als homogen angenommen werden. Es gilt:

$$\vec{S} = const.;\; \vec{E} = \frac{\vec{S}}{\kappa} = const.;\; U = E \cdot d$$
$$I = S \cdot A;\; R = \frac{U}{I} = \frac{E \cdot d}{S \cdot A};\; R = \frac{d}{\kappa \cdot A}.$$

Beispiel 2.4: Leitender Plattenkondensator

Bestimmen Sie E, S, I und R für die folgenden Werte:
$$d = 2\,cm,\, A = 1\,cm^2,\, U = 300\,V,\, \kappa = 10^{-8}\,\frac{S}{m}$$
Lösung:

$$E = \frac{U}{d} = \frac{300\,V}{2 \cdot 10^{-2}\,m} = 1,5 \cdot 10^4\,\frac{V}{m} = \boxed{1,5 \cdot 10^2\,\frac{V}{cm}}.$$

E ist hier viel größer als in Leitern.

$$S = \kappa \cdot E = 10^{-8}\,\frac{A}{Vm} \cdot 1,5 \cdot 10^4\,\frac{V}{m} = 1,5 \cdot 10^{-4}\,\frac{A}{m^2}$$
$$= \boxed{1,5 \cdot 10^{-10}\,\frac{A}{mm^2}}$$
$$I = S \cdot A = 1,5 \cdot 10^{-10}\,\frac{A}{mm^2} \cdot 10^2\,mm^2$$
$$= 1,5 \cdot 10^{-8}\,A = \boxed{15\,nA}$$
$$R = \frac{l}{\kappa \cdot A} = \frac{2 \cdot 10^{-2}\,m \cdot m}{10^{-8}\,S \cdot 10^{-4}\,m^2} = \boxed{2 \cdot 10^{10}\,\Omega}.$$

2.4.2 Inhomogenes Zylinderfeld

Anordnung mit einem Medium

Wir betrachten zwei koaxiale Zylinderelektroden mit den Radien R_i und R_a aus perfekt leitendem ($\kappa \to \infty$) Material, zwischen denen sich ein leitendes Medium (κ ist sehr klein) befindet (Abb. 2.5). Es liegt die Spannung U an. Um diese Spannung anlegen zu können, muss man eine kleine Öffnung in die Außenelektrode anbringen, um die Spannung zu der inneren Elektrode zu führen (oder man bringt die Leitungen an der Stirnseite an). Zu berechnen sind:

- Der Strom I, der zwischen den Zylindern fließt.
- Der Widerstand R der Anordnung.

Die Felder $\vec{E}$ und $\vec{S}$ sind aus Symmetriegründen *radial*.

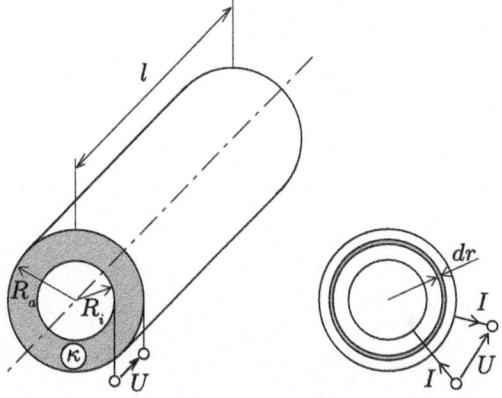

Abb. 2.5. Zylinderkondensator

Anmerkung: Für die folgenden Betrachtungen geht man davon aus, dass die Elektroden *perfekt* leitend sind, also eine Leitfähigkeit $\kappa \to \infty$ aufweisen. Diese Annahme ist notwendig, damit die Elektroden als äquipotential betrachtet werden können, was in der Praxis immer in guter Näherung gilt. Bei einer endlichen Leitfähigkeit κ würde in den Elektroden eine elektrische Feldstärke $\vec{E}$ entstehen (denn $\vec{S} = \kappa \cdot \vec{E}$) und sie wären nicht mehr äquipotential.

Wenn die Spannung U vorgegeben ist, aber nicht der Strom I, so führt man einen Strom I ein, den man als bekannt annimmt (siehe Abb. 2.5 rechts). Der Strom durch jeden Zylinder ist der gleiche. Dann gilt:

$$I = \iint \vec{S} \cdot d\vec{A} = S \cdot 2\pi \cdot r \cdot l$$

$$\vec{S} = \frac{I}{2\pi \cdot r \cdot l} \cdot \vec{e}_r.$$

Die Feldstärke ist nach dem Ohmschen Gesetz:

$$E = \frac{S}{\kappa} = \frac{I}{2\pi \cdot \kappa \cdot r \cdot l}$$

und die Spannung wird:

$$U = \int\limits_{R_i}^{R_a} E \cdot dr = \frac{I}{2\pi \cdot \kappa \cdot l} \cdot \ln \frac{R_a}{R_i}.$$

Das Bild zeigt die Verläufe von S und E als Funktion der Entfernung r von der Achse.

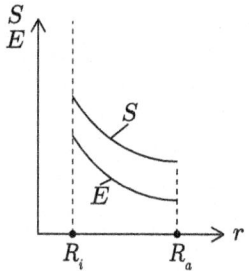

Die Spannungsgleichung kann man nach I umstellen und man erhält:

$$I = \frac{2\pi \cdot \kappa \cdot l \cdot U}{\ln \frac{R_a}{R_i}}. \qquad (96)$$

Der Strom ist abhängig von den Abmessungen der Bauelemente, aber nicht mehr abhängig von r. Der Widerstand ist:

$$R = \frac{U}{I} = \frac{1}{2\pi \cdot \kappa \cdot l} \cdot \ln \frac{R_a}{R_i}. \qquad (97)$$

2.4 Berechnung elektrischer Strömungsfelder

Berücksichtigt man auch die Kapazität $C = \dfrac{2\pi \cdot \varepsilon \cdot}{\ln \dfrac{R_a}{R_i}}$, so ist:

$$\boxed{R \cdot C = \dfrac{\varepsilon}{\kappa}}. \tag{98}$$

Die Anordnung kann als eine Parallelschaltung von C und R betrachtet werden.

Sind die Abmessungen R_i, R_a und l dieselben, und will man aus der Kapazität C einer Anordnung auf ihren Widerstand schließen, so kann man – bei *örtlich konstanten ε und κ* – immer von der obigen Beziehung ausgehen. In der Tat ist:

$$C = \dfrac{Q}{U} = \dfrac{\oiint \vec{D} \cdot d\vec{A}}{\int_1^2 \vec{E} \cdot d\vec{s}} = \dfrac{\varepsilon \iint \vec{E} \cdot d\vec{A}}{\int_1^2 \vec{E} \cdot d\vec{s}}$$

$$R = \dfrac{U}{I} = \dfrac{\int_1^2 \vec{E} \cdot d\vec{s}}{\kappa \iint \vec{E} \cdot d\vec{A}}$$

$$R \cdot C = \dfrac{\varepsilon}{\kappa}.$$

⊙ Anordnung mit Querschichtung

Etwas genauer muss man sich den Fall der Zylinderanordnung ansehen, bei der zwei leitende Dielektrika *übereinander* geschichtet sind. Diesen Fall nennt man *Querschichtung*.

Auch hier ist der Strom I durch jeden beliebigen konzentrischen Zylinder mit dem Radius r *derselbe*.

$$I_1 = I_2 = I.$$

Dies sieht man sofort ein, wenn man sich die Normale der Stromdichte ansieht:

$$S_{n_1} = S_{n_2},$$

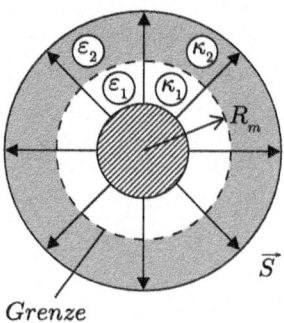

Abb. 2.6. Querschichtung

und da S normal zur Grenze verläuft, ist

$$S_1 = S_2 = \frac{I}{2\pi \cdot r \cdot l} \ .$$

Anmerkung: die Stromdichten S_1 und S_2 sind *nicht* konstant, sie nehmen ab, wenn die Entfernung r von der Achse zunimmt; sie sind lediglich *gleich* auf beiden Seiten der Grenze.

Daraus folgt, dass die Feldstärken E_1 und E_2 unterschiedlich sind:

$$E_1 = \frac{S_1}{\kappa_1}, \qquad E_2 = \frac{S_2}{\kappa_2}$$

$$\vec{E}_1 = \frac{I}{2\pi \cdot \kappa_1 \cdot r \cdot l} \cdot \vec{e}_r, \qquad \vec{E}_2 = \frac{I}{2\pi \cdot \kappa_2 \cdot r \cdot l} \cdot \vec{e}_r$$

$$\frac{E_1}{E_2} = \frac{\kappa_2}{\kappa_1} \ .$$

Die Spannung zwischen den zwei Elektroden wird damit:

$$U = \int_{R_i}^{R_m} E_1 \cdot dr + \int_{R_m}^{R_a} E_2 \cdot dr$$

$$= \frac{I}{2\pi \cdot l} \cdot \left[\frac{1}{\kappa_1} \cdot \ln \frac{R_m}{R_i} + \frac{1}{\kappa_2} \cdot \ln \frac{R_a}{R_m} \right] \ .$$

Diese Gleichung kann, falls erforderlich, nach I umgestellt werden.

Die Frage ist jetzt, wie sich $\vec{D}$ in den beiden Medien verhält, wenn diese unterschiedliche Permittivitäten ε_1 und ε_2 aufweisen.

Bei dem quergeschichteten Kondensator war $\vec{D}_1 = \vec{D}_2$ aufgrund der Stetigkeit der Normalkomponente von D: $D_{n_1} = D_{n_2}$.

2.4 Berechnung elektrischer Strömungsfelder

Hier kann dies jedoch nicht mehr gelten, denn

$$D_1 = \varepsilon_1 \cdot E_1 = \frac{\varepsilon_1}{\kappa_1} \cdot S \qquad D_2 = \varepsilon_2 \cdot E_2 = \frac{\varepsilon_2}{\kappa_2} \cdot S$$

$$\frac{D_1}{D_2} = \frac{\varepsilon_1}{\varepsilon_2} \cdot \frac{\kappa_2}{\kappa_1}. \tag{99}$$

Der Fall $D_1 = D_2$ tritt nur dann auf, wenn $\frac{\varepsilon_1}{\varepsilon_2} = \frac{\kappa_1}{\kappa_2}$ ist, was nur ein Zufall sein kann.

Die Erklärung ist leicht: Man erinnere sich, dass die Stetigkeit der Normalkomponente der Verschiebungsflussdichte $\vec{D}$ nur dann gewährleistet ist, wenn die Grenze *ladungsfrei* ist. Jetzt fließt allerdings zwischen den Elektroden ein Strom; es bewegen sich Ladungen, und an der Grenze sammelt sich eine Flächenladungsdichte ϱ_s, die bewirkt, dass $D_{n1} \neq D_{n2}$.

Diese Ladungsdichte kann aus dem Gaußschen Satz der Elektrostatik (Abschnitt 1.4.2) abgeleitet werden, wenn man diesmal innerhalb der Integrationshülle eine Ladung voraussetzt.
Es ergibt sich für ϱ_s (hier ohne Ableitung):

$$\varrho_s = \varepsilon_2 \cdot E_2 - \varepsilon_1 \cdot E_1$$
$$= \varepsilon_2 \frac{I}{2\pi \cdot \kappa_2 \cdot r \cdot l} - \varepsilon_1 \frac{I}{2\pi \cdot \kappa_1 \cdot r \cdot l}$$
$$\varrho_s = \frac{I}{2 \cdot \pi \cdot r \cdot l}\left[\frac{\varepsilon_2}{\kappa_2} - \frac{\varepsilon_1}{\kappa_1}\right].$$

Die quergeschichtete Zylinderanordnung mit leitenden Dielektrika kann als Reihenschaltung von zwei Kondensatoren, parallel geschaltet mit einer Reihenschaltung von zwei Widerständen, betrachtet werden.

⊛ Anordnung mit Längsschichtung

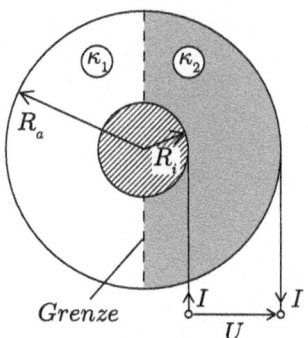

Abb. 2.7. Längsschichtung

Bei der *Längsschichtung* liegen andere Verhältnisse vor. Auch hier muss I durch jeden Zylinder derselbe sein.

Die Grenzbedingungen, die immer gelten, sind:

$$\boxed{S_{n_1} = S_{n_2}} \qquad \boxed{E_{t_1} = E_{t_2}}.$$

Da beide Feldvektoren tangent zur Grenze verlaufen, ergibt sich:

$$E_1 = E_2 = E.$$

Außerdem gilt:

$$E = \frac{S}{\kappa}, \text{ also: } \frac{S_1}{\kappa_1} = \frac{S_2}{\kappa_2} = E.$$

Die beiden Stromdichten können dann *nicht* gleich sein!

$$\iint \vec{S} \cdot d\vec{A} = I \Rightarrow S_1 \cdot \pi \cdot r \cdot l + S_2 \cdot \pi \cdot r \cdot l = I_1 + I_2 = I.$$

Jetzt ergeben sich zwei unterschiedliche Ströme, die parallel zwischen der inneren und der äußeren Elektrode fließen.

$$S_1 + S_2 = \frac{I}{\pi \cdot r \cdot l} = (\kappa_1 + \kappa_2) \cdot E \Rightarrow E = \frac{I}{\pi \cdot r \cdot l \cdot (\kappa_1 + \kappa_2)}.$$

Die Spannung ist:

$$U = \int_{R_i}^{R_a} \frac{I}{\pi \cdot r \cdot l \cdot (\kappa_1 + \kappa_2)} \cdot dr = \frac{I}{\pi \cdot l \cdot (\kappa_1 + \kappa_2)} \cdot \ln \frac{R_a}{R_i}.$$

2.4 Berechnung elektrischer Strömungsfelder

Der Widerstand wird:

$$R = \frac{U}{I} = \frac{\ln \frac{R_a}{R_i}}{\pi \cdot l \cdot (\kappa_1 + \kappa_2)}. \qquad (100)$$

Für $\kappa_1 = \kappa_2 = \kappa$ ergibt sich zwingend:

$$R = \frac{U}{I} = \frac{\ln \frac{R_a}{R_i}}{2\pi \cdot l \cdot \kappa}.$$

Die Längsschichtung kann als eine Parallelschaltung von zwei Widerständen simuliert werden.
Diese Widerstände sind:

$$R_1 = \int_{R_i}^{R_a} \frac{dr}{\pi \cdot \kappa_1 \cdot r \cdot l} = \frac{1}{\pi \cdot \kappa_1 \cdot l} \cdot \ln \frac{R_a}{R_i}$$

und

$$R_2 = \int_{R_i}^{R_a} \frac{dr}{\pi \cdot \kappa_2 \cdot r \cdot l} = \frac{1}{\pi \cdot \kappa_2 \cdot l} \cdot \ln \frac{R_a}{R_i}.$$

Die entsprechenden Kapazitäten eines längsgeschichteten Zylinderkondensators waren:

$$C_1 = \frac{\pi \cdot \varepsilon_1 \cdot l}{\ln \frac{R_a}{R_i}} \ ; \ C_2 = \frac{\pi \cdot \varepsilon_2 \cdot l}{\ln \frac{R_a}{R_i}}.$$

Alle vier Elemente: die Widerstände R_1 und R_2 und die Kapazitäten C_1 und C_2 der zwei Hälften erscheinen in einem Ersatzschaltbild der längsgeschichteten Anordnung parallel geschaltet.

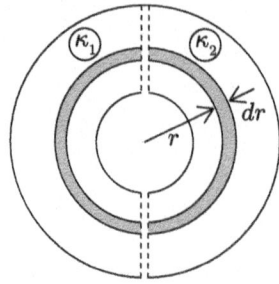

2.4.3 Inhomogenes Kugelfeld

Kugelkondensator mit leitendem Dielektrikum

Ein Kugelfeld entsteht, wenn sich zwischen zwei perfekt leitenden Kugelelektroden ein Material mit der Leitfähigkeit κ befindet, und wenn eine Spannung U angelegt wird. Dazu muss in der äußeren Kugel eine kleine Öffnung bestehen (siehe Abb. 2.8), die allerdings die Symmetrie praktisch nicht stört.

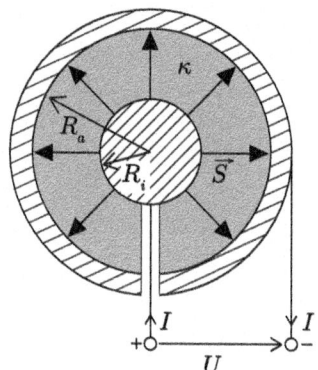

Abb. 2.8. Kugelkondensator

$\vec{S}$ und $\vec{E}$ sind radial gerichtet und sind auf jeder Kugel mit einem Radius r konstant.

Man fängt nun mit dem konstanten Strom I an, der als bekannt gelten soll:

$$-I + \iint \vec{S} \cdot d\vec{A} = 0 \Rightarrow I = \iint \vec{S} \cdot d\vec{A} \Rightarrow S \cdot 4\pi \cdot r^2 = I$$

$$\boxed{\vec{S} = \frac{I}{4\pi \cdot r^2} \cdot \vec{e}_r}. \tag{101}$$

2.4 Berechnung elektrischer Strömungsfelder

Daraus ergibt sich:

$$\vec{E} = \frac{\vec{S}}{\kappa} = \frac{I}{4\pi \cdot \kappa \cdot r^2} \cdot \vec{e}_r. \qquad (102)$$

Anmerkung: Die elektrische Feldstärke variiert umgekehrt proportional mit dem Quadrat der Entfernung r von dem Mittelpunkt der Kugeln. Diese umgekehrt quadratische Abhängigkeit kennzeichnet alle Anordnungen mit Kugelsymmetrie, bei denen also das Feld in allen Richtungen denselben Verlauf aufweist.

Betrachtet man die Verläufe von $S(r)$ und $E(r)$ auf dem nächsten Bild, so stellt man fest, dass die größte Feldstärke bei $r = R_i$ auftritt, also an der inneren Elektrode.

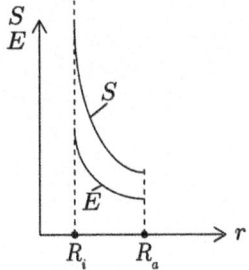

Die Spannung ist:

$$U = \int_{R_i}^{R_a} E \cdot dr = \frac{I}{4\pi \cdot \kappa} \cdot \left[\frac{1}{R_i} - \frac{1}{R_a} \right],$$

und somit ergibt sich für den Widerstand

$$R = \frac{U}{I} = \frac{1}{4\pi \cdot \kappa} \left[\frac{1}{R_i} - \frac{1}{R_a} \right]. \qquad (103)$$

Die Kapazität eines Kugelkondensators war:

$$C = \frac{4\pi \cdot \varepsilon}{\left(\frac{1}{R_i} - \frac{1}{R_a} \right)}.$$

Man kann also, falls man die Kapazität C kennt, aus der Beziehung $R \cdot C = \frac{\varepsilon}{\kappa}$ direkt den Widerstand ableiten.

Ein dritter Weg, um den Widerstand R zu bestimmen, ist die Reihenschaltung unendlich vieler Kugelschalen mit der Dicke dr:

$$R = \int\limits_{R_i}^{R_a} \frac{dr}{4\pi \cdot \kappa \cdot r^2} = \frac{1}{4\pi\kappa} \cdot \left[\frac{1}{R_i} - \frac{1}{R_a}\right].$$

Interessant ist der Fall, wenn die äußere Elektrode sehr weit entfernt ist: $R_a \to \infty$

$$\boxed{R_\infty = \frac{1}{4\pi \cdot \kappa \cdot R_i}}. \tag{104}$$

Auf den ersten Blick erscheinen solche Gedankenkonstruktionen (dass ein Radius unendlich groß ist) vielleicht unrealistisch, sie liefern jedoch oft sehr brauchbare Auskünfte. Änlich wie hier wurde auch die Kapazität einer Einzelkugel näherungsweise bestimmt, indem man den äußeren Radius eines Kugelkondensators als sehr groß betrachtet hat. Daraus kann man z.B. eine gute Vorstellung von der Kapazität der Erde (wenn man sie als Kugel betrachtet) gewinnen.

Die kugelförmige Einzelelektrode findet in der Technik Anwendung bei der Erdung von Masten für Hochspannungsleitungen (als Halbkugel). In der Praxis werden dafür Platten, Bänder und auch Rohre verwendet, doch ist die Idealisierung durch eine Halbkugel ein annehmbares Rechenmodell.

Auch zur Auslegung von Blitzableitern von Gebäuden werden ähnliche Simulationen durchgeführt.

Mit der Annahme $R_a \to \infty$ kann man in guter Näherung bestimmen, auf welchen Widerstand ein Blitzstrom trifft, der über einen Blitzableiter in das Erdreich fließt (siehe nächstes Beispiel).

2.4 Berechnung elektrischer Strömungsfelder

Beispiel 2.5: Erdung eines Freileitungsmastes

Der Erder eines Freileitungsmastes kann näherungsweise als Halbkugel mit dem Radius $R_0 = 0,8\,m$ aufgefasst werden (siehe Bild).

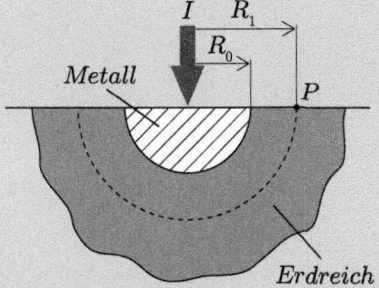

Die spezifische Leitfähigkeit des Erdbodens kann als $\kappa = 10^{-2}\,\frac{S}{m}$ angenommen werden. Ein Leiter der Freileitung berührt zufällig den Mast, sodass ins Erdreich der Strom $I = 200\,A$ fließt.

1. *Berechnen Sie den Potentialverlauf $\varphi(r)$ in der Umgebung des Erders.*
2. *Welche Spannung U besteht zwischen dem Erder (R_0) und einem Punkt P in zwei Meter Entfernung ($R_1 = 2\,m$)?*
3. *Welche „Schrittspannung" (Schrittweite $0,8\,m$) entsteht in $10\,m$ Entfernung vom Mast?*
4. *Wie groß ist der Erdübergangswiderstand (der Widerstand zwischen dem Erder und einer unendlich weit entfernten Halbkugel) R?*
5. *Welche Leistung geht bei diesem Vorgang in dem Erdreich verloren?*

<u>Lösung:</u>

1. Das Strömungsfeld ist in sehr guter Näherung radial.
   Anmerkung: Bei dem Übergang zwischen zwei Bereichen mit extrem unterschiedlichen Leitfähigkeiten, wie zwischen dem Erder aus sehr gut leitendem Metall und dem Erdreich, das sehr schwach leitend ist, kann man in dem leitenden Material κ nach Unendlich gehen lassen. Dann verschwindet in dem Erder die elektrische Feldstärke E ($E = \frac{S}{\kappa}$), unabhängig davon, wie groß die Stromdichte S ist. Dann hat der Erder in jedem Punkt dasselbe elektrische Potential und sowohl die $\vec{E}$ - als auch die $\vec{S}$ - Feldlinien stehen senkrecht auf seiner Oberfläche, also radial (s. nächstes Bild).

2. Stationäre elektrische Felder

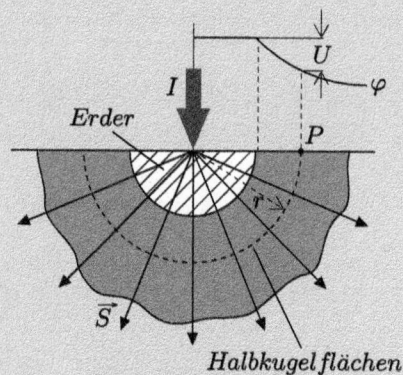

$$I = \iint_{Halbkugel} \vec{S} \cdot d\vec{A} = S \cdot 2\pi \cdot r^2$$

$$\Rightarrow \vec{S} = \vec{e}_r \cdot \frac{I}{2\pi \cdot r^2}$$

Dann ist:

$$\vec{E} = \frac{\vec{S}}{\kappa} = \vec{e}_r \cdot \frac{I}{2\pi \cdot \kappa \cdot r^2}$$

$$\varphi(r) = \underbrace{\varphi(\infty)}_{=0} - \int_{\infty}^{r} \vec{E} \cdot d\vec{r} = -\int_{\infty}^{r} \frac{I}{2\pi \cdot \kappa \cdot r^2} \cdot dr$$

$$= \frac{I}{2\pi \cdot \kappa} \cdot \left(\frac{1}{r}\right)_{\infty}^{r} = \boxed{\frac{I}{2\pi \cdot \kappa \cdot r}}.$$

(siehe Bild).

2. $U = \varphi(R_0) - \varphi(R_1) = \frac{I}{2\pi \cdot \kappa} \cdot \left(\frac{1}{R_0} - \frac{1}{R_1}\right)$

$$U = \frac{200\,A}{2\pi \cdot 10^{-2}\,\frac{S}{m}} \cdot \left(\frac{1}{0,8\,m} - \frac{1}{2\,m}\right) = 2,4 \cdot 10^3\,V = \boxed{2,4\,kV}.$$

Dieser Wert ist für Menschen äußerst gefährlich!!

2.4 Berechnung elektrischer Strömungsfelder

3. In $10\,m$ Entfernung sind zwei Radien zu berücksichtigen: $10\,m$ und $10,8\,m$.

$$U = \frac{200\,A}{2\pi \cdot 10^{-2}\,\frac{S}{m}} \cdot \left(\frac{1}{10\,m} - \frac{1}{10,8\,m}\right) = \boxed{23,5\,V}.$$

Dieser Wert ist nicht mehr gefährlich.

4. *Den Widerstand kann man als* $R = \frac{U}{I}$ *ermitteln.*

$$U = \varphi(R_0) - \varphi(\infty) = \varphi(R_0) = \frac{I}{2\pi \cdot \kappa \cdot R_0}$$

$$R = \frac{1}{2\pi \cdot \kappa \cdot R_0} = \frac{1}{2\pi \cdot 10^{-2}\,\frac{S}{m} \cdot 0,8\,m} = \boxed{20\,\Omega},$$

oder auch als

$$R = \int_{R_0}^{\infty} \frac{dr}{2\pi \cdot \kappa \cdot r^2} = \frac{1}{2\pi \cdot \kappa} \cdot \left(\frac{1}{R_0}\right)$$

5. $P = R \cdot I^2 = 20\,\Omega \cdot (200\,A)^2 = \boxed{800\,kW}$.

2.4.4 Allgemeiner Lösungsweg

Kennt man (meistens aus Symmetrieüberlegungen) den Verlauf der Felder $\vec{S}$ und $\vec{E}$, so kann man zur Auflösung aller Probleme der Strömungsfelder den folgenden, prinzipiellen Weg beschreiten:

1. Falls nicht vorgegeben, *nimmt man* einen *Strom I an.* Dieser Strom ist durch jeden Querschnitt des Leiters *derselbe.*
2. Aus dem Strom berechnet man die *orts*abhängige *Stromdichte* $\vec{S}$ mit:

$$I = \iint \vec{S} \cdot d\vec{A}. \tag{105}$$

3. Aus $\vec{S}$ ergibt sich direkt die *orts*abhängige *Feldstärke* $\vec{E}$:

$$\vec{E} = \frac{\vec{S}}{\kappa}. \tag{106}$$

4. Daraus kann man die *Spannung* U berechnen:

$$U = \int_1^2 \vec{E} \cdot d\vec{s}. \tag{107}$$

War die Spannung U vorgegeben, so kann man die Formel nach I umstellen und alle vorherigen Formeln durch U ausdrücken.

5. Der *Widerstand* zwischen den Elektroden ist

$$R = \frac{U}{I}. \tag{108}$$

Sucht man nur den Widerstand und nicht auch die Feldgrößen, so kann man den Leiter entweder als eine Reihenschaltung (falls der Querschnitt nicht konstant ist) oder als eine Parallelschaltung von unendlich vielen Elementarwiderständen (falls die Länge nicht konstant ist) betrachten und für die Elementarwiderstände die allgemeine Formel $R = \frac{l}{\kappa \cdot A}$ verwenden. Dabei ist l die Länge des Leiterstückes in Stromrichtung und A sein Querschnitt senkrecht zur Stromrichtung.

Kennt man die Kapazität einer Anordnung, und nimmt man an, dass das Dielektrikum leitfähig ist, so kann man auch $R \cdot C = \frac{\varepsilon}{\kappa}$ verwenden (allerdings nur dann, wenn ε und κ konstant sind).

Der allgemeine Weg ist also:

$$I \to S \to E \to U \to R = \frac{U}{I}. \tag{109}$$

Die Ähnlichkeit mit der Elektrostatik ist leicht zu erkennen.

Anmerkung: Bei geschichteten, leitenden und dielektrischen Stoffen gelten die folgenden Grenzbedingungen:

$$\left.\begin{array}{l} S_{n_1} = S_{n_2} \\ E_{t_1} = E_{t_2} \end{array}\right\} \quad immer \text{ bei } \textit{stationären} \text{ Feldern.}$$

$D_{n_1} = D_{n_2}$ gilt nur, wenn an der Grenze keine Ladungen vorkommen.

Kapitel 3
Stationäre Magnetfelder

3

3	**Stationäre Magnetfelder**	127
3.1	Wesen des Magnetfeldes	127
3.1.1	Ursachen: Dauermagnete, Ströme	127
3.1.2	Grundlegende Beobachtungsbefunde: Kräfte zwischen parallelen Leitern	128
3.2	Magnetfeld von Leitern in der Luft	149
3.2.1	Die Experimente von Biot und Savart	149
3.2.2	Die Formel von Biot und Savart	151
3.2.3	Gültigkeitsbereich der Biot–Savartschen Formel	152
3.2.4	Magnetfelder spezieller Leiteranordnungen	153
3.3	Das Durchflutungsgesetz	173
3.3.1	Das Gesetz; magnetische Spannung, Durchflutung	173
3.3.2	Anwendung des Durchflutungsgesetzes	178
3.3.3	Erweitertes Durchflutungsgesetz	188
3.4	Der magnetische Fluss; Kontinuität des Flusses	190
3.4.1	Der Gaußsche Satz des Magnetfeldes	190
3.5	Das magnetische Verhalten materieller Körper	196
3.5.1	Das Materialgesetz	196
3.5.2	Klassifizierung	197
3.5.3	Magnetisierungskennlinie, Hysteresekurve	197
3.5.4	Diskussion über die Sättigung	200
3.6	Zusammenfassung der Grundgesetze der stationären Magnetfelder	201
3.6.1	Allgemeine Gesetze und Materialgesetz	201
3.6.2	Bedingungen an Grenzflächen	202
3.7	Der magnetische Kreis	206
3.7.1	Definition und Klassifizierung	206
3.7.2	Einige technische Anwendungen der Magnetkreise	207
3.7.3	Berechnungsmethoden für lineare Magnetkreise	215
3.7.4	Magnetkreise mit Dauermagneten	226
3.7.5	Nichtlineare Magnetkreise	238
3.7.6	Kräfte auf hochpermeable Eisenflächen	243
3.7.7	Die Rolle ferromagnetischer Teile bei der Entstehung der Magnetkraft	247

3 Stationäre Magnetfelder

3.1 Wesen des Magnetfeldes

3.1.1 Ursachen: Dauermagnete, Ströme

Bereits im Altertum kannte man die Eigenschaft gewisser eisenhaltiger Körper (erstmalig gefunden in Magnesia, in Kleinasien), Kräfte und Drehmomente auf ähnliche Körper oder auch auf andere Eisenkörper auszuüben. Heute kann man solche *„Dauermagnete"* auch künstlich herstellen, durch entsprechende Behandlung verschiedener Legierungen. In den letzten Jahrzehnten hat die Technik der Herstellung von Dauermagneten sehr große Fortschritte gemacht, indem man Legierungen mit „seltenen Erden" (Samarium, Neodymium) entdeckt hat, die viel größere Kräfte als die bisher bekannten „Ferrite" erzeugen können.

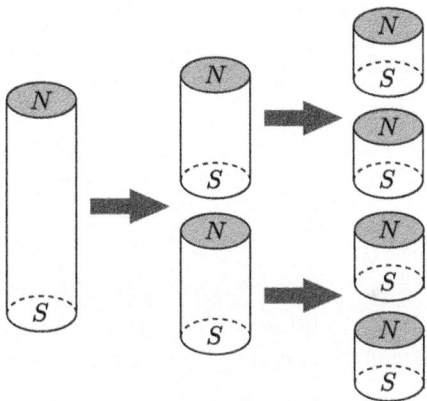

Abb. 3.1. Dauermagnet

Diese Kräfte unterscheiden sich von denen in der Elektrostatik. Dort treten Kräfte zwischen Ladungen auf, die in positive und negative Ladungen getrennt waren. Bei einem Dauermagneten, der einen Nordpol und einen Südpol aufweist, kann man diese *nie* trennen. Es gibt also *keine* „magnetischen Ladungen".

Sehr viel später (1820) entdeckte man, dass in der Nähe von *stromdurchflossenen Leitern* ähnliche Kräfte wirken. Eine kleine Magnetnadel richtet sich in eine bestimmte Richtung aus, wenn ein Strom in der Nähe fließt. Auch zwischen stromdurchflossenen Leitern wirken Kräfte.

Man schloss daraus, dass in der Nähe (aber auch im Inneren) von stromdurchflossenen Leitern und von Dauermagneten ein *Magnetfeld* existiert.

Die Ursachen des Magnetfeldes sind also
- Ströme,
- Dauermagnete.

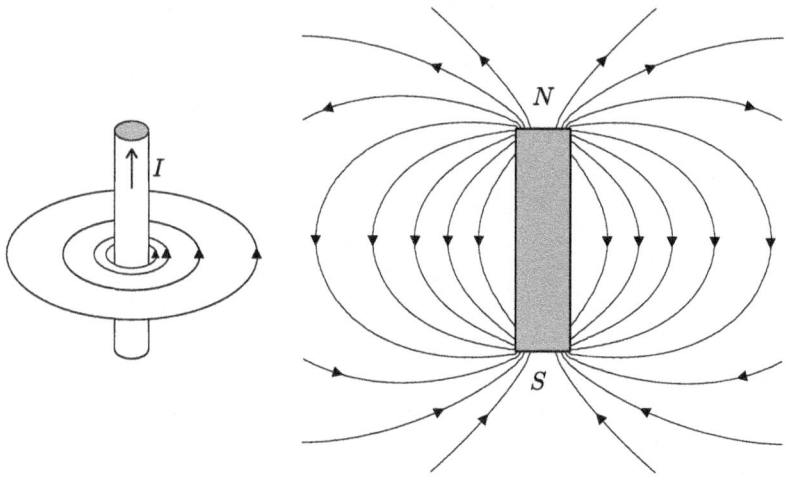

Heute weiß man, dass in beiden Fällen *bewegte eletrische Ladungen* die Ursache für das Magnetfeld sind. Bereits Ampère hat die gewagte Theorie formuliert, dass der Magnetisierungszustand der Dauermagnete auf Ströme in den Molekülen zurückzuführen ist.

3.1.2 Grundlegende Beobachtungsbefunde: Kräfte zwischen parallelen Leitern

Nachdem jahrtausendelang nur das Magnetfeld von natürlichen Dauermagnetwerkstoffen bekannt war, entdeckte der Däne *Hans Christian Oersted (1777-1851)* im Jahre *1820* – angeblich während einer Vorlesung, bei der er den Studenten Experimente vorführte – dass eine auf dem Tisch herumliegende Magnetnadel sich bewegte, als er einen Schalter betätigte und damit einen Stromkreis schloss. Bis dahin wusste man nicht, dass Ströme auf Dauermagnete wirken.

3.1 Wesen des Magnetfeldes

Es folgte eine Flut von Experimenten, welche die Physik des Magnetismus der Ströme in einigen Jahren viel weiter brachte. Vor allem die Franzosen Ampère, Laplace, Biot und Savart haben große Beiträge gebracht.

⊚ Kraft zwischen zwei parallelen Leitern

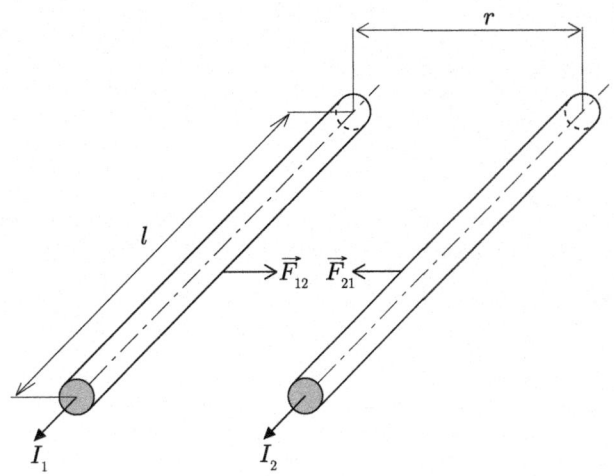

Abb. 3.2. Versuchsanordnung von Ampère

André Marie Ampère (1775-1836) hat mit zwei dünnen, sehr langen, parallel verlaufenden Leitern experimentiert (1820–1821) und hat festgestellt, dass:

— *gleichsinnig* stromdurchflossene Leiter sich *anziehen*,
— *ungleichsinnig* stromdurchflossene Leiter sich *abstoßen*.

Dagegen ziehen sich *un*gleichnamige elektrische Ladungen – nach der Coulombschen Kraft – an! Außerdem fand Ampère, dass die Kraft zwischen den Leitern

$$F = k \cdot \frac{I_1 \cdot I_2 \cdot l}{r}$$

ist, wobei l die *Länge* der Leiter und r der *Achsenabstand* ist (Abb. 3.2). Da die Einheiten für l, I, F und r definiert sind, ist die Einheit des Proportionalitätsfaktors k festgelegt. Später wird der Faktor k näher erläutert werden. Hier nur vorab:

$$k = \frac{\mu}{2\pi}$$

3. Stationäre Magnetfelder

und somit

$$F = \frac{\mu \cdot I_1 \cdot I_2 \cdot l}{2\pi \cdot r}. \tag{110}$$

Dabei ist μ die *magnetische Permeabilität*. Ihre Einheit ist:

$$[\mu] = \frac{[F] \cdot [l]}{[l] \cdot [I]^2} = \frac{VAs \cdot m}{m \cdot m \cdot A^2} = \boxed{\frac{Vs}{Am}}.$$

Die Permeabilität des Vakuums (und der Luft) ist eine Naturkonstante:

$$\mu_0 = 4\pi \cdot 10^{-7} \frac{Vs}{Am}. \tag{111}$$

⊙ Das Magnetfeld eines langen Leiters; Flussdichte $\vec{B}$, Feldstärke $\vec{H}$

Die Formel von Ampère lässt sich ähnlich wie die Formel von Coulomb in der Elektrostatik interpretieren. Dort war die Kraft zwischen zwei Ladungen Q_1 und Q_2:

$$F = \frac{Q_1 \cdot Q_2}{4\pi \cdot \varepsilon_0 \cdot r^2}$$

und daraus folgte für die Kraft auf die Ladung Q_2:

$$F = E_1 \cdot Q_2 \text{ mit } E_1 = \frac{Q_1}{4\pi \cdot \varepsilon_0 \cdot r^2}.$$

Jetzt kann man sagen, dass die Kraft auf den zweiten Leiter, der die Länge l besitzt und vom Strom I_2 durchflossen wird,

$$F \sim I_2 \cdot l$$

ist, und zwar mit dem Proportionalitätsfaktor

$$\frac{\mu \cdot I_1}{2\pi \cdot r}.$$

Dieser Faktor stellt die magnetische Wirkung des ersten Leiters am Ort des zweiten Leiters (im Abstand r) dar.

Diese magnetische Feldgröße nennt man die *magnetische Flussdichte* $\vec{B}$ (früher, somit in älteren Büchern: magnetische *Induktion*).

$$B = \frac{\mu \cdot I}{2\pi \cdot r} \tag{112}$$

ist die magnetische Flussdichte eines sehr langen Leiters, der vom Strom I durchflossen wird, im Abstand r von seiner Achse.

3.1 Wesen des Magnetfeldes

Die magnetische Wirkung eines Stromes I hängt also von
- dem *Strom* und
- dem *Achsenabstand* r

ab, nicht von irgendeinem Winkel. Es handelt sich also um ein rotationssymmetrisches Feld.

Die *Richtung von* $\vec{B}$ wird *willkürlich* festgelegt:

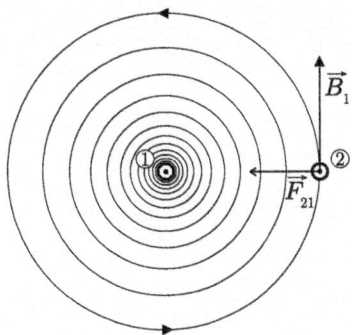

Abb. 3.3. Magnetfeld eines Leiters (1) und Kraft auf einen Leiter 2

Vereinbarung: Strom und magnetische Flussdichte sind im Sinne der Rechtsschraubenregel (auch „Rechte-Faust-Regel") miteinander verknüpft.

Zur Veranschaulichung dieser Vereinbarung siehe Abb. 3.4.

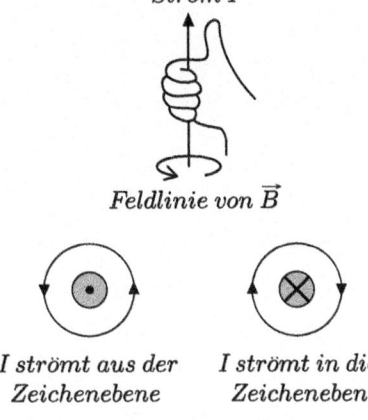

Abb. 3.4. Die Rechtsschraubenregel

132   3. Stationäre Magnetfelder

Vereinbarung: Wenn Leiter dargestellt werden, die senkrecht zur Zeichenebene liegen, dann wird die Richtung des Stromes, der aus der Zeichenebene *austritt*, durch einen *Punkt (Pfeilspitze)*, dagegen die Richtung des Stromes, der in die Zeichenebene *hineinfließt*, durch ein *Kreuz (Pfeilende)* markiert.

Die Flussdichte $\vec{B}$ ist eine materialabhängige Größe (μ ist eine Materialkonstante). Man führt auch hier, ähnlich wie in der Elektrostatik, eine materialunabhängige Feldgröße, die *magnetische Feldstärke* $\vec{H}$, (auch „*Erregung*") ein. Für den stromdurchflossenen Leiter ist

$$H = \frac{I}{2\pi \cdot r},$$

mit der Einheit

$$[H] = \boxed{\frac{A}{m}}.$$

Anmerkung: Die alte Einheit von H, die man in manchen Büchern noch findet, war: $1\,Oersted = \dfrac{1000}{4\pi}\,A/m \approx 80\,A/m$.
Also ist:

$$\boxed{\vec{B} = \mu \cdot \vec{H}}. \tag{113}$$

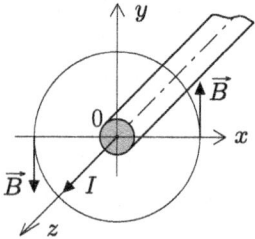

Abb. 3.5. Magnetfeld eines Leiters auf der Achse x

Um das Magnetfeld von mehreren parallelen Leitern (Paralleldrahtleitungen) schneller berechnen zu können, betrachtet man das Feld eines Leiters auf einer Achse (Abb. 3.5). Der Strom I sei in Richtung der z–Achse. Man sucht die Flussdichte $\vec{B}$ überall auf der Achse x. Rechts von dem Leiter ist:

$$\vec{B}(x) = \vec{e}_y \cdot \frac{\mu_0 \cdot I}{2\pi \cdot |x|},$$

3.1 Wesen des Magnetfeldes

links von dem Leiter ist:

$$\vec{B}(x) = -\vec{e}_y \cdot \frac{\mu_0 \cdot I}{2\pi \cdot |x|}.$$

Will man eine einzige Formel haben, die überall auf der x–Achse gültig ist, kann man schreiben:

$$\boxed{\vec{B}(x) = \vec{e}_y \cdot \frac{\mu_0 \cdot I}{2\pi \cdot x}} \qquad (114)$$

wenn I in Richtung von $+z$ verläuft und x *vorzeichenbehaftet* ist, d.h.:
- $x = |x|$ rechts des Leiters,
- $x = -|x|$ links des Leiters.

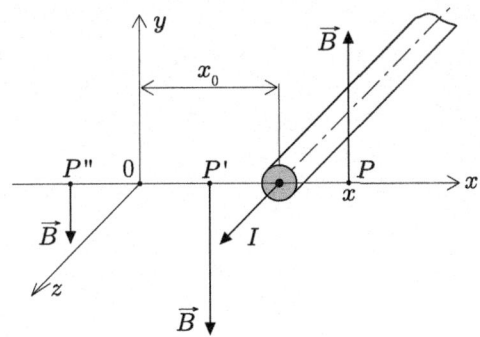

Abb. 3.6. Feld eines Leiters, der bei $x = x_0$ liegt

Wenn der Leiter nicht bei $x = 0$, sondern bei $x = x_0$ liegt (Abb. 3.6), dann ist

$$\boxed{\vec{B}(x) = \frac{\mu_0 \cdot I}{2\pi \cdot (x - x_0)} \cdot \vec{e}_y}. \qquad (115)$$

Man sieht, dass die Formel auch im Punkt P', in dem $(x - x_0) < 0$ ist, gilt, denn dass Feld hat seine Richtung geändert. Umso mehr gilt diese Formel für negative x–Werte. Sie gilt auf der gesamten x–Achse, wenn man x und x_0 mit ihren Vorzeichen einführt.

⊙ Das Magnetfeld einer Paralleldrahtleitung

In der Praxis kommen oft Anordnungen von zwei oder mehr parallelen dünnen und sehr langen Leitern vor. Wir betrachten erst eine *gegensinnige* Bestromung (Abb. 3.7). Die Leiter werden in Richtung der z-Koordinate als sehr lang betrachtet, sodass $\vec{B}$ von z nicht abhängig ist.

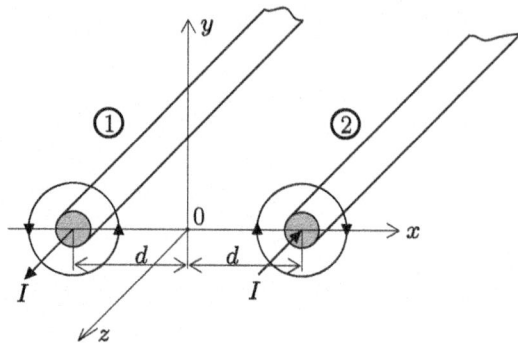

Abb. 3.7. Paralleldrahtleitung mit gegensinniger Bestromung und Feldlinien von $\vec{B}$

Zur Feldberechnung legt man die Leiter parallel zur z–Achse, an die Punkte $x = +d$ und $x = -d$. Die Ströme sind in beiden Leitern gleich I.
Leicht zu ermitteln ist das Magnetfeld $\vec{H}$ auf der x–Achse, die die Leiter senkrecht schneidet. Jeder Leiter erzeugt auf der x–Achse ein Feld, das entweder in $+y-$ oder in $-y-$Richtung verläuft. Die beiden Felder müssen in jedem Punkt, mit ihren Vorzeichen, *überlagert* werden.
Die beiden Flussdichten sind:

$$\vec{B}_1 = \vec{e}_y \cdot \frac{\mu_0 \cdot I}{2\pi \cdot (x+d)} \qquad ; \qquad \vec{B}_2 = \vec{e}_y \cdot \frac{\mu_0 \cdot (-I)}{2\pi \cdot (x-d)}$$

Die resultierende Flussdichte in jedem Punkt der Achse x ergibt sich als:

$$\vec{B} = \vec{B}_1 + \vec{B}_2 = \vec{e}_y \cdot \frac{\mu_0 \cdot I}{2\pi} \cdot \left(\frac{1}{(d+x)} + \frac{1}{(d-x)} \right)$$

$$\boxed{\vec{B} = \vec{e}_y \cdot \frac{\mu_0 \cdot I \cdot d}{\pi \cdot (d^2 - x^2)}}. \tag{116}$$

Auf der Abb. 3.8 ist der Verlauf der Flussdichten $\vec{B}_1$ und $\vec{B}_2$ (gestrichelt) der zwei Leiter skizziert, wobei bei der Darstellung der Flussdichten das Innere der beiden Leiter zunächst ausgelassen wird, da das Feld dort noch nicht bekannt ist. Die Gl. (116) gilt nur bis zu der Oberfläche der Leiter, was innerhalb von Leitern stattfindet wird im Abschnitt „Durchflutungsgesetz" erläutert. Die Abb. 3.8 zeigt auch die resultierende Flussdichte $\vec{B}$.

3.1 Wesen des Magnetfeldes

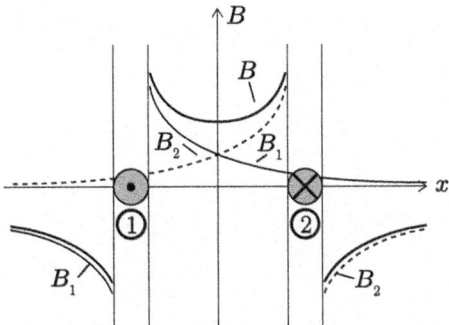

Abb. 3.8. Verlauf der Flussdichte $\vec{B}$ bei gegensinnig bestromten Leitern

Zwischen den Leitern wird das Feld *verstärkt*, außerhalb wird es *geschwächt*, wie das Feldbild 3.9 gut veranschaulicht. Liegen die Leiter sehr nahe beieinander, so kann das Außenfeld fast verschwinden. Deswegen verdrillt man gegensinnig stromführende Drahtleiter zusammen, wenn man eine Abschirmung erzielen möchte.

Das Feldbild Abb. 3.9 konnte mit einem 2D-FE-Programm berechnet wer-

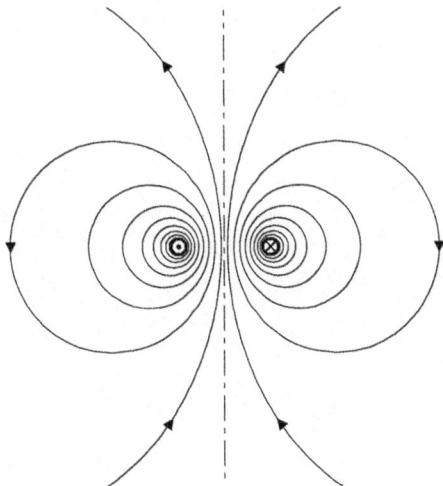

Abb. 3.9. Feldbild einer Paralleldrahtleitung mit gegensinnig bestromten Leitern

den, wie auch die folgenden Feldbilder Abb. 3.12 und Abb. 3.13, weil die betrachteten Leiter so lang sind, dass die Feldverteilung entlang der Leiter unverändert bleibt (siehe dazu Abschnitt A.3 und A.5).

Ähnlich berechnet man das Feld von gleichsinnig stromführenden Leitern. Jetzt ändert die Flussdichte $\vec{B}_2$ ihre Richtung:

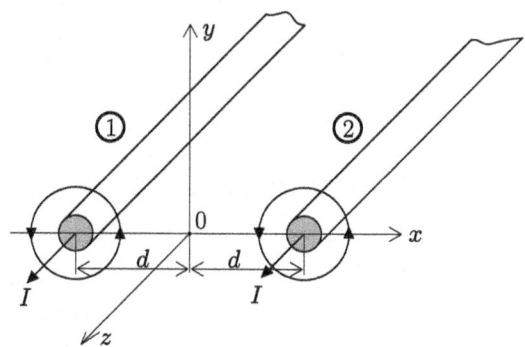

Abb. 3.10. Paralleldrahtleitung mit gleichsinniger Bestromung und Feldlinien von $\vec{B}$

$$\vec{B}_1 = \vec{e}_y \cdot \frac{\mu_0 \cdot I}{2\pi \cdot (x+d)} \quad ; \quad \vec{B}_2 = \vec{e}_y \cdot \frac{\mu_0 \cdot I}{2\pi \cdot (x-d)}$$

und die resultierende Flussdichte wird:
$$\vec{B} = \vec{B}_1 + \vec{B}_2 = \vec{e}_y \cdot \frac{\mu_0 \cdot I}{2\pi} \cdot \left(\frac{1}{(x+d)} + \frac{1}{(x-d)} \right)$$

$$\boxed{\vec{B} = \vec{e}_y \cdot \frac{\mu_0 \cdot I \cdot x}{\pi \cdot (x^2 - d^2)}}. \tag{117}$$

Abb. 3.11 zeigt wieder – skizziert – den Verlauf von $\vec{B}_1$, $\vec{B}_2$ (gestrichelt) und $\vec{B}$ entlang der Achse x.

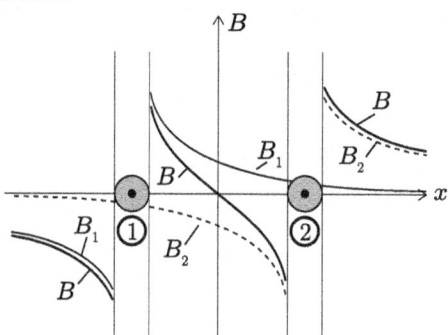

Abb. 3.11. Verlauf der Flussdichte $\vec{B}$ bei gleichsinnig bestromten Leitern

3.1 Wesen des Magnetfeldes

In der Mitte zwischen den Leitern (bei $x = 0$) ist jetzt das resultierende Feld gleich Null. Im gesamten Raum zwischen den Leitern wird das Feld geschwächt, außerhalb dagegen verstärkt.

Ein Vergleich zwischen Abb. 3.8 und Abb. 3.11 zeigt erneut, welchen Einfluss die Richtung des Stromes in einem Leiter auf die Feldverteilung ausübt.

Auf dem nächsten Feldbild erkennt man, dass in großer Entfernung die zwei gleichsinnig bestromten Leiter wie ein einziger Leiter wirken: die Feldlinien werden allmählig Kreise, mit dem Mittelpunkt zwischen den Leitern.

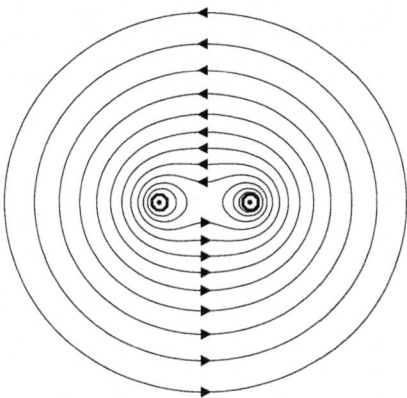

Abb. 3.12. Feldbild einer Paralleldrahtleitung mit gleichsinnig bestromten Leitern

Anmerkung: Nur das Feld auf einer Achse, die alle Leiter senkrecht schneidet, lässt sich so einfach berechnen. In jedem anderen Punkt des Raumes kann es viel komplizierter sein.

Bei mehreren Leitern muss man alle Beiträge mit ihren Vorzeichen überlagern.

Das Feldbild (Abb. 3.13) zeigt die Feldlinien von $\vec{B}$ (und $\vec{H}$) von drei parallel in einer Ebene liegenden Leitern, die den gleichen Strom führen. Die Flussdichte $\vec{B}$ in einem beliebigen Punkt P des Raumes ergibt sich als vektorielle Überlagerung der Beiträge $\vec{B}_1$, $\vec{B}_2$ und $\vec{B}_3$ der drei Leiter in dem betrachteten Punkt. Mit einfachen mathematischen Mitteln lässt sich diese resultierende Flussdichte nicht mehr bestimmen.

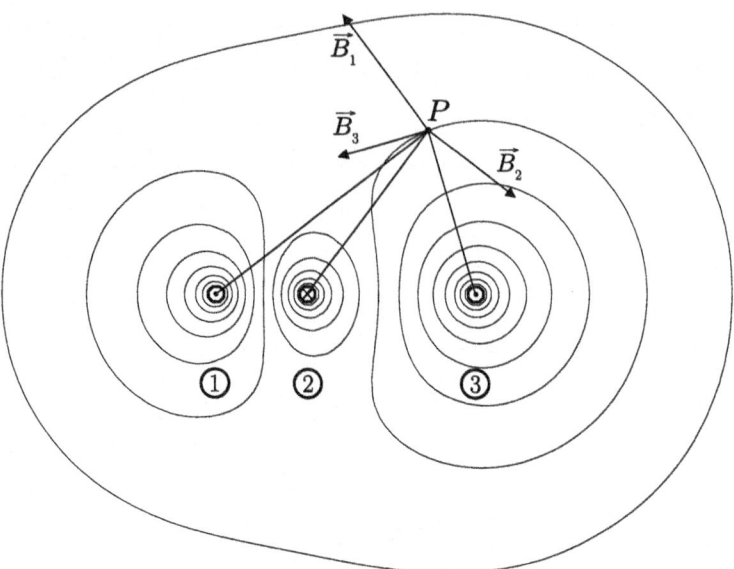

Abb. 3.13. Feldbild von drei parallelen Leitern

Beispiel 3.1: Magnetfeld von zwei Leitern
Zwei dünne, sehr lange, parallel verlaufende Leiter liegen im Abstand $2d = 300\,mm$ voneinander in der Luft und führen den gleichen Strom: $I_1 = I_2 = 10\,A$.

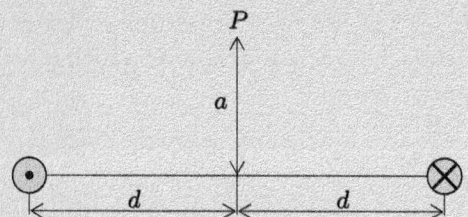

Berechnen Sie die magnetische Feldstärke H in einem Punkt P, der auf der Mittellinie zwischen den Leitern, in der Höhe $a = 100\,mm$, liegt, bei:
1. *ungleichsinnigen Strömen*
2. *gleichsinnigen Strömen*

3.1 Wesen des Magnetfeldes

Lösung:
Es liegt also eine Paralleldrahtleitung vor und es wird das Magnetfeld in einem Punkt, der nicht in der Ebene der beiden Leiter liegt, gesucht. In einem solchen Fall ist es immer sinnvoll, eine Skizze der beiden Vektoren, $\vec{H}_1$ und $\vec{H}_2$, in dem Punkt P zu zeichnen. Dafür verbindet man den Mittelpunkt jedes Leiters mit P und zeichnet eine Senkrechte auf diese Verbindungslinie. Das Zeichnen der kreisförmigen Feldlinie durch P erübrigt sich damit. Auf der Senkrechten muss noch die Richtung von $\vec{H}$ eingezeichnet werden; diese bestimmt man mit der Regel der rechten Faust (Abb. 3.4).

1. Die Beträge beider magnetischen Feldstärken sind gleich groß:

$$H_1 = H_2 = \frac{I}{2\pi\sqrt{a^2+d^2}} = H.$$

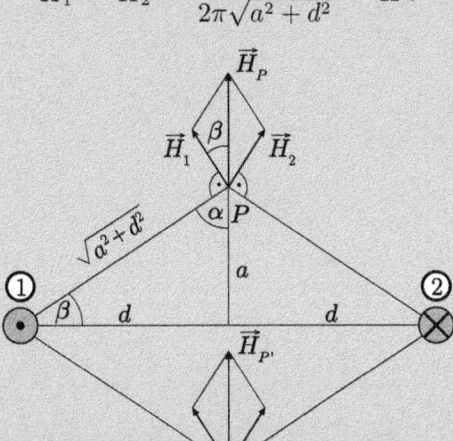

Die beiden Vektoren müssen vektoriell addiert werden. Es ergibt sich:

$$H_P = 2H \cdot \cos\beta = 2H\frac{d}{\sqrt{a^2+d^2}} = 2\frac{d}{\sqrt{a^2+d^2}} \cdot \frac{I}{2\pi\sqrt{a^2+d^2}}$$

$$H_P = \frac{Id}{\pi(a^2+d^2)} = \frac{10\,A \cdot 0,15\,m}{\pi(0,1^2+0,15^2)m^2} = \boxed{14,7\frac{A}{m}}.$$

Das Feldbild der Doppelleitung mit ungleichsinnigen Strömen (Abb. 3.9) bestätigt anschaulich das Ergebnis: in der Mitte ist das Magnetfeld vertikal nach oben gerichtet, auch wenn der Punkt P' unterhalb der Leiterebene liegt.

2. Jetzt hat sich die Richtung von $\vec{H}_2$ geändert.

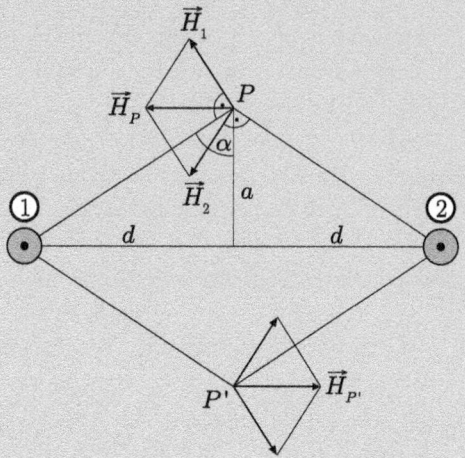

Die vektorielle Überlagerung ergibt:

$$H_P = 2H \cdot \cos\alpha = 2H \frac{a}{\sqrt{a^2+d^2}} = 2\frac{a}{\sqrt{a^2+d^2}} \cdot \frac{I}{2\pi\sqrt{a^2+d^2}}$$

$$H_P = \frac{Ia}{\pi(a^2+d^2)} = \frac{10\,A \cdot 0,1\,m}{\pi(0,1^2+0,15^2)m^2}$$

$$H_P = \boxed{9,8\frac{A}{m}}.$$

Auch dieses Ergebnis wird von dem Feldbild der Doppelleitung mit gleichsinnigen Strömen (Abb. 3.12) bestätigt: auf der Mittelachse sind sowohl oberhalb als auch unterhalb der Leiterebene die Feldstärken horizontal gerichtet (oberhalb nach links, unterhalb nach rechts).

Anmerkung: Dieses Beispiel zeigt, dass die magnetische Feldstärke in der Nähe von stromdurchflossenen Leitern nicht nur von den Strömen und von der Entfernung der Leiter zu dem Punkt, in dem man die Feldstärke berechnet, sondern sehr relevant von der Richtung der Ströme abhängt. Allein die Änderung der Stromrichtung im Leiter 2 hat bewirkt, dass die resultierende Feldstärke ihre Richtung, von vertikal zu horizontal, und ebenfalls ihren Betrag, von $14,7\,A/m$ auf $9,8\,A/m$ geändert hat.

Fazit: Ohne eine Skizze der Feldstärke-Vektoren kann man leicht zu falschen Ergebnissen gelangen.

⊙ Kraft auf einen stromdurchflossenen Leiter im Magnetfeld

Geht man jetzt in die Formel (110) für die Kraft zurück, und berücksichtigt man die Definition von B, so ergibt sich:

$$F = I \cdot l \cdot B,$$

wobei I und B *senkrecht* zueinander stehen.

Anmerkung: In der Elektrostatik war die Kraft verursachende Größe die elektrische Feldstärke $\vec{E}$ (Coulombsche Kraft $\vec{F} = Q \cdot \vec{E}$). In der Magnetostatik ist dagegen die Kraft verursachende Größe die Flussdichte $\vec{B}$, nicht die Feldstärke $\vec{H}$.

Die Einheit von B ergibt sich als:

$$[B] = \frac{[F]}{[I] \cdot [l]} = \frac{N}{A \cdot m} = \frac{A \cdot Vs}{m \cdot A \cdot m} = \boxed{\frac{Vs}{m^2}} = \text{Tesla}$$

(nach *Nikola Tesla, 1856-1943*), die mit T abgekürzt wird.
Eine alte Einheit für B, die in vielen alten Büchern noch zu finden ist, ist
1 Gauß $= 10^{-4}$ Tesla.
Stehen der Strom I und das äußere Feld $\vec{B}$ nicht senkrecht zueinander, so ergibt sich experimentell:

$$F = I \cdot l \cdot B \cdot \sin\alpha$$

mit α = Winkel zwischen den Vektoren $\vec{l}$ und $\vec{B}$ oder

$$\boxed{\vec{F} = I \cdot (\vec{l} \times \vec{B})} \qquad (\text{Kraft von Laplace}). \qquad (118)$$

Hierbei sind:
- $\vec{F}$ die Kraft auf den Leiter der Länge l, der von dem Strom I durchflossen wird,
- $\vec{l}$ ein Vektor mit der Länge l und der Richtung des Stromes I,
- $\vec{B}$ die *äußere* Flussdichte.

Anmerkung: Der Strom I ist eine skalare Größe. Seine Richtung wird dem Verlauf des Drahtes, also der Länge $\vec{l}$ zugeordnet. Diese Annahme ist bei dünnen Drähten, bei denen die Stromdichte $\vec{S}$, die eine vektorielle Größe ist, nur eine Komponente in Richtung des Drahtes aufweist, immer erfüllt. $\vec{F}$ ist dem Kreuzprodukt $(\vec{l} \times \vec{B})$ proportional, also ein Vektor, der senkrecht auf der Ebene von $\vec{l}$ und $\vec{B}$ steht und nach der Rechtsschraubenregel gerichtet ist.

Ist $\vec{B}$ nicht auf der ganzen Länge l homogen, so kann man die Kraft nur für ein Leiterelement $\Delta\vec{l}$, auf dem $\vec{B}$ konstant ist, schreiben:

$$\boxed{\Delta\vec{F} = I \cdot (\Delta\vec{l} \times \vec{B})}. \qquad (119)$$

Beispiel 3.2: Kräfte zwischen dünnen Leitern

Drei sehr lange, dünne, parallele Leiter liegen wie im Bild dargestellt und führen die Ströme I_1, I_2 und I_3.
Es gilt $b > a$.
Wie groß sind die Kräfte, die auf die drei Leiter je Meter Leiterlänge wirken?

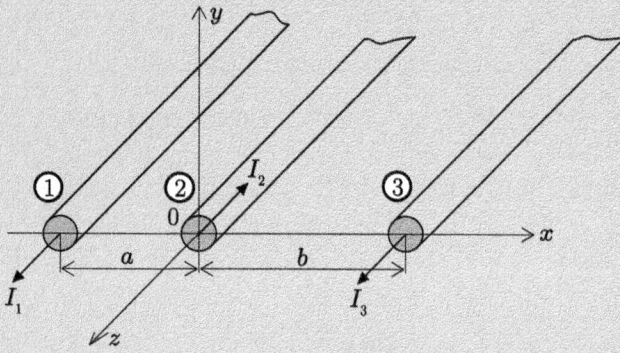

<u>Lösung:</u>

Jeder der drei Leiter befindet sich im Magnetfeld der anderen zwei Leiter. Es gilt $\vec{F} = I \cdot (\vec{l} \times \vec{B})$, also muss man die Flussdichten, die an den Stellen der drei Leiter wirken, berechnen.

3.1 Wesen des Magnetfeldes

Wir wählen sinnvollerweise ein Koordinatensystem mit dem Ursprung im Leiter 2 und schreiben die drei Feldstärken:

$$\vec{H}_1 = \vec{e}_y \cdot \frac{I_1}{2\pi \cdot (x+a)} \; ; \vec{H}_2 = \vec{e}_y \cdot \frac{-I_2}{2\pi \cdot x} \; ; \vec{H}_3 = \vec{e}_y \cdot \frac{I_3}{2\pi \cdot (x-b)} \; ;$$

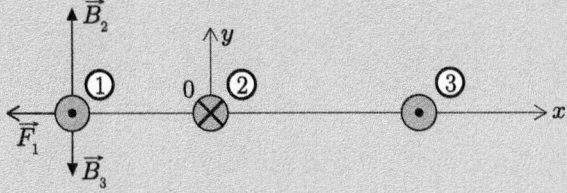

Die Kraft auf den linken Leiter 1 ist:

$$\vec{F}_1 = I_1 \cdot (\vec{l} \times \vec{B})$$
$$|\vec{F}_1| = I_1 \cdot l \cdot B_{(x=-a)}$$
$$\vec{B}_{(x=-a)} = \vec{B}_2 + \vec{B}_3$$

$$\vec{B}_{(x=-a)} = \vec{e}_y \cdot \left[\frac{-I_2 \cdot \mu_0}{2\pi \cdot (-a)} + \frac{I_3 \cdot \mu_0}{2\pi \cdot (-a-b)} \right]$$

$$\vec{B}_{(x=-a)} = \vec{e}_y \cdot \left[\frac{I_2 \cdot \mu_0}{2\pi \cdot a} - \frac{I_3 \cdot \mu_0}{2\pi \cdot (a+b)} \right]$$

$$\frac{\vec{F}_1}{l} = I_1 \cdot (\vec{e}_z \times \vec{e}_y) \cdot \frac{\mu_0}{2\pi} \cdot \left[\frac{I_2}{a} - \frac{I_3}{a+b} \right] = \boxed{ -\vec{e}_x \cdot I_1 \cdot \frac{\mu_0}{2\pi} \cdot \left[\frac{I_2}{a} - \frac{I_3}{a+b} \right] }.$$

Die Kraft auf den mittleren Leiter 2 wird:

$$\vec{F}_2 = I_2 \cdot (\vec{l} \times \vec{B})$$

$$|\vec{F}_2| = I_2 \cdot l \cdot B_{(x=0)}$$

$$\vec{B}_{(x=0)} = \vec{B}_1 + \vec{B}_3$$

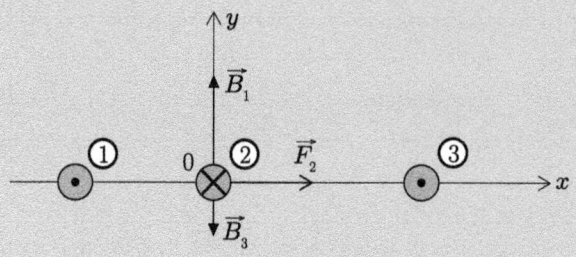

$$\vec{B}_{(x=0)} = \vec{e}_y \cdot \left[\frac{I_1 \cdot \mu_0}{2\pi \cdot a} + \frac{I_3 \cdot \mu_0}{2\pi \cdot (-b)} \right]$$

$$\vec{B}_{(x=0)} = \vec{e}_y \cdot \left[\frac{I_1 \cdot \mu_0}{2\pi \cdot a} - \frac{I_3 \cdot \mu_0}{2\pi \cdot b} \right] > 0$$

$$\frac{\vec{F}_2}{l} = I_2 \cdot (-\vec{e}_z \times \vec{e}_y) \cdot \frac{\mu_0}{2\pi} \cdot \left[\frac{I_1}{a} - \frac{I_3}{b} \right] = \boxed{\vec{e}_x \cdot I_2 \cdot \frac{\mu_0}{2\pi} \cdot \left[\frac{I_1}{a} - \frac{I_3}{b} \right]}.$$

Die Kraft auf den rechten Leiter 3 ist:

$$\vec{F}_3 = I_3 \cdot (\vec{l} \times \vec{B})$$

$$|\vec{F}_3| = I_3 \cdot l \cdot B_{(x=b)}$$

$$\vec{B}_{(x=b)} = \vec{B}_1 + \vec{B}_2$$

$$\vec{B}_{(x=b)} = \vec{e}_y \cdot \left[\frac{I_1 \cdot \mu_0}{2\pi \cdot (a+b)} - \frac{I_2 \cdot \mu_0}{2\pi \cdot b} \right]$$

$$\frac{\vec{F}_3}{l} = I_3 \cdot (\vec{e}_z \times \vec{e}_y) \cdot \frac{\mu_0}{2\pi} \cdot \left[\frac{I_1}{(a+b)} - \frac{I_2}{b} \right] = \boxed{\vec{e}_x \cdot I_3 \cdot \frac{\mu_0}{2\pi} \cdot \left[\frac{I_2}{b} - \frac{I_1}{a+b} \right]}.$$

3.1 Wesen des Magnetfeldes

Anderer Lösungweg: Statt die gesamte Flussdichte zu berechnen, kann man die einzelnen Kräfte berechnen und dann vektoriell addieren. So z.B. entsteht die Kraft auf den Leiter 1 als Überlagerung der zwei Kräfte $\vec{F}_{12}$ und $\vec{F}_{13}$.

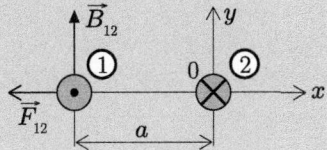

Bei der Kraft $\vec{F}_{12}$ ist der Leiter 3 nicht beteiligt.

$\vec{F}_{12} = I_1 \cdot (\vec{l} \times \vec{B}_{12})$

$\vec{B}_{12} = \mu_0 \cdot \vec{H}_{2(x=-a)}$

$$\vec{B}_{12} = \mu_0 \cdot \frac{-I_2 \cdot \vec{e}_y}{2\pi \cdot (-a)} = \mu_0 \cdot \vec{e}_y \cdot \frac{I_2}{2\pi \cdot a}$$

$$\vec{F}_{12} = I_1 \cdot l \cdot (\vec{e}_z \times \vec{e}_y) \cdot \mu_0 \cdot \frac{I_2}{2\pi \cdot a} = -\vec{e}_x \cdot I_1 \cdot l \cdot \frac{I_2}{2\pi \cdot a}.$$

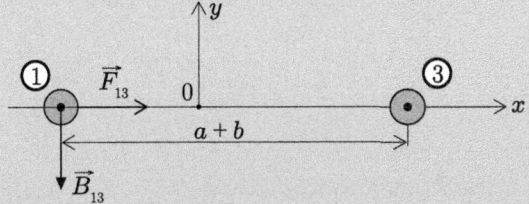

Bei der Kraft $\vec{F}_{13}$ ist der Leiter 2 nicht beteiligt.

$\vec{F}_{13} = I_1 \cdot (\vec{l} \times \vec{B}_{13})$

$\vec{B}_{13} = \mu_0 \cdot \vec{H}_{3(x=-a)}$

$\vec{B}_{13} = -\vec{e}_y \cdot \mu_0 \cdot \frac{I_3}{2\pi \cdot (a+b)}$

$$\vec{F}_{13} = I_1 \cdot l \cdot \left(\vec{e}_z \times (-\vec{e}_y)\right) \cdot \mu_0 \cdot \frac{I_3}{2\pi \cdot (a+b)} = \vec{e}_x \cdot I_1 \cdot l \cdot \frac{I_3 \cdot \mu_0}{2\pi \cdot (a+b)}.$$

Die Gesamtkraft auf den Leiter 1 ist:

$$\frac{\vec{F}_1}{l} = \frac{\vec{F}_{12}}{l} + \frac{\vec{F}_{13}}{l} = -\vec{e}_x \cdot \frac{\mu_0}{2\pi} \cdot I_1 \cdot \left[\frac{I_2}{a} - \frac{I_3}{(a+b)}\right].$$

Dies ist dasselbe Ergebnis!!

Anwendung 3.1: Elektrische Maschine

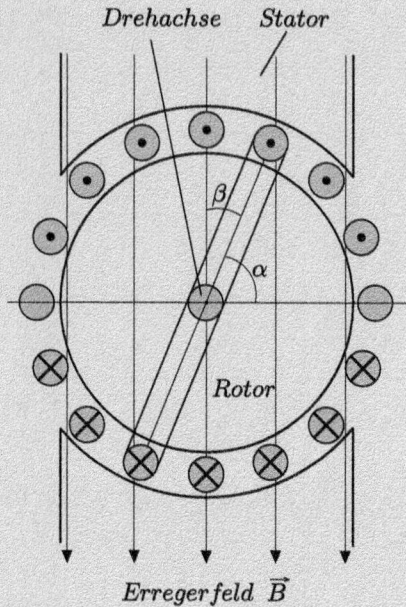

In jeder elektrischen Maschine befinden sich stromdurchflossene Leiter in einem äußeren Magnetfeld. Hier soll das Prinzip der Entstehung des Drehmomentes in einem 2-poligen Gleichstrommotor erläutet werden. Im Abschnitt „Der magnetische Kreis" wird ein Schnitt durch einen tatsächlichen 2-poligen Motor gezeigt.

Eine Rechteckspule mit $N = 100$ Windungen befindet sich in einem als homogen angenommenen Feld mit der Flussdichte $B = 0,5\,T$. Die Spule ist um eine zum Feld senkrecht stehende Achse drehbar. Sie hat die Länge $a = 10\,cm$ (parallel zur Drehachse gemessen) und eine Breite $b = 5\,cm$ (senkrecht zur Achse gemessen, siehe nächstes Bild).

1. Wie groß ist das Drehmoment auf die Spule, wenn die Spulenebene einen Winkel von $\beta = 60°$ mit dem Magnetfeld bildet, und ein Strom $I = 1\,A$ durch die Spule fließt?
2. Wann wirkt auf die Spule das größte Moment?
3. Wann befindet sich die Spule im Gleichgewicht? Handelt es sich um ein stabiles oder um ein labiles Gleichgewicht?

3.1 Wesen des Magnetfeldes

Lösung:

Auf jeden Leiter wirkt die Kraft $\vec{F} = I \cdot (\vec{l} \times \vec{B})$, mit $l = a$.
Die Kraft kann, wie jeder Vektor in der Ebene, in zwei Komponenten zerlegt werden: eine Komponente entlang der Spule, die zweite senkrecht darauf. Die eine Kraftkomponente versucht die Spule auszudehnen, die andere Kraft $\vec{F}_a$ wirkt tangential und erzeugt ein Drehmoment. Die Spule wird nach rechts gedreht.

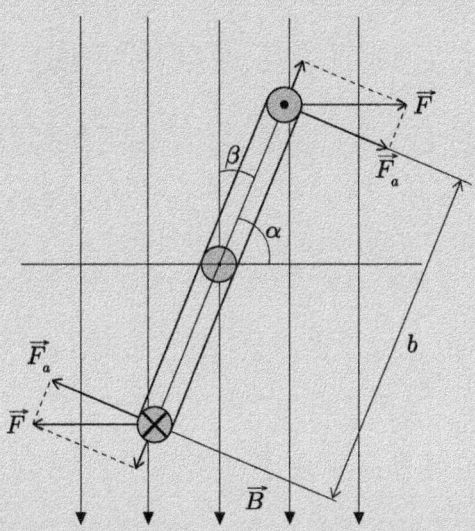

1. $F_a = F \cdot \sin \alpha$
   $F_a = N \cdot I \cdot a \cdot B \cdot \sin \alpha$
   $F_a = N \cdot I \cdot a \cdot B \cdot \cos \beta$

$$M_a = N \cdot I \cdot a \cdot b \cdot B \cdot \cos \beta.$$

Nicht immer variiert das Drehmoment mit $\cos \beta$. Wenn B radial ist (z.B. wenn die Spule auf einem Eisenzylinder angebracht ist), ist $M \approx const.$, es ändert jedoch seine Richtung nach einer halben Periode. Um das zu verhindern, muss die Richtung des Stromes mithilfe eines „Stromwenders" (Kommutators) geändert werden.

$$M_a = 100 \cdot 1\,A \cdot 10 \cdot 5 \cdot 10^{-4}\,m^2 \cdot 0,5\,\frac{Vs}{m^2} \cdot 0,5 = \boxed{0,125\,Nm}.$$

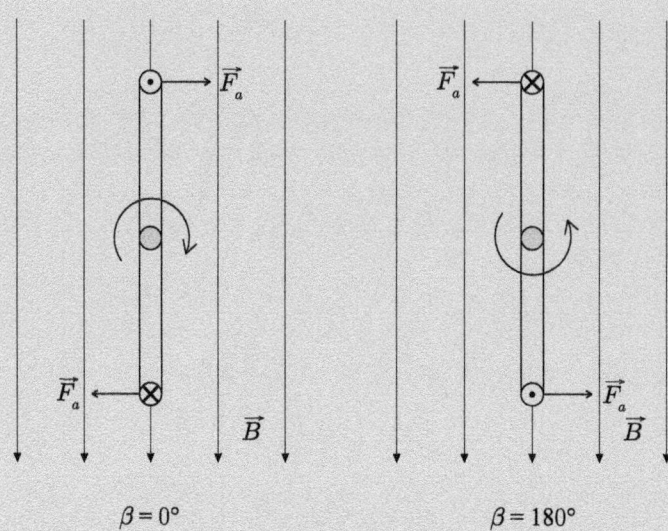

$\beta = 0°$ $\beta = 180°$

2. $M_{max} = N \cdot I \cdot a \cdot b \cdot B$ bei $\cos\beta = 1$. Dies bedeutet, dass das Drehmoment bei $\beta = 0°$ und bei $\beta = 180°$ maximal wird, da hier der $\cos\beta = 1$ ist.

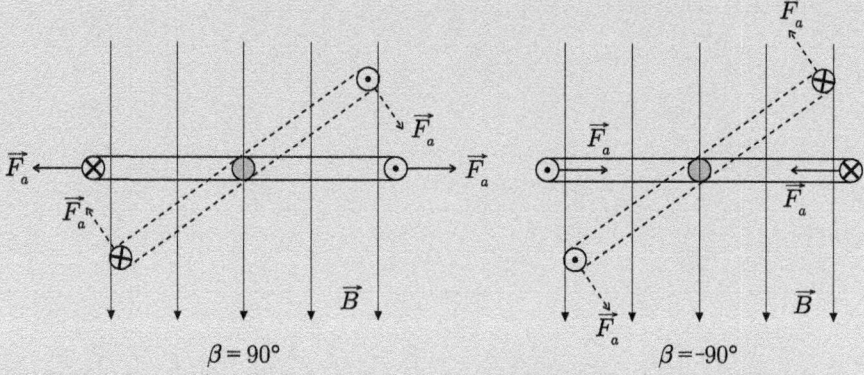

$\beta = 90°$ $\beta = -90°$

3. Das Gleichgewicht ($M_a = 0$) wird bei $\beta = 90°$ und bei $\beta = -90°$ erreicht. Die Lage $\beta = 90°$ ist stabil (im Bild linkerreicht. Die Lage $\beta = 90°$ ist stabil (im Bild links). Wird die Spule aus dieser Lage z.B. nach links gedreht, so wirken auf sie Kräfte, die sie zurück in die stabile Lage bringen. Im labilen Gleichgewicht (im Bild rechts), das in der Lage $\beta = -90°$ erreicht ist, wirken die Kräfte destabilisierend.

3.2 Magnetfeld von Leitern in der Luft

Das Magnetfeld eines unendlich langen, dünnen Leiters wurde bereits von Ampère festgelegt:

$$H = \frac{I}{2\pi \cdot r}.$$

Die Feldlinien von $\vec{H}$ sind Kreise mit dem Mittelpunkt auf der Leiterachse; die Feldstärke nimmt ab mit der Entfernung von der Leiterachse. $\vec{H}$ ist mit der Richtung des Stromes nach der Rechtsschraubenregel verknüpft.

Sehr lange Leiter kommen in der Praxis oft vor, aber noch öfter kommen *verschieden geformte* dünne Leiter vor, die man keineswegs als gerade und unendlich lang betrachten kann.

Das Feld praktisch aller beliebig geformten Leiter in der Luft kann mit der von *Biot (Jean-Baptiste, 1774-1862)* und *Savart (Felix, 1791-1841)* festgelegten Formel berechnet werden.

3.2.1 Die Experimente von Biot und Savart

In den Jahren 1820–1821 haben Biot und Savart durch Experimente mit dünnen Leitern versucht, eine Formel für die magnetische Feldstärke $\vec{H}$ festzulegen, die Ähnlichkeiten mit der Coulomb'schen Formel für die elektrische Feldstärke $\vec{E}$ einer Punktladung haben sollte:

$$\vec{E}(r) = \frac{Q}{4\pi \cdot \varepsilon_0 \cdot r^2} \cdot \vec{e}_r \quad \text{oder, mit } \vec{e}_r = \frac{\vec{r}}{r}:$$

$$\vec{E}(r) = \frac{Q \cdot \vec{r}}{4\pi \cdot \varepsilon_0 \cdot r^3}. \tag{120}$$

Das erste Experiment von Biot und Savart bestand darin, den langen Leiter zu knicken (siehe Bild), und das Feld auf der Halbierenden des entstandenen Winkels zu untersuchen. Sie fanden heraus, dass das Feld in einem

Punkt P

$$\vec{H}(P) = \vec{e}_H \cdot \frac{I}{2\pi \cdot r} \cdot (1 - \cos\alpha) \qquad (121)$$

ist.

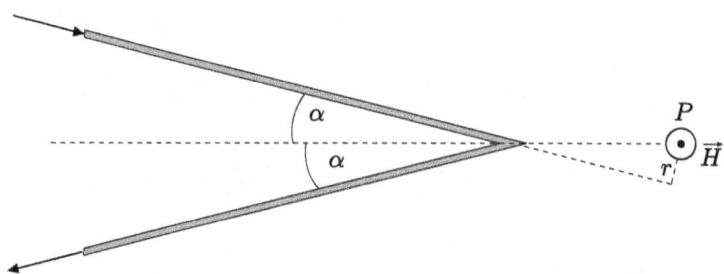

In der Tat ergibt diese Formel für den geraden, unendlich langen Leiter ($\cos\alpha = \cos 90° = 0$):

$$\vec{H} = \vec{e}_H \cdot \frac{I}{2\pi \cdot r}.$$

Biot und Savart haben weiter mit verschieden geformten Leitern experimentiert und kamen schließlich zu der folgenden Aussage:

Satz von Biot und Savart: Das Magnetfeld eines beliebigen Stromkreises in einem Punkt des Raumes kann als Überlagerung der Beiträge kleiner Elemente des Stromkreises betrachtet werden.

Sie konnten eine Formel aufstellen, die von allen ihren Experimenten bestätigt wurde.

Etwa 150 Jahre lang wurde die Formel von Biot und Savart nur selten angewendet, weil die Überlagerung der Beiträge von Leiterelementen in vielen Fällen auf unüberwindbare mathematische Schwierigkeiten stößt, wenn man versucht, sie „analytisch" exakt durchzuführen. In den letzten Jahrzehnten, seitdem leistungsfähige Computer diese mathematischen Aufgaben in sehr guter Näherung „nummerisch" in Sekunden lösen können, wird die Formel von Biot und Savart immer öfter bei komplizierten technischen Anwendungen eingesetzt.

3.2.2 Die Formel von Biot und Savart

Mathematisch lautet diese Formel:

$$\vec{H} = \frac{I}{4\pi} \cdot \oint \frac{d\vec{s} \times \vec{r}}{r^3}. \tag{122}$$

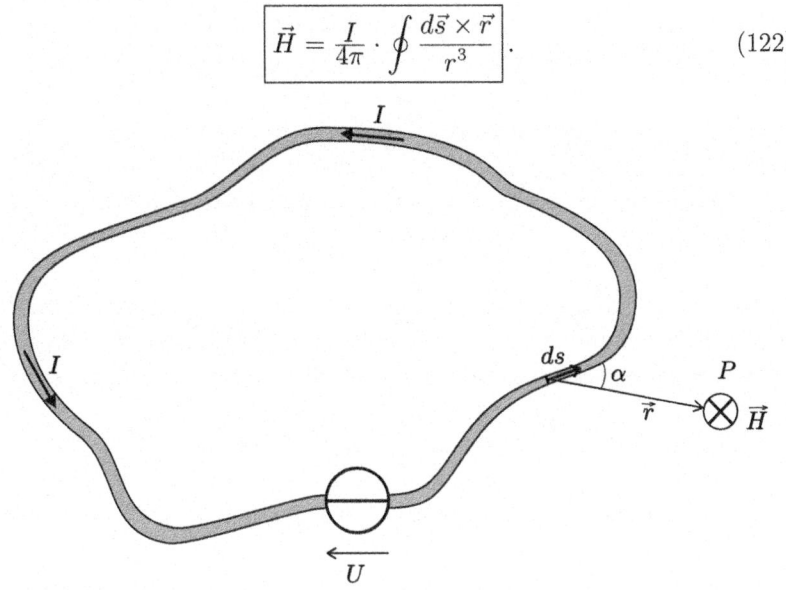

Dabei ist:

— I der Strom in dem betrachteten Stromkreis,
— $\vec{H}$ die magnetische Feldstärke in dem Aufpunkt P,
— $d\vec{s}$ das Leiterelement, in Richtung von I,
— $\vec{r}$ der von dem Leiterelement $d\vec{s}$ nach dem Aufpunkt gerichtete Vektor,
— r der Abstand zwischen $d\vec{s}$ und P.

Wie man sieht, existieren Ähnlichkeiten mit der Coulombschen Formel: Die Proportionalität zu I (bzw. Q) und zu $\frac{\vec{r}}{r^3}$.

Vorweg eine *wichtige Anmerkung*:
Die Formel verleitet dazu anzunehmen, dass das Elementarfeld

$$d\vec{H} = \frac{I}{4\pi} \cdot \frac{d\vec{s} \times \vec{r}}{r^3}$$

das Magnetfeld des Leiterelementes $d\vec{s}$ ist. Dies ist aber falsch!!

Da es im stationären Zustand keinen Stromkreis gibt, der nicht *geschlossen* ist, kann es auch kein alleinstehendes Leiterelement geben.

3. Stationäre Magnetfelder

Das Integral muss über eine *geschlossene* Linie durchgeführt werden.

Trotzdem kann die Formel für $d\vec{H}$ behilflich sein, wenn man den Beitrag eines Leiterstückes ermitteln will. Zum Schluss müssen jedoch die Beiträge über den geschlossenen Kreis aufsummiert werden.

● 3.2.3 Gültigkeitsbereich der Biot–Savartschen Formel

Man sollte sich klar machen, dass die Formel von Biot und Savart zwar sehr viele Anwendungen findet, doch nur unter bestimmten Einschränkungen einsetzbar ist:

- Die Formel gilt für *geschlossene* Kreise (offene Kreise haben keinen physikalischen Sinn für stationäre Ströme). Die Integration muss über eine *geschlossene Kurve* durchgefüht werden, wobei diese Kurve sich auch im Unendlichen schließen kann.
- Die Formel gilt nur für (quasi–) *stationäre* Ströme.
- Die Formel gilt nur *in der Luft*. Sobald ferromagnetische Werkstoffe mit $\mu \gg \mu_0$ in der Nähe der Leiter auftreten, kann man sie *nicht* mehr benutzen.
- Dafür gilt die Formel nicht nur für dünne, sondern auch für *massive Leiter*, in denen die Stromdichte $\vec{S}$ nicht konstant zu sein braucht. Dann muss man den Strom als $I = \iint \vec{S} \cdot d\vec{A}$ unter das Integralzeichen bringen:

$$\vec{H} = \frac{1}{4\pi} \iiint_V \frac{(\vec{S} \times \vec{r})}{r^3} \cdot \underbrace{dA \cdot ds}_{dV}$$

$$\boxed{\vec{H} = \frac{1}{4\pi} \iiint_V \frac{(\vec{S} \times \vec{r})}{r^3} \cdot dV} . \tag{123}$$

Die Integration muss über *alle* stromführende Volumenelemente durchgeführt werden.
- Die Formel von Biot–Savart gilt auch *innerhalb* von massiven Leitern, nicht nur außerhalb. Ein dicker Leiter kann als eine Zusammenfügung vieler dünner Leiter betrachtet werden, deren Beiträge in jedem Punkt überlagert werden müssen.

Diese letzte Anwendung der Biot–Savartschen Formel hat in den letzten Jahrzehnten eine besondere Bedeutung erhalten, die mit der Technik der Supraleitung zusammenhängt: Supraleiter verlieren ihre Fähigkeit, Strom ohne Verluste zu führen, wenn das Magnetfeld in irgendeinem Punkt in ihrem Inneren einen Maximalwert übersteigt. Mit der Formel von Biot und Savart und entsprechenden Computer–Programmen kann man jetzt das Magnetfeld im Inneren beliebig konfigurierter Leiter exakt bestimmen und die nötigen Maßnahmen treffen, um die Supraleitung zu erhalten.

3.2.4 Magnetfelder spezieller Leiteranordnungen

Regeln zur Anwendung der Formel von Biot–Savart

Um Magnetfelder mit Hilfe der Biot–Savartschen Formel berechnen zu können, muss man die *geometrische* Konfiguration der Leiter und den *Strom* kennen. Man verfährt folgendermaßen:

1. Man definiert geometrisch den felderzeugenden Stromkreis und die Richtung des Stromes.
2. Man definiert geometrisch die Lage des Aufpunktes P, in dem das Magnetfeld ermittelt werden soll.
3. Man wählt ein Leiterelement $d\vec{s}$ in Richtung des Stromes.
4. Man zeichnet $\vec{r}$ ($\vec{r}$ ist der Vektor, der $d\vec{s}$ mit dem Aufpunkt P verbindet).
5. Man bildet $d\vec{s} \times \vec{r}$ und bestimmt die Richtung von $d\vec{H}$ im Aufpunkt P.
6. Man drückt ds und r mittels der bekannten geometrischen Größen aus.
7. Man integriert über den gesamten Stromkreis.

Hat man bereits eine Formel zur Verfügung, die das Feld von Teilstücken oder –elementen des Stromkreises angibt, geht man wie folgt vor:

1. Man betrachtet die vorgegebene Formel und überlegt, welche Form, oder welchen Wert, die in ihr enthaltenen geometrischen Größen jetzt annehmen. Mögliche Symmetrien werden berücksichtigt.
2. Man führt die Überlagerung (ggf. Integration) der Beiträge aller stromdurchflossenen Elemente durch.

⊙ Magnetfeld eines endlich langen, geraden Leiterstückes

Das Feld eines „Stückes" hat keinen physikalischen Sinn, da es im stationären Zustand nur geschlossene Stromkreise gibt.

Die im folgenden abzuleitende Formel ist jedoch sehr brauchbar für komplizierte Anordnungen, die als Zusammenstellung von solchen Stücken betrachtet werden können. Man muss dann die Beiträge aller Teilstücke des *geschlossenen* Stromkreises überlagern.

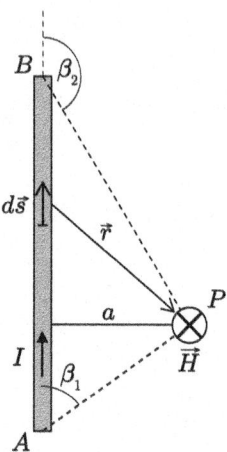

$$\vec{H} = \frac{I}{4\pi} \int_A^B \frac{d\vec{s} \times \vec{r}}{r^3}$$

Das Feld steht senkrecht auf der Zeichenebene. Die geometrische Anordnung Leiterstück–Aufpunkt wird definiert durch:
- a: kürzester Abstand zwischen P und Leiter,
- β_1, β_2: Winkel zwischen r und I an den Enden des Leiterstückes.

Man muss ds und r als Funktion von den bekannten geometrischen Daten a und β ausdrücken (siehe dazu das nächste Bild).

$$\tan(\pi - \beta) = \frac{a}{s}$$

3.2 Magnetfeld von Leitern in der Luft

$$\Rightarrow s = -a \cdot \cot(\pi - \beta)$$
$$= -a \cdot \cot \beta$$
$$ds = a \cdot \frac{d\beta}{\sin^2 \beta}. \tag{124}$$

Außerdem ist

$$\sin(\pi - \beta) = \frac{a}{r} \Rightarrow r = \frac{a}{\sin \beta}$$

und

$$d\vec{s} \times \vec{r} = ds \cdot r \cdot \sin \beta.$$

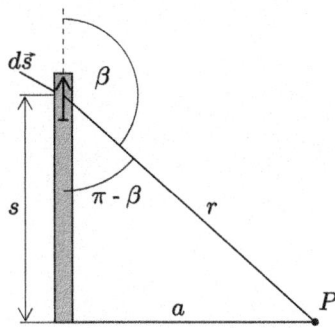

Man führt jetzt ds und r in das Integral ein:

$$H = \frac{I}{4\pi} \int_{\beta_1}^{\beta_2} \frac{a \cdot d\beta}{\sin^2 \beta} \cdot \frac{\sin \beta}{a^2} \cdot \sin^2 \beta$$

$$H = \frac{I}{4\pi} \int_{\beta_1}^{\beta_2} \frac{\sin \beta}{a} \cdot d\beta$$
$$= \frac{I}{4\pi \cdot a} (-\cos \beta) \Big|_{\beta_1}^{\beta_2}$$
$$= \frac{I}{4\pi \cdot a} (\cos \beta_1 - \cos \beta_2).$$

Die magnetische Feldstärke eines geraden Leiterstückes ergibt sich als:

$$\boxed{\vec{H} = \vec{e}_H \cdot \frac{I}{4\pi \cdot a} (\cos \beta_1 - \cos \beta_2)}. \tag{125}$$

3. Stationäre Magnetfelder

Für den *unendlich langen* Leiter resultiert daraus:

$$\vec{H} = \vec{e}_H \cdot \frac{I}{2\pi \cdot a} \qquad \text{für } \beta_1 = 0, \beta_2 = \pi.$$

Man erhält die von Ampère bekannte Formel.

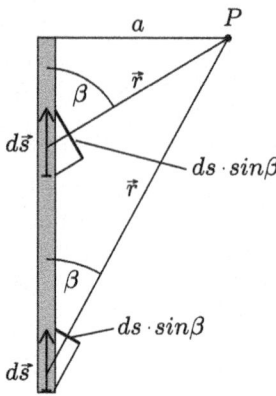

Zur Abschätzung des Beitrages verschiedener Leiterstücke an dem Feld in einem Punkt P ist die folgende *Anmerkung* interessant.
Betrachtet man die Gleichung

$$H = \frac{I}{4\pi} \int_A^B \frac{ds \cdot \sin \beta}{r^2}, \qquad (126)$$

so fällt auf, dass
1. die Feldstärke mit zunehmendem Abstand r quadratisch abnimmt,
2. die Feldstärke mit abnehmender „Effektivlänge" (das ist $ds \cdot \sin \beta$) kleiner wird (siehe Bild oben).

Aus diesen zwei Gründen bringen Leiterstücke, die weiter vom Punkt P liegen, einen kleineren Beitrag zur Feldstärke. Man kann leicht beweisen, dass ein Leiterstück der Länge $4 \cdot a$ bereits *90%* der Feldstärke eines unendlich langen Leiters im Punkt P erzeugt.

Ob ein Leiter als unendlich lang betrachtet werden darf oder nicht, hängt also von der Entfernung des Aufpunktes P, in dem das Feld berechnet werden soll, von dem Leiter, ab.

3.2 Magnetfeld von Leitern in der Luft

Als Anwendung der abgeleiteten Formel betrachten wir das Feld einer *quadratischen Leiterschleife in dem Mittelpunkt*. In allen anderen Punkten innerhalb und außerhalb der Schleife kann man die Feldstärke $\vec{H}$ nur mithilfe eines Computerprogramms bestimmen.

Die Seitenlänge sei $2 \cdot h$. Das Feld ist die Überlagerung der Beiträge von vier Teilstücken. Alle vier Felder stehen senkrecht auf der Zeichenebene und können also einfach addiert werden.

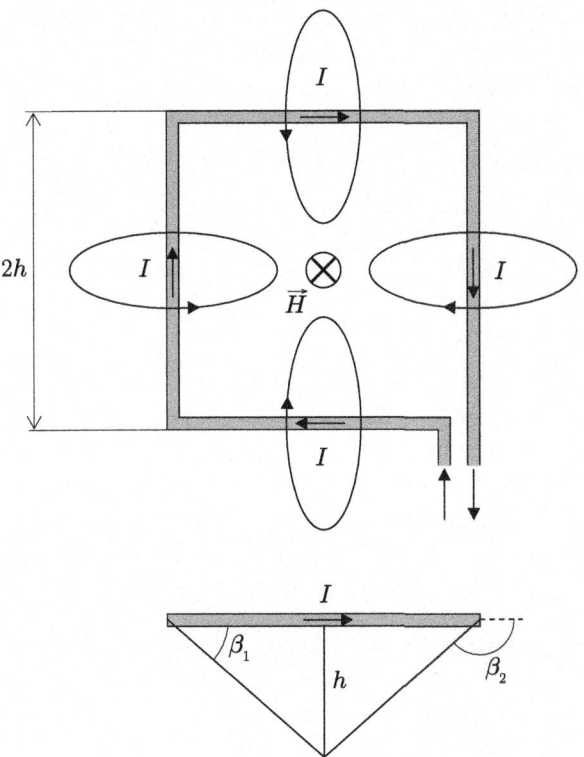

Sei der Beitrag des oberen Teilstücks H_1. Das Gesamtfeld im Mittelpunkt P wird dann 4mal größer und, bei vorgegebener Stromrichtung, in die Zeichenebene gerichtet sein. Auf dem oberen Teilstück ist $a = h$, $\beta_1 = 45°$ und $\beta_2 = 135°$. Anhand des obenstehenden Bildes werden die zugehörigen Cosinus–Funktionen berechnet:

$$\cos \beta_1 = \frac{\sqrt{2}}{2} \; ; \; \cos \beta_2 = -\frac{\sqrt{2}}{2}.$$

Dann ist die Feldstärke eines Teilstücks:

$$H_1 = \frac{I}{4\pi \cdot h} \cdot \left(\frac{\sqrt{2}}{2} + \frac{\sqrt{2}}{2}\right) = \frac{I \cdot \sqrt{2}}{4\pi \cdot h}$$

und die gesamte Feldstärke ist:

$$H_{ges} = 4 \cdot H_1 = \frac{I\sqrt{2}}{\pi \cdot h}.$$

⊙ Magnetfeld auf der Achse einer kreisförmigen Leiterschleife

Die kreisrunde Schleife findet in der Praxis unzählige Anwendungen in verschiedenen Anordnungen. So z.B. besteht auch eine kurze zylindrische Spule aus vielen kreisförmigen Schleifen (Windungen), deren Beiträge bei der Erzeugung des Magnetfeldes überlagert werden.

Das Magnetfeld einer kreisförmigen Schleife hat einen sehr komplizierten Verlauf (siehe Abb. 3.14) und kann, mit einfachen mathematischen Mitteln, *nur auf der Achse* berechnet werden. Mit Hilfe von Computern kann man heute jedoch das Feld in jedem Punkt des Raumes ermitteln.

Die Abb. 3.14 zeigt das Feld in der *Diametral*ebene. Es hat eine gewisse Ähnlichkeit mit dem Feld von zwei unendlich langen Leitern, die gegenseitig bestromt sind (Paralleldrahtleitung) – siehe Abb. 3.9.
Bei dem Vergleich der Feldbilder muss berücksichtigt werden, dass bei der langen Doppelleitung das Magnetfeld in jeder Ebene, die senkrecht auf der Leiterachse (z) steht, dasgleiche ist, während die runde Schleife eine Rotationssymmetrie aufweist, sodass das Feld bei jedem Winkel dasgleiche ist.

Im Anhang findet man eine ausführliche Erläuterung des Unterschiedes zwischen den Feldbildern von Anordnungen mit „Translations"- und solchen mit „Rotations"-Invarianz. Bei den Letzteren muss man immer den Abstand von der Rotationsachse mitberücksichtigen.

3.2 Magnetfeld von Leitern in der Luft

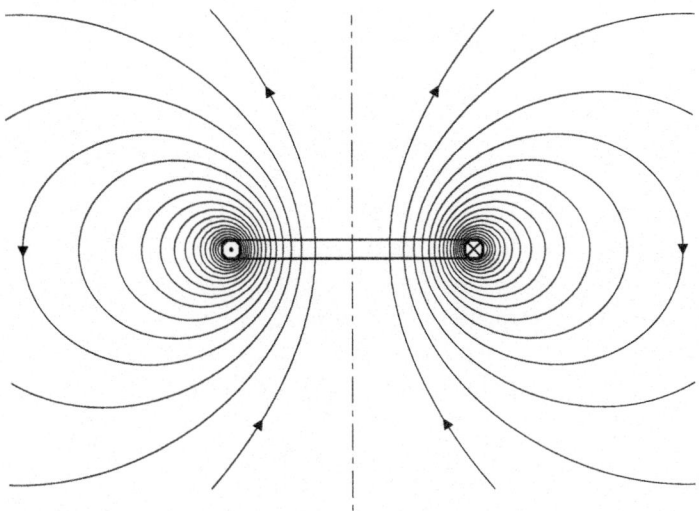

Abb. 3.14. Feld in der Diametralebene einer bestromten kreisförmigen Schleife

Am einfachsten kann man das Feld *im Zentrum* der Schleife bestimmen (siehe Bild).

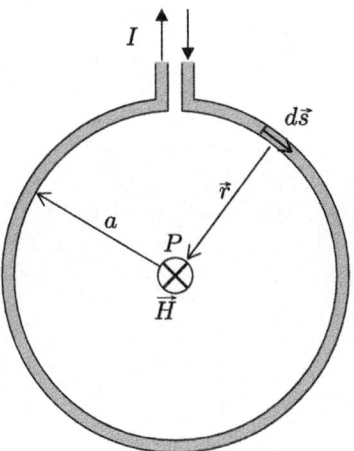

Der Radius sei a. Auf einer kreisförmigen Schleife stehen $d\vec{s}$ und $\vec{r}$ senkrecht zueinander.

$$d\vec{s} \times \vec{r} = ds \cdot r \cdot \sin 90° = ds \cdot a$$

$$\vec{H} = \vec{e}_H \cdot \frac{I}{4\pi} \oint_{Schleife} \frac{ds}{a^2} = \vec{e}_H \cdot I \cdot \frac{2 \cdot \pi \cdot a}{4 \cdot \pi \cdot a^2}$$

$$\vec{H} = \vec{e}_H \cdot \frac{I}{2 \cdot a}. \qquad (127)$$

Zur Bestimmung des Feldes in anderen Punkten auf der Achse muss man nach Symmetrien suchen, die die Berechnung vereinfachen können. Sei a der Radius, und der Abstand zum Aufpunkt P sei h. Die Spulenachse sei die z-Achse. Man betrachtet zwei gleich lange diametral liegende Stromelemente $d\vec{s}_1$ und $d\vec{s}_2$ (siehe Abb. 3.15). Die von ihnen erzeugten „Elementarfelder" dH_1 und dH_2 haben die gleiche Größe, weil der Abstand vom Aufpunkt P derselbe ist:

$$r_1 = r_2 = \sqrt{a^2 + h^2}.$$

Ihre Richtung ist unterschiedlich, doch bilden sie denselben Winkel α mit der z–Achse:

$$\cos \alpha = \frac{a}{\sqrt{a^2 + h^2}}.$$

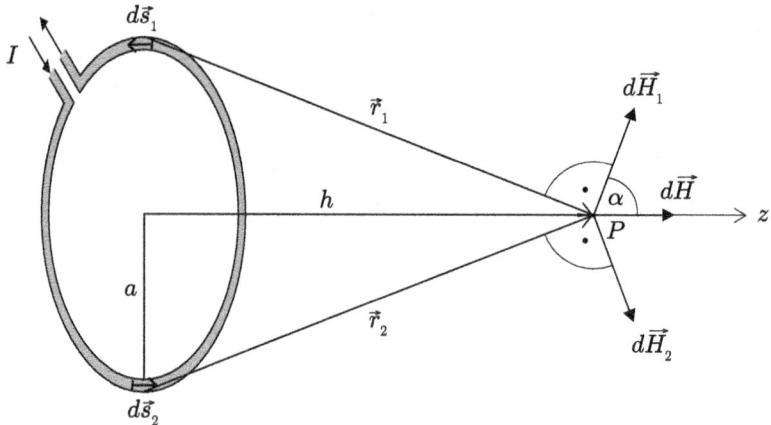

Abb. 3.15. Zur Berechnung des Magnetfeldes auf der Achse einer Leiterschleife

Es gilt auch:

$$d\vec{s} \perp \vec{r}.$$

Man sieht, dass die senkrecht zur z–Achse stehenden Komponenten der Feldstärken dH_1 und dH_2 sich gegenseitig aufheben, während die axialen Kom-

3.2 Magnetfeld von Leitern in der Luft

ponenten $dH \cdot \cos \alpha$ addiert werden können. Das nächste Bild zeigt eine andere Ansicht der Schleife.

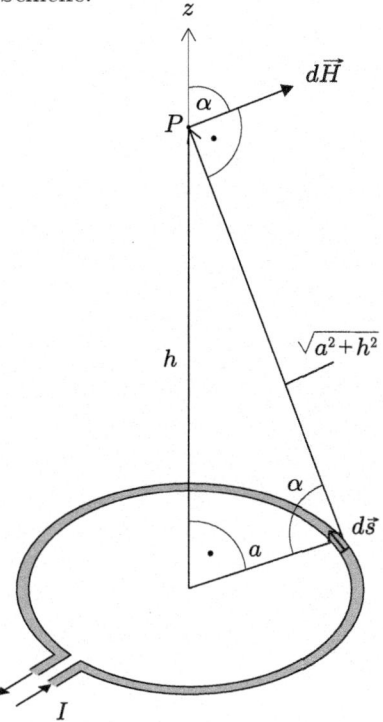

Nur die z-Komponente von $\vec{H}$ bleibt nach der Integration übrig:

$$\vec{H} = \vec{e}_z \cdot \frac{I}{4\pi} \oint\limits_{Schleife} \frac{ds \cdot r}{r^3} \cdot \cos \alpha$$

$$= \vec{e}_z \cdot \frac{I}{4\pi} \oint\limits_{Schleife} \frac{ds \cdot a}{(a^2 + h^2) \cdot \sqrt{a^2 + h^2}}.$$

Mit $\oint ds = 2\pi \cdot a$ wird die Feldstärke:

$$\vec{H} = \vec{e}_z \cdot \frac{I}{4\pi} \cdot \frac{2\pi \cdot a^2}{(a^2 + h^2)^{\frac{3}{2}}}$$

$$\boxed{\vec{H} = \vec{e}_z \cdot \frac{I}{2} \cdot \frac{a^2}{(a^2 + h^2)^{\frac{3}{2}}}}. \tag{128}$$

3. Stationäre Magnetfelder

Im Mittelpunkt der Schleife ist $h = 0$. Damit wird

$$\vec{H} = \vec{e}_z \cdot \frac{I}{2 \cdot a}.$$

Liegt der Punkt sehr weit entfernt, ist $h \gg a$ und $\vec{H}$ wird:

$$\vec{H} \approx \vec{e}_z \cdot \frac{I}{2} \cdot \frac{a^2}{h^3}.$$

Die Feldstärke nimmt also umgekehrt proportional mit h^3 ab.

Anwendung 3.2: Helmholtz-Spulenpaar

Eine Anwendung von flachen kreisförmigen Spulen in der Messtechnik (zur Untersuchung der magnetischen Eigenschaften ferromagnetischer Werkstoffe) und in der Elektronenoptik ist das sogenannte „Helmholtz-Spulenpaar" (Hermann von Helmholtz, 1821-1894): zwei flache Spulen, parallel zueinander angeordnet, mit denen man in dem Luftraum dazwischen ein (fast) homogenes Magnetfeld erzeugen kann. Das Feld einer alleinstehenden kreisförmigen Schleife ist ausgeprägt inhomogen, wie das Feldbild (Abb. 3.14) zeigt. Unter welchen Bedingungen kann man mit zwei Spulen das Feld homogenisieren?

Lösung:

Das nächste Bild zeigt ein Helmholtz-Spulenpaar mit dem Radius a und dem axialen Abstand $2d$. Die Spulen sind gleichsinnig bestromt. Die magnetische Feldstärke $\vec{H}$ auf der Achse z, in einem beliebigen Punkt $P(0, z)$, ergibt sich als Überlagerung der Beiträge beider Spulen in diesem Punkt. Beide Feldstärken, $\vec{H}_1$ und $\vec{H}_2$, sind gerichtet entlang der Achse $+z$:

$$H(0, z) = H_z(0, z).$$

Mit der Gl.(128) ergibt sich:

$$H_z(0, z) = \frac{I}{2} a^2 \left[\frac{1}{[a^2 + (d+z)^2]^{\frac{3}{2}}} + \frac{1}{[a^2 + (d-z)^2]^{\frac{3}{2}}} \right].$$

3.2 Magnetfeld von Leitern in der Luft

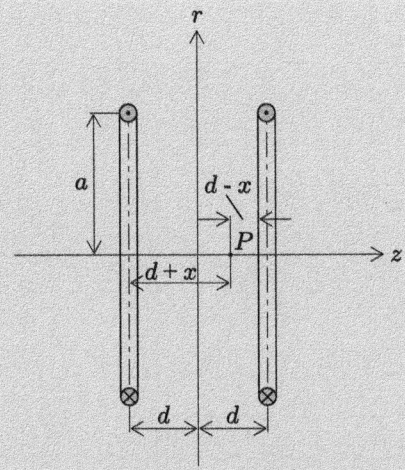

Damit die Spulen ein möglichst homogenes Feld in Richtung der z-Achse erzeugen, müssen die folgenden Bedingungen erfüllt werden:

$$H_z(r, z) \simeq H_z(0, z)$$

$$H_r(r, z) \simeq 0.$$

Diese Bedingungen sind am besten erfüllt, wenn die Abmessungen der Anordnung (Radius a der Spulen und Abstand 2d zwischen den Ebenen der Spulen) im folgenden Verhältnis stehen:

$$\boxed{a = 2d}$$

(ohne Ableitung, da diese mathematisch sehr aufwändig ist).

Das mit dem Programm MANI erstellte Feldbild zeigt, dass das Feld jetzt in der Tat in einem großen Bereich zwischen den Spulen homogen ist, nämlich dort, wo die Feldlinien parallel verlaufen.

Die nummerische Finite-Elemente-Berechnung ergibt bei $a = 2d = 55\,mm$ und einer Durchflutung $NI = 3000\,AW$ in dem eingezeichneten Bereich Flussdichten zwischen $4.5\,mT$ und $4,9\,mT$.

Anmerkung: Für das Produkt der Windungszahl N mit dem Strom I benutzt man in der Technik eine spezielle Einheit, die Ampère-Windungen heißt (abgekürzt: AW).

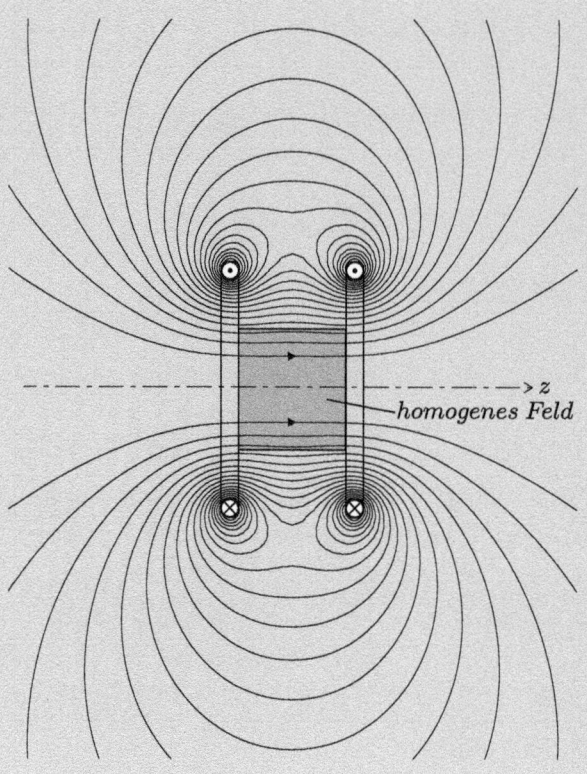

⊙ Magnetfeld auf der Achse einer kurzen Zylinderspule

Dieses Feld sieht außerhalb der Spule exakt so aus, wie das Feld eines Dauermagneten mit denselben Abmessungen. Deswegen kann man die Seite, aus der die Feldlinien austreten, mit Nord, die andere mit Süd bezeichnen. Außerhalb der kurzen Zylinderspule ist das Magnetfeld stark inhomogen, wie das Feldbild (Abb. 3.16) deutlich zeigt.

Die Zylinderspule ist eine sehr wichtige technische Anwendung. Das Feld auf der Achse kann als Überlagerung der Beiträge vieler kreisförmiger Schleifen berechnet werden.

3.2 Magnetfeld von Leitern in der Luft

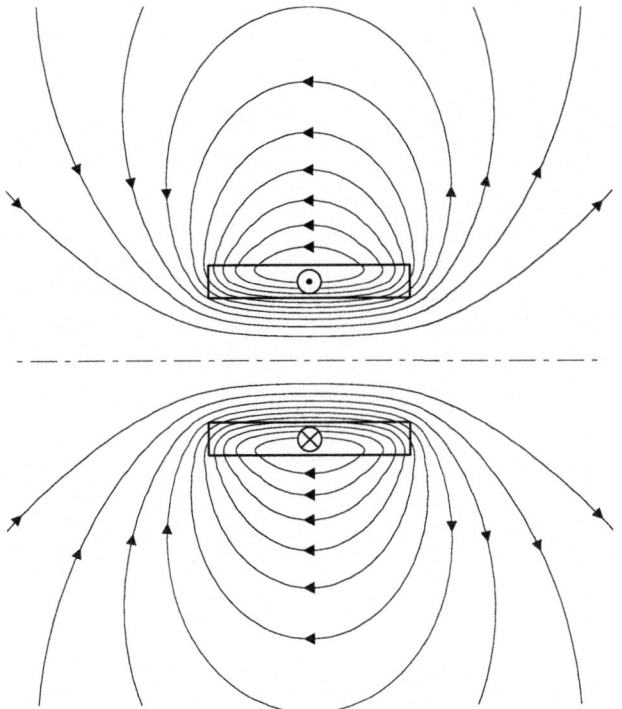

Abb. 3.16. Feld einer kurzen Zylinderspule

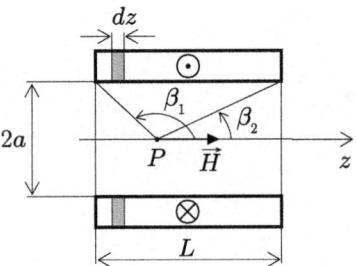

Es sei der Radius a, die Länge L und die Position des Aufpunktes P auf der Achse durch die Winkel β_1 und β_2 definiert.

Jede elementare Kreisspule hat die Breite dz und führt den Strom

$$dI = I \cdot \frac{W}{L} \cdot dz \,. \tag{129}$$

Nach der Formel für die Kreisschleife ergibt sich:

$$d\vec{H} = \vec{e}_z \cdot \frac{I}{2} \cdot \frac{W}{L} \cdot dz \cdot \frac{a^2}{(a^2+z^2)^{\frac{3}{2}}} \cdot$$

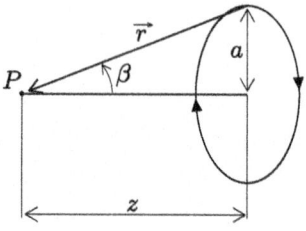

Jetzt muss man z und dz als Funktion von β ausdrücken.

$$\tan\beta = \frac{a}{z} \Rightarrow z = a \cdot \cot\beta$$

$$\Rightarrow dz = -a \cdot \frac{d\beta}{\sin^2\beta}$$

$$\sin\beta = \frac{a}{\sqrt{a^2+z^2}} \cdot$$

Somit wird:

$$d\vec{H} = -\vec{e}_z \cdot \frac{I}{2} \cdot \frac{W}{L} \cdot \frac{a \cdot d\beta}{\sin^2\beta} \cdot \frac{a^2}{(a^2+z^2)^{\frac{3}{2}}} \cdot$$

Es ist aber:

$$\sin^3\beta = \frac{a^3}{(a^2+z^2)^{\frac{3}{2}}},$$

sodass es gilt:

$$d\vec{H} = -\vec{e}_z \cdot \frac{I}{2} \cdot \frac{W}{L} \cdot \sin\beta \cdot d\beta$$

$$\vec{H} = \vec{e}_z \cdot \int_{\beta_1}^{\beta_2} d\vec{H} = -\vec{e}_z \cdot \frac{I}{2} \cdot \frac{W}{L} \cdot (-\cos\beta)\Big|_{\beta_1}^{\beta_2}$$

$$\boxed{\vec{H} = \vec{e}_z \cdot \frac{I}{2} \cdot \frac{W}{L} \cdot (\cos\beta_2 - \cos\beta_1)}. \qquad (130)$$

3.2 Magnetfeld von Leitern in der Luft

Beispiel 3.3: Magnetfeld auf der Achse einer kurzen Spule

Gegeben ist eine zylindrische Spule mit der Länge $L = 50\,mm$, dem inneren Durchmesser $2r_i = 30\,mm$ und dem äußeren Durchmesser $2r_a = 46\,mm$. Die Spule führt eine Durchflutung von $NI = 3000\,AW$. Zu bestimmen sind:

- *Die Flussdichte B_z in der Mitte der Spule, auf der Achse z.*
- *Die Flussdichte B_z am Rande der Spule, ebenfalls auf der Achse z.*

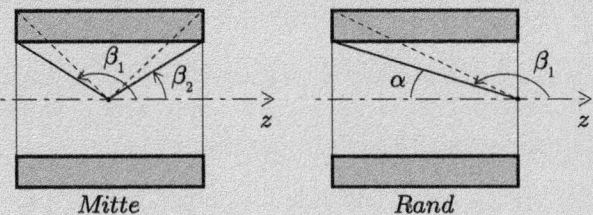

Mitte   Rand

Lösung

Die Formel für B_z ist:

$$B_z = \mu_0 \frac{NI}{2L}(\cos\beta_2 - \cos\beta_1)$$

$$B_z = 4\pi \cdot 10^{-7} \frac{Vs}{Am} \cdot \frac{3000\,AW}{2 \cdot 50 \cdot 10^{-3}m}(\cos\beta_2 - \cos\beta_1)$$

$$B_z = 37,7\,mT \cdot (\cos\beta_2 - \cos\beta_1).$$

In der Mitte gilt: $\beta_2 = 180° - \beta_1 \curvearrowright \cos\beta_1 = -\cos\beta_2$, sodass:

$$B_{zMitte} = 37,7\,mT \cdot 2 \cdot \cos\beta_2$$

mit $\beta_2 = \arctan\frac{15}{25} = 31° \curvearrowright \cos\beta_2 = 0,857$.
Damit wird:

$$B_{zMitte} = 37,7\,mT \cdot 2 \cdot 0,857 = \boxed{64,6\,mT}.$$

Zählt man den Winkel β_2 bis bis zum Außendurchmesser der Spule (gestrichelte Linien), so wird:

$$\beta_2 = \arctan\frac{23}{25} = 42,61° \curvearrowright \cos\beta_2 = 0,736$$

$$B'_{zMitte} = 37,7\,mT \cdot 2 \cdot 0,736 = \boxed{55,5\,mT}.$$

Am Rande der Spule gilt: $\beta_2 = 90° \curvearrowright \cos\beta_2 = 0, \cos\beta_1 = -\cos\alpha$
mit $\alpha = \arctan\frac{15}{50} = 16,7°$ *und* $\cos\alpha = 0,9578$.

$$B_{zRand} = 37,7\,mT \cdot 0,9578 = \boxed{36,1\,mT}$$

oder, wenn man wieder die Spulendicke von 8 mm mitberücksichtigt:

$$\alpha = \arctan\frac{23}{50} = 24,7° \curvearrowright \cos\alpha = 0,908$$

$$B'_{zRand} = 37,7\,mT \cdot 0,908 = \boxed{34,23\,mT}.$$

Zum Vergleich wurde mit dem FE-Programm MANI die Flussdichte in mehreren Punkten auf der Spulenachse berechnet und graphisch dargestellt (siehe Diagramm). Das FE-Programm ergibt:

$$B_{zMitte} = \boxed{57\,mT} \qquad B_{zRand} = \boxed{34\,mT}$$

Die Werte B'_{zMitte} *(55,5 mT) und* B'_{zRand} *(34,23 mT) liegen sehr nahe bei den nummerischen Ergebnissen. Gl. (130) liefert also sehr brauchbare Werte für* B_z *auf der Spulenachse, wobei die Winkel* β_1 *und* β_2 *auch die Dicke der Spule berücksichtigen sollten.*

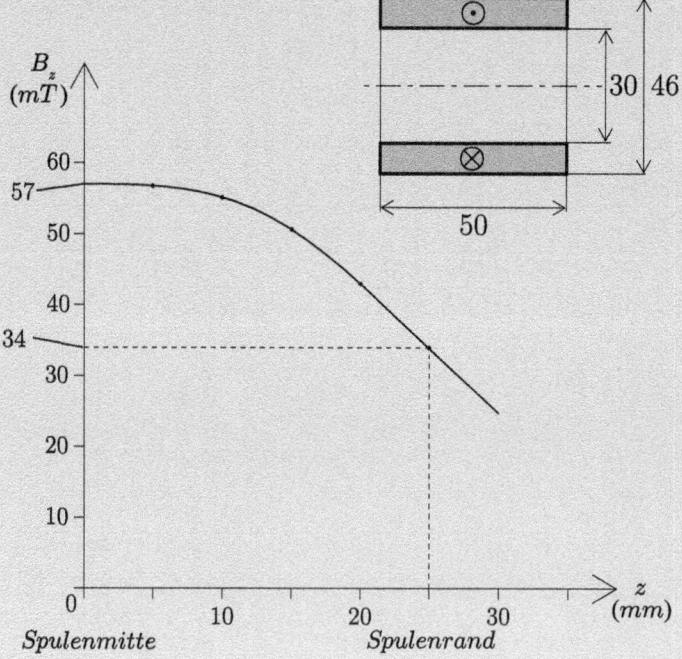

⊙ Magnetfeld auf der Achse einer langen Zylinderspule

Abb. 3.17 zeigt das Feld einer relativ langen, dünnen Zylinderspule. Die hier dargestellte Spule ist doppelt so lang und nur halb so dick wie die bisher untersuchte „kurze" Spule.

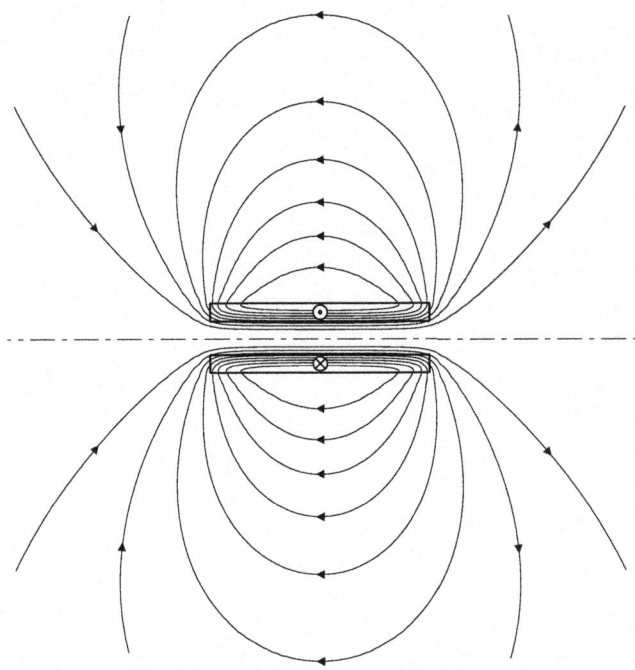

Abb. 3.17. Feld einer langen, dünnen Zylinderspule

Das Feld innerhalb der langen Spule ist vergrößert auf dem nächsten Feldbild zu sehen. Man erkennt, dass jetzt das Feld in einem viel ausgedehnteren Bereich als bei der kurzen Spule homogen ist.

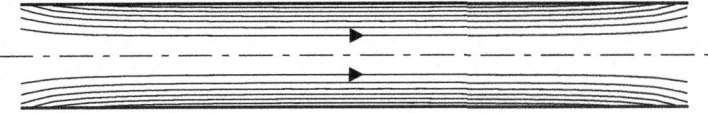

Ist die Spule viel länger als der Durchmesser, so gilt: $\beta_1 = \pi$, $\beta_2 = 0$ und die Feldstärke wird:

$$\boxed{\vec{H} = \vec{e}_z \cdot \frac{I \cdot W}{L}}. \tag{131}$$

Das ist ein *homogenes* Feld, das in jedem Punkt denselben Wert hat. Ist die Spule auch sehr dünn, so kann man das Feld überall im Inneren als homogen annehmen.

Das Feld an einem *Ende* der Spule, also bei $\beta_2 = \frac{\pi}{2}$, wird:

$$H = \frac{I \cdot W}{2 \cdot L} \cdot \cos \beta_1. \tag{132}$$

Ist $L \gg a$, wird $\cos \beta_1 = -1$ und

$$\boxed{|H| \approx \frac{I \cdot W}{2 \cdot L}}. \tag{133}$$

Dies ist genau die Hälfte der Feldstärke in der Mitte. Man kann diese Erkenntnis nachvollziehen, wenn man das folgende Gedankenexperiment macht: Wird eine unendlich lange Spule in der Mitte durchgeschnitten, so müssen die beiden Spulenhälften in der Mitte denselben Beitrag zu dem Feld bringen, also jede die Hälfte.

Diese Abnahme des Feldes von der Mitte aus zu den Enden bringt in der Praxis Schwierigkeiten. Möchte man in einem großen Bereich innerhalb der Spule ein möglichst homogenes Feld erreichen, so kann die Feldabnahme durch die Anbringung zusätzlicher Windungen an den Enden korrigiert werden.

Es handelt sich um eine Optimierungsaufgabe, die mit den vorher abgeleiteten Formeln nicht gelöst werden kann. Als Optimierungsparameter erkennt man gleich die Breite und die Höhe der Zusatzspulen; aber auch der Strom kann optimiert werden, falls die Zusatzspulen von einer anderen Quelle als die Hauptspule gespeist werden können.

Die folgende Anwendung zeigt, wie man mithilfe eines FE-Programms die Spule so auslegen kann, dass der Bereich mit homogenem Feld erheblich erweitert wird.

Anwendung 3.3: Verbesserung des Feldes einer langen Spule an den Rändern

Sei es eine Spule mit dem inneren Durchmesser $2\,r_i = 15\,mm$ und der Länge $L = 100\,mm$, die also doppelt so lang und innen nur halb so dick wie die Spule vom Beispiel 3.3 ist.

Für diese Spule wurde eine nummerische FE-Berechnung durchgeführt, um die Flussdichte in mehreren Punkten auf der Achse genau zu bestimmen. Die Ergebnisse sind in dem folgenden Diagramm dargestellt.

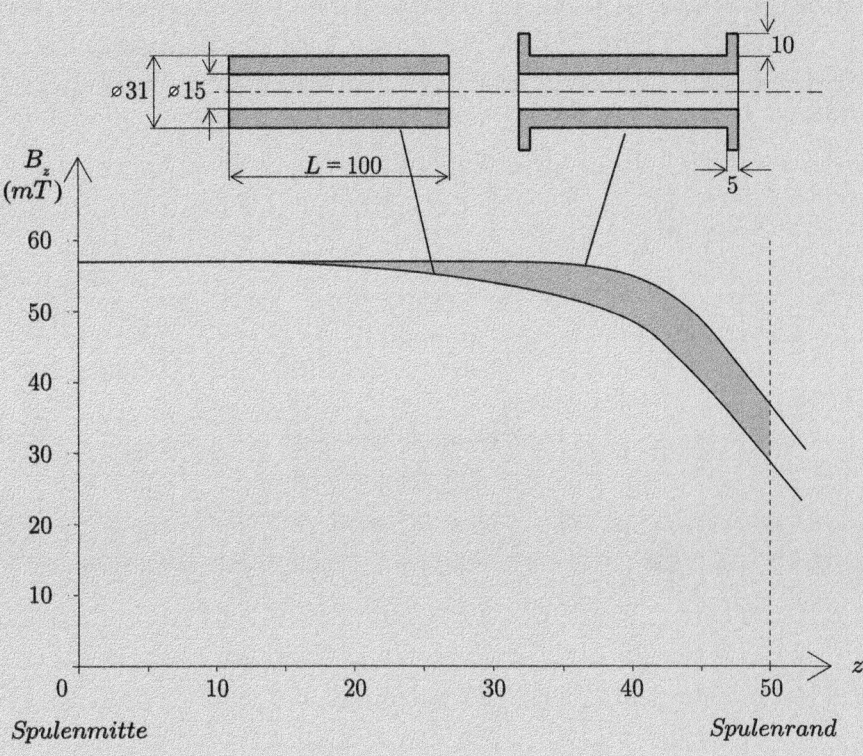

Bei einer Durchflutung von $NI = 4800\,AW$ ergab sich am Rand der Spule die Flussdichte

$$B_{z_{Rand}} = 28,5\,mT.$$

Wäre die Spule sehr lang, so wäre

$$B_{z\,Rand\,\infty} = \mu_0 \frac{NI}{2L} = 4\pi \cdot 10^{-7} \frac{4800\,A}{2 \cdot 0,1\,m} = 30\,mT.$$

Man ersieht, dass bereits die Länge von 100 mm einen Unterschied von lediglich 5% gegenüber der extrem langen Spule bringt.

Wenn man die Flussdichte, die in einem Bereich von etwa 40 mm Länge in der Mitte der Spule praktisch homogen ist, weiter homogenisieren möchte (häufig auftretende Forderung), kann man an den Rändern der Spule zusätzliche kurze Spulen anbringen (siehe Bild), die vom selben Strom durchflossen werden wie die Hauptspule, also mit dieser in Reihe geschaltet sind. Das beste Ergebnis erzielte man mit Zusatzspulen von 5 mm Breite und 10 mm Höhe. Noch breitere Spulen erzeugen Flussdichten über 57 mT, womit die Homogenität schlechter wird.

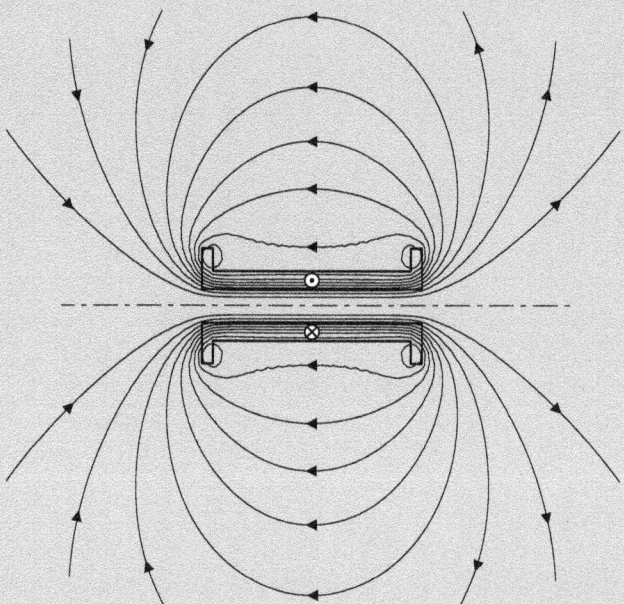

Das neue Feldbild (oben), wie vor allem das Diagramm, zeigen, dass jetzt der Bereich mit der homogenen Flussdichte (von 57 mT) von 40 mm auf 70 mm verbreitet wurde. Der Gewinn an Flussdichte am Rand wurde grau dargestellt. Es darf jedoch nicht unberücksichtigt bleiben, dass statt $NI = 4800\,AW$ jetzt $NI = 5300\,AW$ gilt.

3.3 Das Durchflutungsgesetz

3.3.1 Das Gesetz; magnetische Spannung, Durchflutung

Für elektrostatische und stationäre Strömungsfelder wurde die *elektrische Spannung* U als Linienintegral der elektrischen Feldstärke $\vec{E}$ definiert.

$$U = \int_1^2 \vec{E} \cdot d\vec{s}.$$

Analog dazu wird eine *„magnetische Spannung"* definiert, als:

$$\boxed{V_m = \int_1^2 \vec{H} \cdot d\vec{s}} \qquad (134)$$

mit der Einheit

$$[V_m] = [H] \cdot [l] = \frac{A}{m} \cdot m = \boxed{A}.$$

Diese Integralgröße hat eine geringere Bedeutung als die elektrische Spannung.

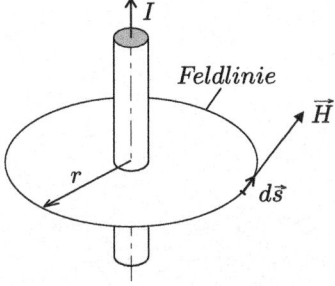

Da im Magnetfeld alle Feldlinien *geschlossen* sind, liegt es nahe, das Integral über einen geschlossenen Weg, z.B. eine Feldlinie, zu bilden.

Bei einem stromdurchflossenen, sehr langen Leiter ergibt das Integral:

$$\oint \vec{H} \cdot d\vec{s} = 2\pi \cdot r \cdot H.$$

Man weiß, dass $H = \dfrac{I}{2\pi \cdot r}$ ist, also ergibt sich:

$$\boxed{\oint \vec{H} \cdot d\vec{s} = I}. \qquad (135)$$

Das Experiment zeigt, dass der Umlauf, auf dem die Integration auszuführen ist, *beliebig* ist, er muss nur mit dem Strom I „verkettet" sein. Auf *jedem* Umlauf ergibt die rechte Seite der Gl. (135) den Strom I.

Auf dem nächsten Bild ist nur der Umlauf 1 eine Feldlinie, doch auch auf den Integrationswegen 2 und 3 gilt die Gl. (135).

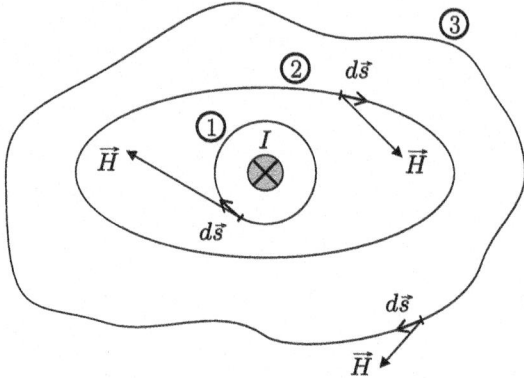

Umschlingt der Integrationsweg mehrere Strombahnen, so gilt (für das Beispiel im nächsten Bild):

$$\oint \vec{H} \cdot d\vec{s} = I_1 + I_2 - I_3 = \Theta. \qquad (136)$$

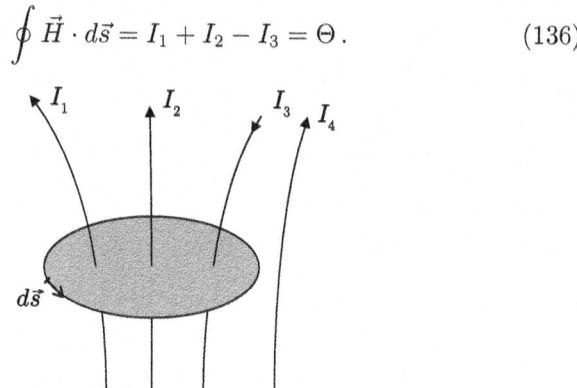

Der Strom I_4 wird vom Umlauf nicht eingeschlossen; er ist nicht „verkettet" und kommt in der Summe der Ströme nicht vor.

Die Gesamtheit der Ströme nennt man „*Durchflutung*" Θ.

Die Richtung des Stromes I und die des Umlaufes sind einander *im Sinne einer Rechtsschraube* zugeordnet.

3.3 Das Durchflutungsgesetz

Ist die Strömung räumlich ausgedehnt, so gilt:

$$I = \iint \vec{S} \cdot d\vec{A}$$

und das Integral nimmt die folgende Form an:

$$\boxed{\oint \vec{H} \cdot d\vec{s} = \iint \vec{S} \cdot d\vec{A}}. \qquad (137)$$

Umfasst der Integrationsweg keinen Strompfad, so gilt:

$$\oint \vec{H} \cdot d\vec{s} = 0.$$

Dies ist das *Durchflutungsgesetz*, (auch *Gesetz von Oerstedt*), das die experimentellen Ergebnisse über den Zusammenhang zwischen I (die Ursache des Magnetfeldes) und H (die Wirkung) zusammenfasst.

Durchflutungsgesetz: Das Linienintegral über die magnetische Feldstärke $\vec{H}$ entlang jeder beliebigen geschlossenen Linie (Umlauf) ist stets gleich dem gesamten Strom, der durch eine beliebige, von dieser Linie berandete Fläche hindurchtritt.

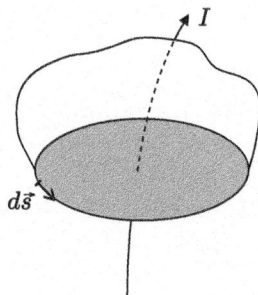

Mathematisch kann man schreiben:

$$\oint \vec{H} \cdot d\vec{s} = I \qquad \text{bei einem Strom}$$

$$\oint \vec{H} \cdot d\vec{s} = \sum_{k=1}^{n} I_k \qquad \text{bei mehreren Strömen}$$

$$\boxed{\oint \vec{H} \cdot d\vec{s} = \iint \vec{S} \cdot d\vec{A} = \Theta} \qquad \text{allgemein.}$$

Beispiel 3.4: Durchflutungen

Auf dem folgenden Bild ist wieder das Magnetfeld einer kurzen, stromdurchflossenen Spule dargestellt.

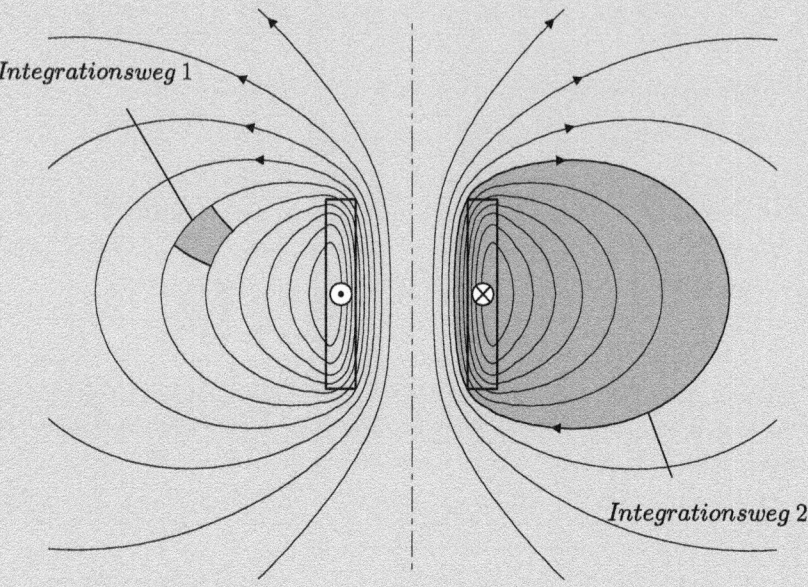

Gesucht werden die Werte der Umlaufspannung $\oint \vec{H} \cdot d\vec{s}$ auf zwei Wegen:
1. Integrationsweg 1
2. Integrationsweg 2

Lösung

1. Der Weg 1 besteht aus zwei Abschnitten entlang von Feldlinien, wo $\vec{H}$ parallel zu $d\vec{s}$ verläuft, und zwei Abschnitten senkrecht auf den Feldlinien, wo $\vec{H}$ senkrecht auf $d\vec{s}$ steht. Der Umlauf 1 begrenzt eine Fläche durch die kein Strom fließt; somit ist nach dem Durchflutungsgesetz:

$$\oint_{Weg1} \vec{H} \cdot d\vec{s} = \boxed{0}.$$

1. Die magnetischen Spannungen $\int \vec{H} \cdot d\vec{s}$ entlang der Feldlinien sind also gleichgroß und entgegengerichtet, sodass ihr Gesamtbeitrag gleich Null ist. Das lässt sich leicht erklären: Auf dem Wegabschnitt, der näher an der Spule liegt und kürzer ist, ist die Feldstärke größer als auf dem entfernteren Wegabschnitt, der dafür aber länger ist.

2. Der zweite Umlauf beinhaltet die gesamte Spule, also gilt dort:

$$\oint_{Weg2} \vec{H} \cdot d\vec{s} = \boxed{NI}$$

wo N die Anzahl der Windungen der Spule bedeutet.

Beispiel 3.5: Verschiedene Durchflutungen

Gesucht sind die Werte der Umlaufspannung $\oint \vec{H} \cdot d\vec{s}$ auf den folgenden sechs Integrationswegen:

a) $\Theta = -I_1$ b) $\Theta = I_2$ c) $\Theta = 0$

d) $\Theta = I_1 - I_2$ e) $\Theta = I_1$ f) $\Theta = -I_1 - I_2$

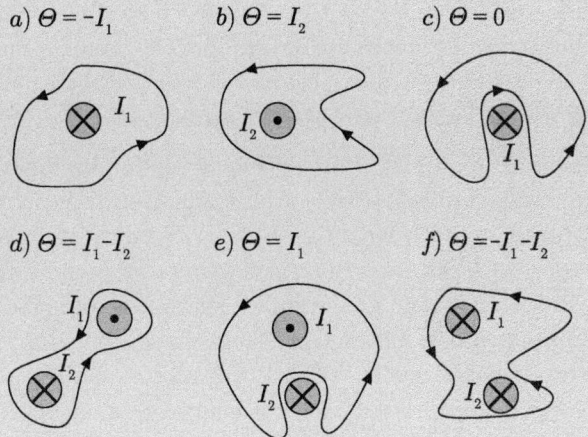

3.3.2 Anwendung des Durchflutungsgesetzes

Es leuchtet ein, dass das Linienintegral $\oint \vec{H} \cdot d\vec{s}$ nur dann mathematisch leicht ausführbar ist, wenn man die Richtung von $\vec{H}$ in jedem Punkt eines geschlossenen Umlaufes kennt, sodass man das Skalarprodukt $\vec{H} \cdot d\vec{s}$ bilden kann. Leider sind es nur wenige Fälle, in denen $\vec{H}$ in guter Näherung bekannt ist:
- sehr lange, gerade Leiter,
- sehr lange Zylinderspule,
- Ringspule.

Diese sind die einzigen Fälle, in denen – bei bekannter Durchflutung Θ – $\vec{H}$ mit einfachen mathematischen Mitteln aus dem Durchflutungsgesetz bestimmt werden kann, soweit das Magnetfeld sich *in der Luft* ausbreitet.

Dagegen kann man bei den meisten *Magnetkreisen aus ferromagnetischen Werkstoffen* den Verlauf von $\vec{H}$ genügend genau voraussagen, um das Durchflutungsgesetz in guter Näherung anwenden zu können.

Für Leiteranordnungen in der Luft hat also die Formel von Biot–Savart mehr Anwendungen als das Durchflutungsgesetz; bei $\mu \gg \mu_0$ dagegen kann man nur das Durchflutungsgesetz anwenden.

Sind ferromagnetische Teile vorhanden, so scheidet die Formel von Biot–Savart aus, und man muss versuchen, den Verlauf der Feldlinien zu approximieren, um das Durchflutungsgesetz anwenden zu können. Im Abschnitt „Der magnetische Kreis" wird ausführlich, mithife vieler Beispiele, gezeigt, wie man das Durchflutungsgesetz bei Anwesenheit ferromagnetischer Teile mit hoher magnetischen Permeabilität μ anwendet.

Neue Rechenverfahren – z.B. *Finite-Elemente* – erlauben die praktisch genaue nummerische Auflösung (fast) jeder magnetostatischer Aufgabe. Diese Näherungsverfahren lösen die Gleichungen der stationären Magnetfelder in einer großen Anzahl von Punkten des untersuchten Feldbereichs, der zu diesem Zweck mit einem „Gitter" überzogen wird. Auf diese Weise können die Feldprobleme auf lineare Gleichungssysteme mit einigen Tausend Unbekannten reduziert werden. Diese können heute von jedem PC – mit entsprechenden Rechenprogrammen – in einigen Sekunden gelöst werden. Weitere Details über die Finite-Elemente-Methode befinden sich im Anhang.

Magnetfeld außerhalb und innerhalb eines sehr langen, geraden Leiters

Das Feld außerhalb von langen, geraden Leitern wurde bereits 1820 von Ampère als $H = \dfrac{I}{2\pi r}$ festgelegt.

Diese Formel, die in den Abschnitten 3.1 und 3.2 mehrmals angewendet wurde, besagt, dass die magnetische Feldstärke mit kleiner werdendem Abstand r von der Achse des Leiters immer größer wird und bei $r \to 0$ (also auf der Achse) gegen Unendlich geht. Nun, jeder Leiter hat eine gewisse radiale Ausdehnung, einen Radius, sei er r_0. Was bei $r < r_0$ stattfindet, kann man mit dem Durchflutungsgesetz bestimmen.

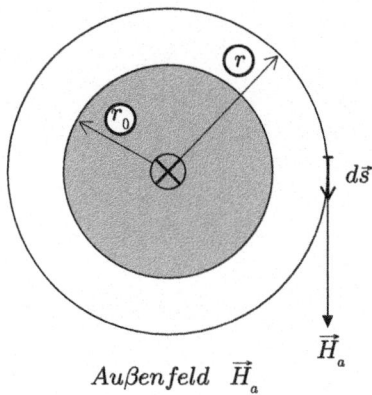

Außenfeld $\vec{H}_a$

Gesucht ist das Feld eines zylindrischen Leiters von $r = 0$ bis $r = \infty$. Die magnetischen Feldlinien sind aus Symmetriegründen konzentrische Kreise mit dem Mittelpunkt auf der Leiterachse. Außerhalb des Leiters gilt:

$$\oint \vec{H}_a \cdot d\vec{s} = \oint H_a \cdot ds = H_a \oint ds = H_a \cdot 2\pi \cdot r = I.$$

Im Intervall $r_0 \leq r \leq \infty$ ist die Feldstärke dann:

$$\boxed{H_a = \dfrac{I}{2\pi \cdot r}} \tag{138}$$

was bereits bekannt war.

Im *Inneren* des Leiters sind die Feldlinien ebenfalls Kreise (eine gleichmäßige Stromverteilung vorausgesetzt, was bei Gleichstrom immer der Fall ist), nur umschließt ein Umlauf mit dem Radius r nicht den gesamten Strom I, sondern einen Stromanteil:

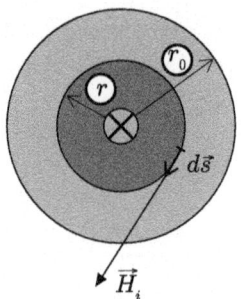

Innenfeld $\vec{H}_i$

$$I_i = S \cdot A_i = \frac{I}{\pi \cdot r_0^2} \cdot \pi r^2 = I \cdot \frac{r^2}{r_0^2}.$$

Man kann diesen Stromanteil I_i auch ohne die Hilfe der Stromdichte S schreiben, wenn man berücksichtigt, dass das Verhältnis der Ströme I und I_i gleich dem Verhältnis der entsprechenden Flächen $\pi \cdot r_0^2$ und $\pi \cdot r^2$ sein muss.

$$\oint \vec{H}_i \cdot d\vec{s} = H_i \cdot 2\pi \cdot r = I \cdot \frac{r^2}{r_0^2}$$

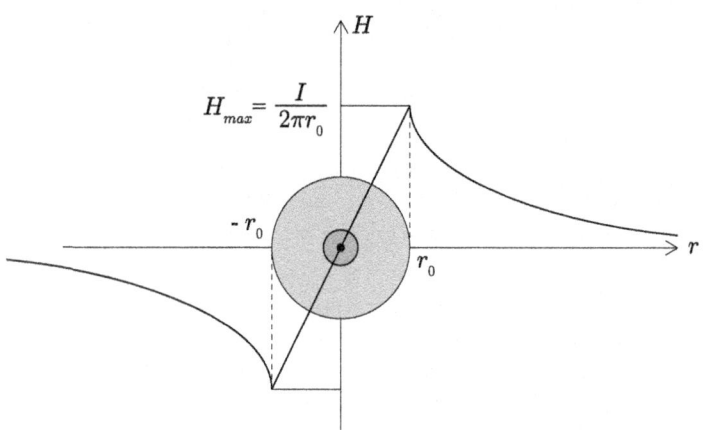

Damit wird die Feldstärke im Intervall $0 \leq r \leq r_0$:

$$\boxed{H_i = \frac{I \cdot r}{2\pi \cdot r_0^2}}. \tag{139}$$

Innerhalb des Leiters steigt H *linear* an, bis zum Maximalwert $\frac{I}{2\pi \cdot r_0}$, der an der Oberfläche auftritt. Außerhalb des Leiters nimmt H mit $\frac{1}{r}$ ab.

3.3 Das Durchflutungsgesetz

Nach demselben Schema berechnet man das Feld eines langen Rohres, eines Koaxialkabels, usw.

Sind mehrere Leiter vorhanden, so muss man die einzelnen Felder *vektoriell überlagern*.

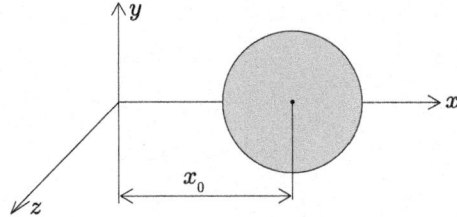

Anmerkung: Befindet sich der Mittelpunkt des Leiters nicht im Ursprung des Koordinatensystems, sondern bei $x = x_0$ (das kommt immer vor, wenn mehrere parallele Leiter vorhanden sind, denn verständlicherweise kann nur ein Leiter bei $x = 0$ liegen) so kann man das Feld *auf der Achse x* wieder mit zwei einfachen Formeln bestimmen.

Innerhalb des Leiters gilt:

$$\vec{H}_i(x) = \frac{I \cdot (x - x_0)}{2\pi \cdot r_0^2} \cdot \vec{e}_y.$$

Außerhalb des Leiters ist die Feldstärke:

$$\vec{H}_a(x) = \frac{I}{2\pi \cdot (x - x_0)} \cdot \vec{e}_y.$$

Wieder gelten die Formeln nur unter den zwei Bedingungen:
− I fließt in Richtung $+\vec{e}_z$ (sonst ändert sich das Vorzeichen von $\vec{H}$)
− x und x_0 werden mit ihren Vorzeichen berücksichtigt.

Als weiteres Beispiel soll das Magnetfeld eines leitenden *Rohres* ermittelt werden.

Diese Anordnung weist drei unterschiedliche Bereiche auf: den inneren, stromfreien Bereich 1, den stromdurchflossenen Bereich 2 und den äußeren, stromfreien Bereich 3.

182 3. Stationäre Magnetfelder

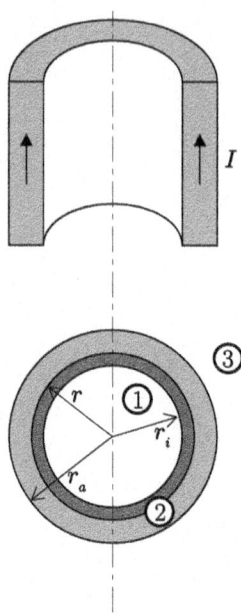

Man teilt den Raum in diese drei Bereiche (siehe Bild):

1. $0 \leq r \leq r_i$:
   Jeder Umlauf mit $r \leq r_i$ umschließt *keinen* Strom:
   $$\oint H_1 \cdot ds = 0 \Rightarrow \boxed{H_1 = 0}.$$

2. $r_i \leq r \leq r_a$:
   Ein Umlauf mit dem Radius r umschließt einen Teilstrom, der durch die Zylinderschale mit den Radien r_i und r fließt:
   $$I_i = S \cdot A_i = \frac{I}{\pi \cdot (r_a^2 - r_i^2)} \cdot \pi \cdot (r^2 - r_i^2)$$

   $$\oint H_2 \cdot ds = H_2 \cdot 2\pi \cdot r = I \cdot \frac{r^2 - r_i^2}{r_a^2 - r_i^2}$$

   $$\Rightarrow \boxed{H_2 = \frac{I}{2\pi \cdot r} \cdot \frac{(r^2 - r_i^2)}{(r_a^2 - r_i^2)}}. \tag{140}$$

3. $r \geq r_a$:

Außerhalb des Rohres wird überall der Strom I umschlossen:

$$H_3 = \frac{I}{2\pi \cdot r}$$

wie bei einem dünnen Leiter.

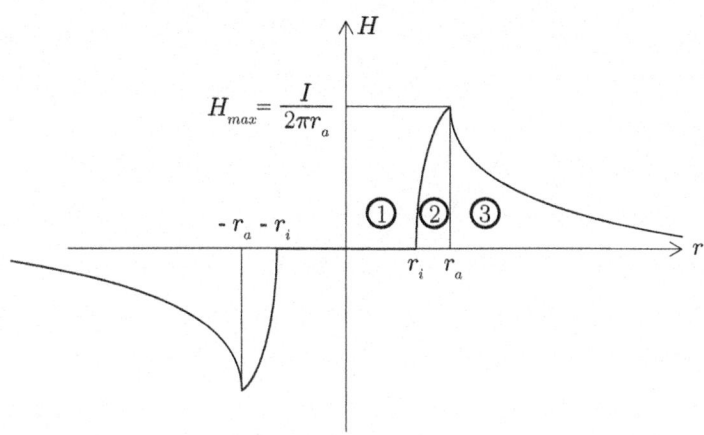

Abb. 3.18. Magnetische Feldstärke H eines Rohres

Die maximale Feldstärke tritt wieder an der Oberfläche des Rohres ($r = r_a$) auf (siehe Abb. 3.18). Man kann sie entweder mit H_2 oder mit H_3 bestimmen:

$$H_{max} = \frac{I}{2\pi \cdot r_a}.$$

Anwendung 3.3: Magnetfeld eines Koaxialkabels

Die magnetische Feldstärke innerhalb und außerhalb eines Koaxialkabels, also für $0 \leq r \leq \infty$, soll berechnet werden.

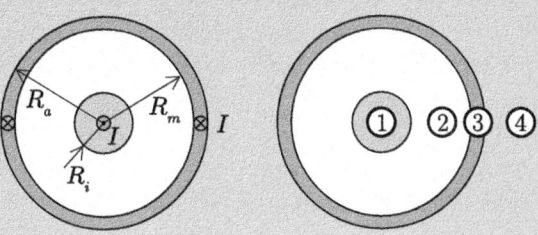

Der Strom I fließt durch den inneren, zylindrischen Leiter und kehrt durch die äußere Zylinderschale zurück. Bekannt sind: R_i, R_m, R_a, I. Hier entstehen vier Bereiche mit unterschiedlichen Feldstärken:

1. $0 \leq r \leq R_i$:
   Eine Feldlinie umschließt den Teilstrom:

$$I_1(r) = \frac{I}{\pi \cdot R_i^2} \cdot \pi \cdot r^2 = \frac{I \cdot r^2}{R_i^2}$$

$$\oint \vec{H}_1 \cdot d\vec{s} = H_1 \cdot 2\pi \cdot r = \frac{I \cdot r^2}{R_i^2}.$$

Damit ist die Feldstärke im Inneren des Innenleiters dieselbe wie bei einem langen Leiter mit dem Radius R_i:

$$\boxed{H_1 = \frac{I \cdot r}{2\pi \cdot R_i^2}}.$$

Die magnetische Feldstärke nimmt linear zu, bis

$$H_{1max} = \frac{I}{2\pi \cdot R_i}.$$

2. $R_i \leq r \leq R_m$:
   Jede Feldlinie umschließt den gesamten Strom I:

$$\oint \vec{H}_2 \cdot d\vec{s} = H_2 \cdot 2\pi \cdot r = I$$

und damit wird die Feldstärke zwischen den Leitern:

$$\boxed{H_2 = \frac{I}{2\pi \cdot r}}.$$

Bei $r = R_i$ ergibt sich:

$$H_2 = \frac{I}{2\pi \cdot R_i}.$$

Anmerkung: Die Vorstellung, dass zwischen dem inneren und dem äußeren Leiter kein Magnetfeld vorhanden ist, weil dort kein Strom fließt, ist ganz einfach falsch!

3. $R_m \leq r \leq R_a$:
   Hier umschließt jede Feldlinie den Strom I (innen) und einen Teilstrom I_3, mit <u>umgekehrtem</u> Vorzeichen !

3.3 Das Durchflutungsgesetz

3. Wie groß ist I_3?

$$I_3(r) = \underbrace{\frac{I}{\pi \cdot (R_a^2 - R_m^2)}}_{\text{Stromdichte außen}} \cdot \pi(r^2 - R_m^2) = \frac{I \cdot (r^2 - R_m^2)}{(R_a^2 - R_m^2)}$$

$$\oint \vec{H}_3 \cdot d\vec{s} = H_3 \cdot 2\pi \cdot r = \left(I - I \cdot \frac{(r^2 - R_m^2)}{(R_a^2 - R_m^2)} \right).$$

Die Feldstärke in dem äußeren Leiter wird:

$$\boxed{H_3 = \frac{I}{2\pi \cdot r} \cdot \frac{R_a^2 - r^2}{R_a^2 - R_m^2}}.$$

4. $r \geq R_a$:

Ist der Strom im inneren und im äußeren Leiter derselbe, so umschließt jede Feldlinie außerhalb des Kabels die Durchflutung $\Theta = I - I = 0$ und die Feldstärke H_4 ist Null:

$$\boxed{H_4 = 0}.$$

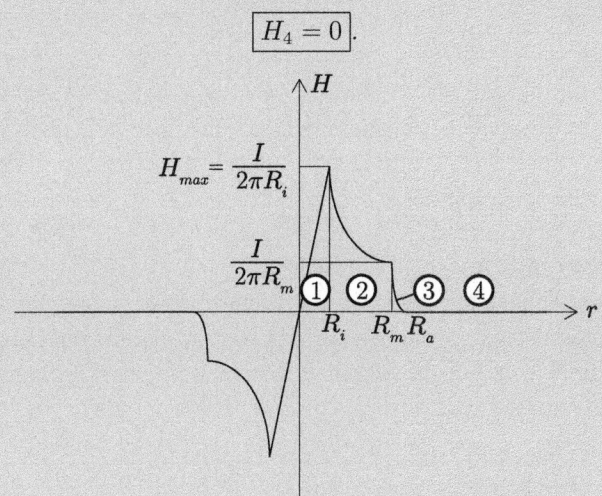

Anmerkung: Ein Defekt im Koaxialkabel, der dazu führt, dass der Strom innen und außen nicht mehr derselbe ist, kann messtechnisch leicht ermittelt werden, indem man mit einer „Hallsonde" entlang des Kabels fährt: Zeigt die Sonde eine Flussdichte B an, so ist das Kabel dort defekt.

⊙ Magnetfeld einer langen Zylinderspule (Solenoid)

Dieses Feld wurde bereits mit der Formel von Biot und Savart bestimmt: Gl. (131). Hier soll die Formel für H mithilfe des Durchflutungsgesetzes nochmals abgeleitet werden.

Wenn die Länge L viel größer als der Durchmesser ist, kann man das Feld H_a außerhalb der Spule vernachlässigen: $H_a \approx 0$ gegenüber H_i. In der Tat schließen sich die Feldlinien bei einer langen Spule sehr weit weg, sodass in der Nähe der Spule kein Magnetfeld vorhanden ist.

Das Umlaufintegral kann gespalten werden:

$$\oint \vec{H} \cdot d\vec{s} = \underbrace{\int \vec{H}_i \cdot d\vec{s}}_{innen} + \underbrace{\int \vec{H}_a \cdot d\vec{s}}_{aussen}$$
$$= H_i \cdot l = \Theta = N \cdot I,$$

mit der Windungszahl N. Daraus ergibt sich wieder die Gl. (131):

$$\boxed{H_i \approx \frac{N \cdot I}{L}}. \tag{141}$$

Das Feld im Inneren hat – näherungsweise – in jedem Punkt den gleichen Betrag und die gleiche Richtung, es ist also nahezu *homogen*. Wegen der Vernachlässigung von H_a ergibt sich jedoch ein etwas größerer Wert für H_i als in Wirklichkeit vorhanden.

⊙ Magnetfeld einer Ringspule (Toroid)

Eine Toroidspule kann man sich vorstellen als eine lange, dünne Zylinderspule, deren Enden zusammen geführt werden, sodass ein Ring entsteht. Liegen die N Windungen sehr dicht beieinander, so kann man die Feldlinien als Kreise betrachten.

Innerhalb (Bereich 1) und außerhalb (Bereich 3) des Toroids (siehe Abb. 3.19) ist dann kein Feld vorhanden:
$H_1 = 0$, weil für $0 \leq r \leq r_i$ kein Strom umschlossen wird, $H_3 = 0$, weil auf jedem äußeren Umlauf $r \geq r_a$ gilt:

$$\oint H_3 \cdot ds = N \cdot I - N \cdot I = 0.$$

3.3 Das Durchflutungsgesetz

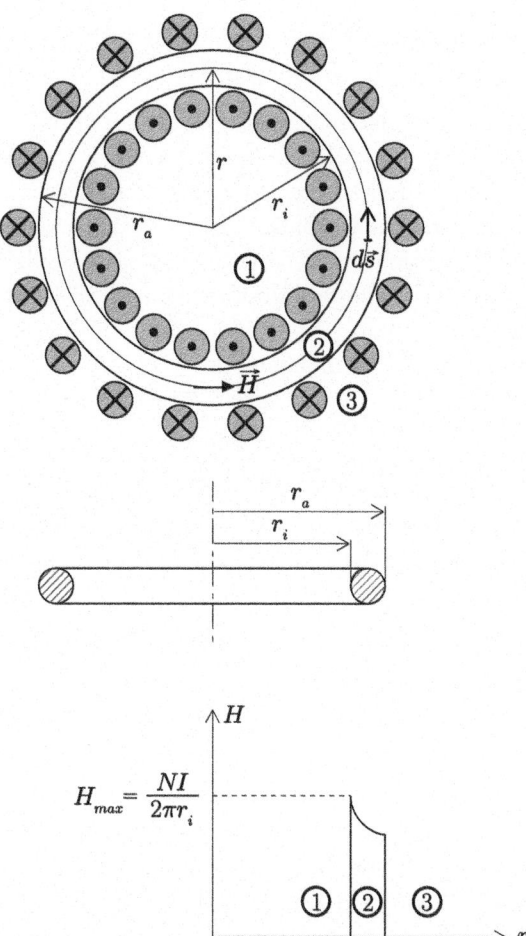

Abb. 3.19. Die Toroidspule und der Verlauf der Feldstärke H

Innerhalb der Ringspule gilt:

$$H_2 = \frac{N \cdot I}{2\pi \cdot r}.$$

Ist der Querschnitt sehr klein, so kann man den mittleren Radius r_m einsetzen und in guter Näherung ein homogenes Feld annehmen:

$$H \approx \frac{N \cdot I}{2\pi \cdot r_m} \approx \frac{N \cdot I}{l_m}.$$

Diese Gleichung ist identisch mit der Gleichung für die Feldstärke eines Solenoids der Länge l_m mit N Windungen (Gl. (141)).

Wie bei der langen Zylinderspule, gibt es auch hier praktisch *kein* Feld im Außenraum. Ein Toroid ist nahezu *streufrei*, wenn er schmal und dicht bewickelt ist. Diese Streufreiheit begründet das weite Anwendungsfeld der Toroidspulen. Möchte man kleine Baugrößen von Schaltungen erzielen, so darf eine Spule kein Magnetfeld streuen, das benachbarte Spulen beeinflusst. Eine absolute Streufreiheit gewährleistet jedoch nur die Toroidspule.

3.3.3 Erweitertes Durchflutungsgesetz

Das Durchflutungsgesetz

$$\oint \vec{H} \cdot d\vec{s} = \iint \vec{S} \cdot d\vec{A}$$

erweist sich als immer gültig, wenn *stationäre* Zustände (Gleichstrom) betrachtet werden. Es fragt sich, ob das Gesetz in allen physikalisch möglichen Fällen gilt, also allgemein ist.

James Clark Maxwell (1831-1879) stellte fest, dass diese Form des Durchflutungsgesetzes zu Widersprüchen führt, wenn man es auf einen *nicht* geschlossenen Stromkreis anwendet, der einen Kondensator enthält und fand auch den Weg zur Beseitigung dieses Widerspruchs.

Zwischen den Kondensatorplatten, die isoliert sind, ist immer $\vec{S} = 0$, und doch kann in den Leitungsdrähten ein Strom fließen, z.B. ein Wechselstrom. Der Widerspruch, der hier vorliegt, kommt bei dem folgendem Gedankenexperiment zum Vorschein: Man wählt einen kreisförmigen Umlauf innerhalb der Platten und zwei Flächen, die von diesem Umlauf berandet sind: die erste Fläche (schraffiert in der Abb. 3.20) liegt vollständig zwischen den Platten, während die zweite Fläche (gestrichelt) den oberen Leiter schneidet. Somit ergibt das Durchflutungsgesetz einmal

$$\oint \vec{H} \cdot d\vec{s} = I$$

für die gestrichelte Fläche, und ein zweites Mal

$$\oint \vec{H} \cdot d\vec{s} = 0$$

für die Fläche, die gänzlich zwischen den Platten liegt.

Maxwell erkannte, in welcher Weise das Gesetz ergänzt werden muss, um

3.3 Das Durchflutungsgesetz

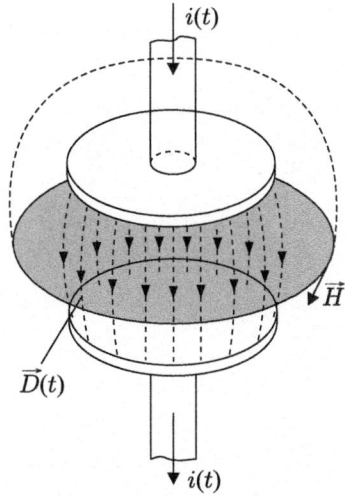

Abb. 3.20. Zum 1. Maxwellschen Gesetz

den Widerspruch zu beseitigen. Er nahm an, dass zwischen den Platten eine andere Art von Strom den Leitungsstrom fortsetzt und nannte ihn den *Verschiebungsstrom*. Seine Dichte ist:

$$\vec{S}_D = \frac{\partial \vec{D}}{\partial t}.$$

Das allgemeine Gesetz, auch 1. Maxwellsche Gleichung genannt, ist:
Gesetz (1. Maxwellsche Gleichung):

$$\boxed{\oint \vec{H} \cdot d\vec{s} = \iint \left(\vec{S} + \frac{\partial \vec{D}}{\partial t} \right) \cdot d\vec{A}}. \qquad (142)$$

Jetzt ist der Widerspruch behoben, denn für die zweite Fläche (unten in Abb. 3.20) wirkt der Verschiebungsstrom. Dieser bewirkt ebenfalls ein Magnetfeld, wie auch der Leitungsstrom.

Ein Kondensator führt also keinen Gleichstrom, sondern stellt eine Unterbrechung des Gleichstromkreises dar. Variiert jedoch $\vec{D}$ in der Zeit, so ist $\frac{\partial \vec{D}}{\partial t} \neq 0$ und es fließt ein Verschiebungsstrom, der die Fortsetzung des Leitungsstromes zwischen den Elektroden ist. Das geschieht bei der Auf- und Entladung des Kondensators, wie auch verständlicherweise bei Wechselstrom.

3.4 Der magnetische Fluss; Kontinuität des Flusses

3.4.1 Der Gaußsche Satz des Magnetfeldes

Im elektrischen Strömungsfeld wurde der Strom I als ein Flächenintegral der Stromdichte $\vec{S}$ definiert:

$$I = \iint \vec{S} \cdot d\vec{A}.$$

Eine vergleichbare Integralgröße wird im magnetischen Feld definiert. Es ist der *Magnetfluss*:

$$\boxed{\Phi = \iint \vec{B} \cdot d\vec{A}}. \qquad (143)$$

Anmerkung: Φ ist ein *Skalar*, sein Vorzeichen ist definiert von der Wahl der Richtung des Flächenelementes $d\vec{A}$. Meistens wählt man $d\vec{A}$ so, dass Φ positiv wird.

Der Fluss durch eine Fläche A ist am größten, wenn die Feldlinien der Flussdichte $\vec{B}$ parallel zu $d\vec{A}$ verlaufen:

$$\Phi = \iint B \cdot dA \cdot \cos \sphericalangle (\vec{B}, d\vec{A}) = \iint B \cdot dA.$$

Ist B in jedem Punkt der Fläche gleichgroß, also homogen, so gilt:

$$\Phi = B \cdot A.$$

Als *Einheit* von Φ ergibt sich:

$$[\Phi] = [B] \cdot [A] = \frac{Vs}{m^2} \cdot m^2 = \boxed{Vs}$$

$$1\,Vs = 1\,Weber = 1\,Wb$$

von *Wilhelm Eduard Weber (1804-1891)*.

Für den magnetischen Fluss gilt ein ähnliches Gesetz wie für den Strom I:

> *Gesetz über die Kontinuität des Magnetflusses (auch Gaußscher Satz des Magnetfeldes): Der Gesamtfluss von $\vec{B}$ durch eine beliebige geschlossene Fläche (Hülle) ist immer gleich Null.*

$$\boxed{\Phi_\Sigma = \oiint \vec{B} \cdot d\vec{A} = 0}. \qquad (144)$$

3.4 Der magnetische Fluss; Kontinuität des Flusses

Dieses Gesetz ist allgemein und gilt auch für *nicht*-stationäre Zustände. Es ist eine der vier Maxwellschen Gleichungen.

⊚ Konsequenzen des Gaußschen Satzes der Magnetfeldes

1. Die Feldlinien von $\vec{B}$ sind *immer geschlossen*, auch wenn sie sich im Unendlichen schließen. Es gibt *keine Quellen*, also keine magnetischen Ladungen. $\vec{B}$ *ist quellenfrei.*

Zur Verdeutlichung der Tatsache, dass die Feldlinien der magnetischen Flussdichte $\vec{B}$ immer geschlossen sind, betrachten wir das Magnetfeld eines Kernspinresonanz – Dauermagnet – Tomographen (auch NMR – Tomograph genannt, von „Nuclear Magnetic Resonance").

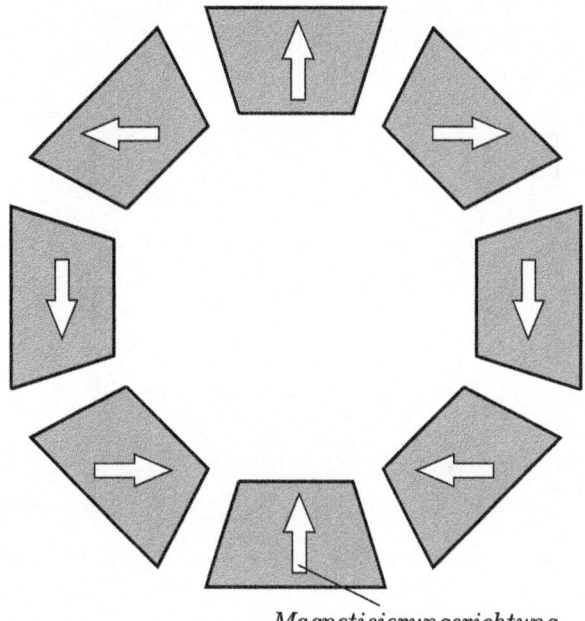

Magnetisierungsrichtung

Abb. 3.21. Anordnung der Dauermagnete in einem Dauermagnet–Tomographen

Die Abb. 3.21 zeigt einen skizzierten Querschnitt durch den zylindrischen Tomographen, der aus acht trapezförmigen Dauermagneten besteht. Die weißen Pfeile zeigen die Magnetisierungsrichtungen der acht Magnetblöcke.

Um Bilder vom Inneren des menschlichen Körpers erstellen zu können, wird der Körper in ein extrem homogenes Magnetfeld eingeführt. Im Gegensatz zu den bisher dafür benötigten Röntgen-Strahlen, konnte man dem Magnetfeld keine schädliche Wirkung nachweisen.

Die Abbildung 3.22 zeigt das Feldlinienbild der magnetischen Flussdichte $\vec{B}$ in dem mittleren Querschnitt.

Alle Feldlinien sind *geschlossen*.

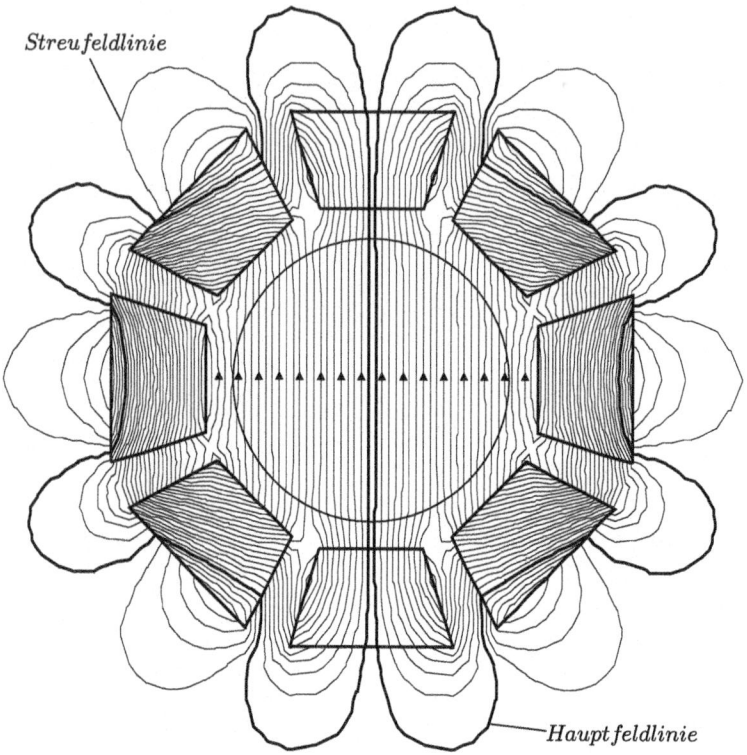

Abb. 3.22. Feldbild der Flussdichte $\vec{B}$ in einem Dauermagnet–Tomographen

Das Feld ist in dem mittleren Luftraum (innerhalb des eingezeichneten Kreises) perfekt *homogen*, in den Dauermagneten und im Außenraum ist es dagegen *inhomogen*. Die „Streuung" nach außen ist allerdings sehr gering. Auf dem Bild wurden die zwei mittleren Hauptfeldlinien zeichnerisch hervorgehoben, um deutlich zu machen, dass alle Linien von $\vec{B}$, auch wenn sie einen solch komplizierten Verlauf aufweisen, geschlossen sind. (Dass hier die Streufeldlinien etwas gewackelt aussehen, hängt mit der komplizierten Geometrie und mit der Wahl des Gitternetzes – siehe Anhang, Abschnitt A.2 – zusammen).

3.4 Der magnetische Fluss; Kontinuität des Flusses

Anmerkung: Das Feldbild 3.22 zeigt, wie man mit einer geschickten Wahl der Magnetisierungsrichtungen von Dauermagneten ein homogenes Magnetfeld in einem weit ausgedehnten Bereich (wie z.B. in der Ganzkörper-Tomographie gefordert wird) erreichen kann, und das bei sehr geringer Streuung nach außen. Vergrößert man die Anzahl der Blöcke mit unterschiedlicher Magnetisierung (was allerdings technologisch aufwändiger und somit teurer wird), so kann man – im Idealfall – ein perfekt homogenes Innenfeld, bei gleichzeitiger absoluter Streufreiheit, erzielen. Die Erfinder dieser Anordnung (*Halbach* und *Holsinger*) nannten sie „Magic Ring", ein Name, der ihren verblüffenden Eigenschaften gerecht wird.

2. Jedes Feld, das die Bedingung erfüllt, dass das Integral über jede Hülle gleich Null ist, hat die Eigenschaft, dass an der Grenze zwischen zwei Medien (hier mit unterschiedlichen magnetischen Permeabilitäten μ) die *Normalkomponente stetig* bleibt (mathematisch beweisbar):

$$\boxed{B_{n_1} = B_{n_2}}. \tag{145}$$

Beispiel 3.6: Fluss eines Leiters durch eine rechteckige Schleife
Ein sehr langer Leiter liegt entlang der z-Achse und trägt den Strom I. Welchen Magnetfluss Φ erzeugt der Strom I durch die in der x0z-Ebene liegende dargestellte Schleife mit den angegebenen Abmessungen?

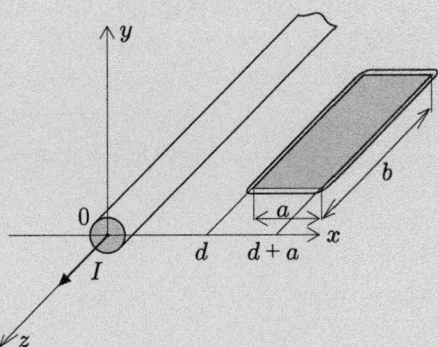

<u>Lösung:</u> *Der Strom I erzeugt eine Flussdichte: $B = \frac{\mu_0 \cdot I}{2\pi \cdot r}$. $\vec{B}$ steht senkrecht auf der Ebene der Schleife. Wählt man $d\vec{A}$ nach oben ($\vec{e}_y$), wie auch $\vec{B}$, so wird der Fluss:*

$$\Phi = \iint \vec{B} \cdot d\vec{A} = \iint B \cdot \vec{e}_y \cdot dA \cdot \vec{e}_y = \iint B \cdot dA > 0.$$

Man kann als dA einen Streifen annehmen: $dA = b \cdot dx$, da B von z unabhängig ist.

$$\Phi = \int_d^{d+a} \frac{\mu_0 \cdot I}{2\pi \cdot x} \cdot b \cdot dx = \frac{\mu_0 \cdot I \cdot b}{2\pi} \int_d^{d+a} \frac{dx}{x}$$

$$\boxed{\Phi = \frac{\mu_0 \cdot I \cdot b}{2\pi} \cdot \ln \frac{d+a}{a}}.$$

Zusatzfrage: Wie ist der Magnetfluss desselben Stromes I, wenn die Schleife in der $x0y$–Ebene liegt (siehe unteres Bild)?
Die Feldlinien liegen in der Ebene der Schleife, d.h. senkrecht auf $d\vec{A}$:

$$\vec{B} \perp d\vec{A} \Rightarrow \vec{B} \cdot d\vec{A} = 0 \quad \curvearrowright \quad \boxed{\Phi = 0}.$$

Beispiel 3.7: Magnetfluss eines langen Leiters durch einen Ring

Konzentrisch mit einem sehr langen, geraden Leiter liegt ein Ring mit quadratischem Querschnitt, in der Luft. Der Strom durch den Leiter ist $I = 1\,A$, die Seitenlänge des Quadrats $a = 2\,cm$.

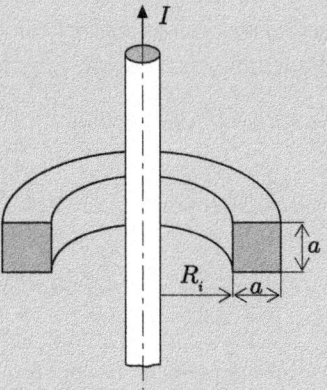

Berechnen Sie den magnetischen Fluss durch den Ring!
<u>Lösung:</u>

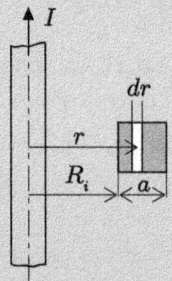

Der Fluss ist: $\Phi = \iint \vec{B} \cdot d\vec{A}$. Das Flächenelement kann ein Streifen parallel zum Leiter, sein, weil B nur vom Abstand r abhängt:

$$B = \frac{\mu_0 I}{2\pi r}; \quad dA = a \cdot dr$$

$$\Phi = \int_{R_i}^{R_i+a} \frac{\mu_0 I}{2\pi r} \cdot a \cdot dr = \frac{\mu_0 I a}{2\pi} \int_{R_i}^{R_i+a} \frac{dr}{r} = \frac{\mu_0 I a}{2\pi} \ln \frac{R_i + a}{R_i}.$$

$$\Phi = \frac{4\pi \cdot 10^{-7}\,Vs \cdot 1 \cdot A \cdot 10^{-2}m}{2\pi\,Am} \cdot \ln \frac{7}{5} = 2\ln \frac{7}{5} \cdot 10^{-9}\,Vs$$

$$\boxed{\Phi = 1{,}346 \cdot 10^{-9}\,Wb}.$$

3.5 Das magnetische Verhalten materieller Körper

3.5.1 Das Materialgesetz

Materielle Körper können nicht nur das elektrische, sondern auch das magnetische Feld verändern. Offensichtlich enthalten sie nicht nur verschiebbare eletkrische Ladungen, sondern es sind in ihnen auch Kreisströme mit ihren magnetischen Momenten wirksam, die durch ein äußeres Magnetfeld beeinflusst werden.

In der Luft gilt zwischen der magnetischen Flussdichte $\vec{B}$ und der magnetischen Feldstärke $\vec{H}$ (auch „Erregung" genannt) die Beziehung:

$$\vec{B} = \mu_0 \cdot \vec{H} \qquad (146)$$

mit der Naturkonstanten $\boxed{\mu_0 = 4\pi \cdot 10^{-7} \, \frac{Vs}{Am}}$.

Das magnetische Verhalten materieller Körper kann man durch die folgende Gleichung, die ein Gesetz ist, beschreiben:

$$\boxed{\vec{B} = \mu_0 \cdot (\vec{H} + \vec{M})}, \qquad (147)$$

in der $\vec{M}$ die *Magnetisierung* ist. Diese Magnetisierung stellt eine zusätzliche Erregung dar, die von den Kreisströmen in der Materie hervorgerufen wird.

Bei Dauermagneten ist $\vec{M}$ immer vorhanden, auch in Abwesenheit eines äußeren Feldes.

Bei allen anderen materiellen Körpern kann man $\vec{M}$ als Funktion von $\vec{H}$ ausdrücken (was allerdings nur bis zu einer bestimmten maximalen Feldstärke gilt):

$$\vec{M} = \chi_m \cdot \vec{H}.$$

χ_m wird magnetische *Suszeptibilität* genannt. Die Gl. (147) kann damit folgendermaßen umgeschrieben werden:

$$\vec{B} = \mu_0 \cdot (\vec{H} + \chi_m \cdot \vec{H}) = \mu_0 \cdot \vec{H}(1 + \chi_m) = \mu_0 \cdot \mu_r \cdot \vec{H}.$$

Materialgesetz:

$$\boxed{\vec{B} = \mu_0 \cdot (\vec{H} + \vec{M}) = \mu_0 \cdot \mu_r \cdot \vec{H} = \mu \cdot \vec{H}}. \qquad (148)$$

3.5 Das magnetische Verhalten materieller Körper

❯ 3.5.2 Klassifizierung

Die ausführliche Untersuchung des magnetischen Verhaltens verschiedener Werkstoffe gehört in den Bereich der Werkstoffkunde. Ohne Anspruch auf Vollständigkeit soll hier eine grobe Klassifizierung angegeben werden. Die zahlreichen Legierungen bleiben dabei unberücksichtigt.

Je nach Größe der relativen magnetischen Permeabilität μ_r unterscheidet man allgemein drei Gruppen von Stoffen:

1. *Diamagnetische* Stoffe: $\mu_r < 1$
   Diese Stoffe schwächen das Magnetfeld gegenüber der Luft. Vertreter der diamagnetischen Stoffe sind z.B. Kupfer und Wismut. Die Abweichung von 1 ist jedoch sehr gering.
2. *Paramagnetische* Stoffe: $\mu_r > 1$
   Beispiel: Aluminium. Die Feldverstärkung ist sehr gering.
3. *Ferromagnetische* Stoffe: $\mu_r \gg 1$ *bis* 10^5 !
   Dazu gehören Eisen, Kobalt, Nickel.
   Die ferromagnetischen Stoffe haben eine herausragende Bedeutung für das Magnetfeld, vergleichbar mit der der Metalle für das elektrische Strömungsfeld.

Eine oft verwendete Klassifizierung teilt deswegen die Stoffe in zwei Kategorien ein: ferromagnetische und nicht-ferromagnetische.

Bei den *ferromagnetischen Stoffen* ist $\mu_r \gg 1$. Darüber hinaus ist μ_r hier keine Konstante, sondern eine Funktion von H:

$$\boxed{\mu = \mu(H) \neq const.}$$

Damit ist die Beziehung $\vec{B} = \mu \cdot \vec{H}$ *nichtlinear*. Sie kann experimentell gemessen werden und wird graphisch als „*Magnetisierungskennlinie*" dargestellt.

Bei *nichtferromagnetischen Werkstoffen* ist μ_r praktisch 1. Sie verhalten sich gegenüber dem Magnetfeld wie die Luft; die Beziehung zwischen B und H ist *linear*.

❯ 3.5.3 Magnetisierungskennlinie, Hysteresekurve

Die sogenannte Magnetisierungs- oder B-H-Kennlinie kann nur experimentell bestimmt werden, indem man z.B. eine kleine Probe von dem Werkstoff in eine Spule einführt, die anschließend von einem immer größer werdenden Strom durchflossen wird. Der Strom erzeugt in der Spule eine Feldstärke H; bei jedem H kann man die Flussdichte B messen.

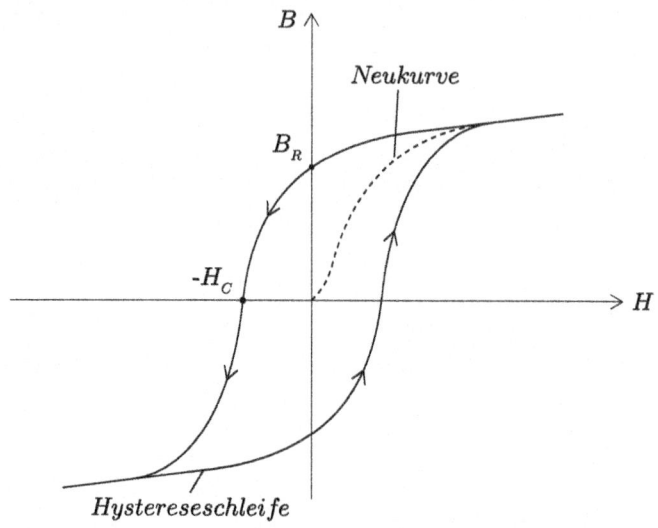

Abb. 3.23. B–H–Verhalten ferromagnetischer Stoffe

War der Werkstoff noch nicht magnetisiert (oder war er einwandfrei entmagnetisiert), so fängt die Kennlinie $B = f(H)$ im Koordinatenursprung an. Wächst die Erregung H, so entsteht die „Neukurve", die man praktisch bei der Berechnung von Magnetkreisen immer anwendet. Bei größer werdender Erregung H nimmt die Flussdichte B zunächst (fast) proportional zu H zu, doch über einer bestimmten Feldstärke hinaus nimmt B kaum mehr zu, die Neukurve zeigt eine Sättigung. Deutlich ist dieses Verhalten auf Abb. 3.24 zu erkennen, die die B-H-Kennlinie eines gebräuchlichen ferromagnetischen Werkstoffes – St37 – wiedergibt: über 2000 A/m lohnt sich kaum mehr die Erregung zu erhöhen, denn der Gewinn an Flussdichte B wäre sehr gering.

Bei Verringerung von H auf den Wert Null wird B nicht mehr Null (siehe Abb. 3.23), sondern erreicht den Wert B_R, die „*Remanenz*flussdichte". B wird erst dann Null, wenn H einen negativen Wert erreicht. Diesen Punkt nennt man die „*Koerzitiv*feldstärke" H_C (Abb. 3.23). Nach dem H_C-Wert unterscheidet man zwischen „weichen" und „harten" Werkstoffen. Die ersteren weisen sehr kleine, die letzteren sehr große H_C Werte auf (Abb. 3.25).

3.5 Das magnetische Verhalten materieller Körper

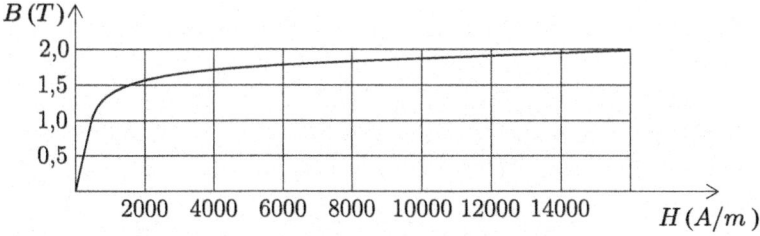

Abb. 3.24. *B-H*-Kennlinie von St37

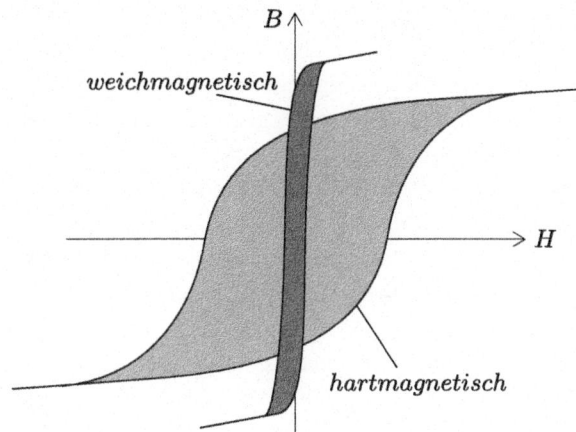

Abb. 3.25. Hystereseschleifen für weich- und hartmagnetische Werkstoffe

Bei den weichmagnetischen Werkstoffen werden die niedrigsten Koerzitivfeldstärken (bis etwa *1 mA/cm*) mit Kobalt-reichen Legierungen erreicht. Variiert man weiter die Erregung H (siehe Abb. 3.23), so erhält man die Hystereseschleife. Ihre Fläche entspricht den Verlusten, die bei einem Magnetisierungszyklus entstehen. Arbeitet man mit hohen Frequenzen, so benötigt man Stoffe mit sehr schmaler Schleife. Harte magnetische Stoffe sind dagegen die Dauermagnet–Werkstoffe. Ihre Koerzitivfeldstärken liegen etwa oberhalb 300 A/cm. Die höchsten Werte werden heute von Dauermagneten mit seltenen Erden (Samarium, Neodymium) erreicht. So erreichen die neueren Neodym-Eisen-Bohr-Legierungen Werte über *10000 A/cm* (siehe dazu den Abschnitt „Magnetkreise mit Dauermagneten"). Die Koerzitivfeldstärke variiert also insgesamt um 6 bis 7 Zehnerpotenzen (!), wenn die magnetisch weichsten und die magnetisch härtesten Werkstoffe einbezogen werden.

Die Permeabilität μ nimmt erst zu, dann jedoch ab bis zu μ_0.
Auch die (Anfangs)permeabilität μ_A (die Steigung der Neukurve im Nullpunkt) variiert in sehr weiten Grenzen. Bei weichmagnetischen Werkstoffen überstreicht sie etwa 4 bis 5 Zehnerpotenzen. Aber selbst bei einer und derselben Legierung bestehen außergewöhnlich große Variationsmöglichkeiten, je nach Herstellungsverfahren.

3.5.4 Diskussion über die Sättigung

Die Sättigungserscheinung spielt eine große Rolle bei der Auslegung aller Magnetkreise (Motoren, Elektromagnete, usw.). In der Regel arbeiten die Magnetkreise unterhalb der Sättigung, denn nur in diesem Bereich wird die Erregung wirtschaftlich eingesetzt. Es gibt jedoch auch Ausnahmen: die Sättigungserscheinung kann gezielt herbeigeführt werden, um spezielle Effekte zu erzielen (s. dazu Abschnitt „Der magnetische Kreis").

Über einen bestimmten Wert der Flussdichte B, sei er B_{max}, der bei jedem Werkstoff ein anderer ist, wächst die Flussdichte bei größerer Erregung zwar weiter, doch mit derselben Steigung wie bei nichtferromagnetischen Stoffen, also extrem langsam.

Die Physiker haben festgestellt, dass es einen theoretischen – das heißt praktisch nicht erreichbaren – maximalen Wert für die Magnetisierung, sei er M_{max}, gibt. Nach der Gl. (147)

$$\vec{B}_{max} = \mu_0 \cdot (\vec{H} + \vec{M}_{max})$$

kann $\vec{B}$ demzufolge zwar bei wachsender Erregung $\vec{H}$ immer weiter zunehmen, doch wenn $\vec{M}$ nicht mehr zunimmt, bleibt die Steigung von $\vec{B}$ dieselbe wie bei nichtferromagnetischen Werkstoffen mit $\mu = \mu_0$.

Zum Verständnis dieses Phänomens kann man die aus der Thermodynamik bekannte Tatsache heranziehen, dass die Temperatur nicht unter den absoluten Nullpunkt – 0 Grad Kelvin = $-273\,°C$ –, der praktisch unerreichbar ist, sinken kann.

Leider liegt die absolut maximale Flussdichte B_{max}, die der maximalen Magnetisierung M_{max} entspricht, nicht allzu hoch: Der höchste bekannte Wert ist $B_{max} = 2.43\,T$ und wird von kristallinem Kobalteisen mit etwa 35% Kobalt erreicht. Bei reinem Eisen liegt der Wert nur etwa 10% niedriger. Die technisch viel verwendeten Siliziumeisensorten haben je nach Siliziumgehalt nochmals bis etwa 10% niedrigere Werte; sie liegen bei rund 2 T.

Anmerkung: Das alles heißt nicht, dass man nicht viel höhere Flussdichten erreichen kann (bekannt bis $7\,T$), allerdings mit Luftspulen.

3.6 Zusammenfassung der Grundgesetze der stationären Magnetfelder

3.6.1 Allgemeine Gesetze und Materialgesetz

Drei Grundgesetze bestimmen das Verhalten der Feldgrößen magnetische Flussdichte $\vec{B}$ und magnetische Feldstärke (oder Erregung) $\vec{H}$:

Das Durchflutungsgesetz: Dieses verbindet die Ursache des Magnetfeldes (die Durchflutung Θ) mit der Wirkung $\vec{H}$:

$$\boxed{\oint \vec{H} \cdot d\vec{s} = \Theta = \iint \vec{S} \cdot d\vec{A}}. \tag{149}$$

Es ist die 1. Maxwellsche Gleichung für stationäre Zustände. Die allgemeine Form lautet:

$$\oint \vec{H} \cdot d\vec{s} = \iint \left(\vec{S} + \frac{\partial \vec{D}}{\partial t} \right) \cdot d\vec{A}.$$

Die Formel von Biot–Savart kann aus diesem Gesetz abgeleitet werden.

Das Gesetz über die Kontinuität des Magnetflusses Φ *(auch „Gaußscher Satz des Magnetfeldes"):*

$$\boxed{\Phi_\Sigma = \oiint \vec{B} \cdot d\vec{A} = 0}. \tag{150}$$

Dieses Gesetz besagt, dass das Magnetfeld $\vec{B}$ keine Quellen hat, sodass seine Feldlinien immer geschlossen sind. Es wird ebenfalls zu den vier Maxwellschen Gleichungen gezählt.

Das Materialgesetz: In materiellen Körpern ohne permanente Magnetisierung sind $\vec{B}$ und $\vec{H}$ durch das folgende Gesetz verbunden:

$$\boxed{\vec{B} = \mu \cdot \vec{H}} \tag{151}$$

mit der magnetischen Permeabilität $\mu = \mu_r \cdot \mu_0$.
Bei Dauermagneten kommt noch die permanente Magnetisierung $\vec{M}$ hinzu:

$$\boxed{\vec{B} = \mu_0 \cdot (\vec{H} + \vec{M})}. \tag{152}$$

Mit diesen drei Gesetzen kann man im Prinzip alle Aufgaben der stationären Magnetfelder lösen, also B und H ermitteln. Mit einfachen mathematischen

Mitteln können allerdings nur einige Feldkonfigurationen behandelt werden. Mithilfe von Computern und speziellen Rechenprogrammen (vor allem Finite–Elemente) kann man jedoch praktisch jedes stationäre Magnetfeldproblem lösen. Die Programme gehen von den drei Gesetzen aus.

❯ 3.6.2 Bedingungen an Grenzflächen

❯ Stetigkeit der Normalkomponente der Flussdichte $\vec{B}$

Aus der Bedingung $\oiint \vec{B} \cdot d\vec{A} = 0$ ergibt sich, wie bereits bei den Strömungsfeldern aus $\oiint \vec{S} \cdot d\vec{A} = 0$ gezeigt wurde, die Stetigkeit der *Normalkomponente der Flußdichte* $\vec{B}$:

$$\boxed{B_{n_1} = B_{n_2}},$$

die immer an der Grenze zwischen zwei Medien mit verschiedenen Permeabilitäten gilt.

❯ Stetigkeit der Tangentialkomponente der Feldstärke $\vec{H}$

Eine Gleichung der Form $\oint \vec{V} \cdot d\vec{s} = 0$, wie sie z.B. für die elektrostatische Feldstärke $\vec{E}$ gilt (zur Erinnerung: $\oint \vec{E} \cdot d\vec{s} = 0$), führt immer, wie bereits gezeigt, zur Stetigkeit der Tangentialkomponente der Feldgröße $\vec{V}$ (bzw. $\vec{E}$).

Für $\vec{H}$ gilt jedoch das Durchflutungsgesetz

$$\oint \vec{H} \cdot d\vec{s} = \Theta,$$

die rechte Seite der Gleichung ist nicht mehr, wie in der Elektrostatik, gleich Null. Die *Stetigkeit der Tangentialkomponente von* $\vec{H}$ tritt also nur dann auf, wenn *in der Grenzschicht kein Strom fließt* ($\Theta = 0$), was allerdings fast immer der Fall ist.

$$\boxed{H_{t_1} = H_{t_2}}. \tag{153}$$

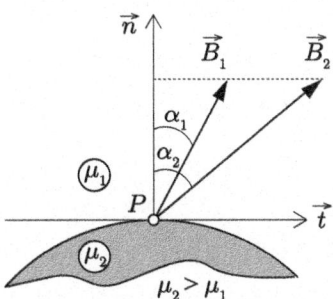

Abb. 3.26. Zur Stetigkeit der Normalkomponente der Flussdichte $\vec{B}$

◉ **Brechungsgesetz der Feldlinien an Grenzflächen**

Analog zur Elektrostatik kann man ein *Brechungsgesetz für die magnetischen Feldlinien* festlegen:

$$\tan \alpha_1 = \frac{B_{t_1}}{B_{n_1}} = \frac{\mu_1 \cdot H_{t_1}}{B_{n_1}}$$

$$\tan \alpha_2 = \frac{B_{t_2}}{B_{n_2}} = \frac{\mu_2 \cdot H_{t_2}}{B_{n_2}}$$

$$\frac{\tan \alpha_1}{\tan \alpha_2} = \frac{\mu_1 \cdot H_{t_1}}{B_{n_1}} \cdot \frac{B_{n_2}}{\mu_2 \cdot H_{t_2}}$$

$$\Rightarrow \boxed{\frac{\tan \alpha_1}{\tan \alpha_2} = \frac{\mu_1}{\mu_2}}. \tag{154}$$

Anmerkung: Es handelt sich hier keineswegs um ein allgemeines Naturgesetz, sondern um eine Konsequenz der Gesetze, doch wird die Gl. (154) in den meisten Büchern so bezeichnet.

◉ **Verhalten von $\vec{B}$ an der Grenze zwischen Luft und Eisen**

Bei der näherungsweisen Berechnung von Magnetkreisen mithilfe des Durchflutungsgesetzes muss man den Verlauf der Feldlinien von vornherein annehmen. In Magnetsystemen mit ferromagnetischen Teilen kann man diesen Verlauf in guter Näherung voraussagen, was bei Systemen mit $\mu_r = 1$ (Luft) nur in einigen Fällen möglich ist.

Dazu sollen im Folgenden zwei Konsequenzen der Grenzbedingungen an Grenzen zwischen Luft und Eisen mit sehr hoher Permeabilität ($\mu_r \gg 1$) betrachtet werden.

- $\vec{B}$–Linien stehen in der Luft praktisch *senkrecht* auf Eisenflächen. In der Tat ist, gemäß Gl. (154):

$$\tan \alpha_2 = \tan \alpha_1 \cdot \frac{\mu_2}{\mu_1} \approx 0$$

$$\alpha_2 \approx 0, \text{ weil } \frac{\mu_2}{\mu_1} \approx 0 \text{ ist!}$$

Der Winkel α_2, den die $\vec{B}$-Linien mit der Normalen bilden, ist meistens gleich Null, denn μ_r des ungesättigten Eisens liegt in der Regel über 500.

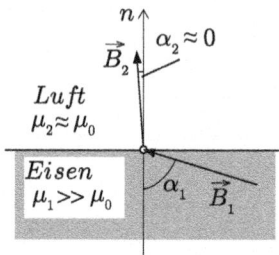

Anmerkung: Nur im Sättigungsbereich, wo $\mu_r <$ ca.20 wird, kann α_2 größer werden und die Feldlinien stehen nicht mehr senkrecht auf der Eisenoberfläche. Diese Tatsache hilft, – eine gewisse Übung vorausgesetzt – dazu, auf einem Feldbild gleich zu erkennen, welche Teile des Systems eventuell gesättigt sind.

Zur Veranschaulichung der Eigenschaft der Feldlinien, an der Oberfläche des Eisens senkrecht zu stehen, zeigt das nächste Bild ein typisches Lautsprechersystem.

Ein solches System besteht aus einem axial magnetisierten, flachen Dauermagnetring, der in einem ferromagnetischen Kreis mit einem zylindrischen Luftspalt eingebettet ist. In dem Luftspalt wird eine Schwingspule angebracht, die mit einem Membran verbunden ist.

Die Anordnung Magnet - Polkern - Platte soll in dem Luftspalt ein möglichst starkes, möglichst homogenes Magnetfeld erzeugen.

Auf dem Feldbild des Lautsprechers (Abb. 3.27, unten) erkennt man, dass überall wo Eisen ist, die Feldlinien in der Luft senkrecht auf der Eisenoberfläche stehen. Innerhalb des Eisens dagegen treffen die Feldlinien die Oberfläche unter verschiedenen Winkeln, manchmal sogar sehr spitz. An der Oberfläche des Dauermagneten stehen die Feldlinien nicht senkrecht.

3.6 Zusammenfassung der Grundgesetze der stationären Magnetfelder

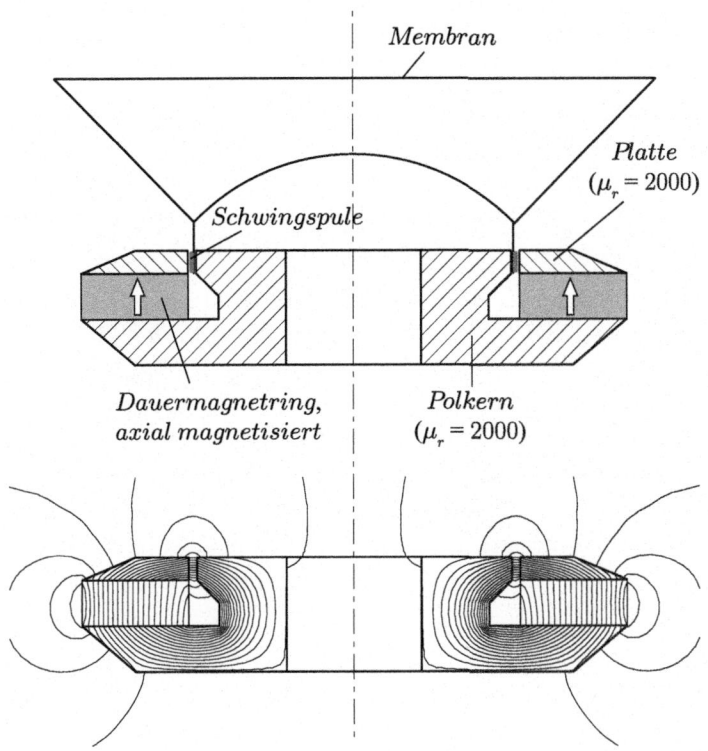

Abb. 3.27. Lautsprechersystem (oben) und Feldbild der Flussdichte (unten).

— Im Eisen ist die Tangentialkomponente B_t *viel größer* als in der Luft. In der Tat ist wegen

$$H_{t_1} = H_{t_2} \Rightarrow \frac{B_{t_1}}{\mu_1} = \frac{B_{t_2}}{\mu_2} \Rightarrow B_{t_1} = \frac{\mu_1}{\mu_2} \cdot B_{t_2} \gg B_{t_2}.$$

Da dass Verhältnis μ_{Eisen} zu μ_0 meistens über 500 liegt, ist B im Eisen im selben Verhältnis größer als B in der Luft.

Das Eisen *„führt die $\vec{B}$–Linien"*, zieht sie an. Die $\vec{B}$–Linien werden im Eisen (μ sehr groß) *geführt*, wie die Strömungslinien in einem Leiter (κ sehr groß). Der Unterschied besteht darin, dass es keinen magnetischen „Nichtleiter" gibt, sodass das Verhältnis $\frac{\mu}{\mu_0}$ meistens viel kleiner als das Verhältnis der Leitfähigkeit κ von Leitern und Nichtleitern ist.

Um den Magnetfluss zu „führen", muss das Eisen eine *große* Magnetpermeabilität aufweisen.

3.7 Der magnetische Kreis

◐ 3.7.1 Definition und Klassifizierung

Magnetkreise sind Anordnungen aus Magnetfeld*quellen* (Dauermagnete, Spulen) und *ferromagnetischen* Teilen, die den Magnetfluss auf einem vorgeschriebenen Weg führen. Dieser Weg ist in technischen Einrichtungen von dem vom Magnetkreis zu erfüllenden Verwendungszweck bestimmt.

Meistens sind Magnetkreise dazu bestimmt, Kräfte oder Drehmomente zu erzeugen (Motoren, Elektromagnete, Magnetlager). Diese Magnetsysteme sind Energiewandler: elektromagnetische Energie wird in mechanische Energie umgewandelt. Es gibt jedoch auch Anwendungen, bei denen allein das Magnetfeld erzeugt werden soll und keine mechanische Energie. Z.B. dienen der Dauermagnet-Tomograph (Abb. 3.22) und viele ähnliche Systeme dazu, ein homogenes, zeitlich konstantes Magnetfeld zu erzeugen. In Transformatoren wird ein zeitlich variabler Magnetfluss benötigt, um elektrische Spannungen zu transformieren; eine Energieumwandlung findet nicht statt.

Magnetkreise werden in der Regel so ausgelegt, dass alle Bereiche möglichst knapp unter dem „Knick" der B-H-Kennlinie (z.B. auf Abb. 3.24 unter $B = 1,3\,T$) arbeiten, also ungesättigt bleiben. Größere Erregungen H würden unverhältnismäßig hohe Verluste, ohne nennenswerten Gewinn an Magnetfluss, erzeugen und sind wirtschaftlich nicht zu rechtfertigen. Doch auch dabei gibt es Ausnahmen: mit einer bewusst eingesetzten Sättigung bestimmter Bereiche kann man ein erwünschtes Verhalten des Magnetkreises erzielen, z.B. einen speziellen Verlauf der Kraft-Weg-Kennlinie, die bei einem Proportional-Elektromagnet gefordert wird (siehe weiter). In solchen Fällen ist die Wirtschaftlichkeit zweitrangig.

Eine mögliche Klassifizierung der Magnetkreise kann nach der *geometrischen* Gestaltung vorgenommen werden:

- unverzweigt (*ein* geschlossener Flussweg)
    - ohne Luftspalt (z.B. Kerntransformatoren)
    - mit Luftspalt (konstant: z.B. Tauchspulsysteme – wie der Lautsprecher –, Magnetlager, oder variabel: z.B. Elektromagnete)

- verzweigt (*mehrere* geschlossene Flusswege)
    - ohne Luftspalt (z.B. Manteltransformatoren)

3.7 Der magnetische Kreis

– mit Luftspalt (konstant: z.B. elektrische Motoren, oder variabel: z.B. Relais).

Auf den nächsten Seiten sollen einige repräsentative technische Anwendungen von Magnetkreisen kurz beschrieben werden. Wie oft in diesem Buch, werden Feldbilder herangezogen, um die Wirkungsweise der Systeme anschaulich zu erläutern. Alle folgenden Bilder wurden mit Hilfe des Finite–Elemente–Programms MANI der Firma MAGTECH, Frankfurt, erstellt.

Leser, die gewisse Schwierigkeiten mit der Interpretation der Feldbilder haben, können den nächsten Abschnitt überspringen, er ist zum Verständnis der Theorie der Magnetfelder nicht unentbehrlich. Für Ingenieure aus der Industrie dürften die dargestellten Anwendungen jedoch hilfreich sein.

3.7.2 Einige technische Anwendungen der Magnetkreise

Passive Dauermagnet-Radiallager

Ein verhältnismäßig neuer Technik-Bereich, in dem Dauermagnete eine breite Anwendung gefunden haben, ist die *Magnetlagerung*. Die klassischen Kugellager werden immer öfter durch Magnetlager ersetzt, in denen Kräfte zwischen Dauermagneten und/oder Eisenteilen zur Lagerung schnell drehender Achsen eingesetzt werden. In diesen Lagern gibt es keinen Kontakt zwischen dem sich drehenden und dem feststehenden Teil und somit keine Reibung; sie benötigen kein Schmiermittel, also keine Wartung, außerdem sind sie, im Gegensatz zu den Kugellagern, geräuschlos. Nur ihr Preis ist noch restriktiv.

Berührungsfreie Magnetlager sind ein typisches Produkt der Mechatronik und werden zunehmend attraktiver zur Lösung klassischer Lagerungsprobleme (in der Vakuumtechnik, bei Werkzeugmaschinen, Zentrifugen, usw.). Magnetlager kann man in *passive* und *aktive* aufteilen.

Im Folgenden sollen zwei passive Lager beschrieben werden, die aus jeweils zwei radial magnetisierten Dauermagnetringen und aus Eisenteilen bestehen, doch keine Spule enthalten (daher passiv sind). Solche Magnetsysteme können einen ferromagnetischen Körper *nicht* in allen Freiheitsgraden stabil schweben lassen – das hat *S. Earnshaw* bereits *1839* bewiesen –, dazu bedarf es eines *aktiven* Eingriffs, einer Regelung.

Passive Dauermagnetlager können also einen Körper entweder in radialer, oder in axialer Richtung stabil halten. Für die jeweils instabile Richtung

3. Stationäre Magnetfelder

werden andere Mittel eingesetzt (nicht Dauermagnete!).

Abb. 3.28 zeigt ein Radiallager aus zwei Dauermagnetringen, die „in Reihe" magnetisiert sind: der obere radial nach außen, der untere radial nach innen. Die Ringe stehen fest (sie sind spröde und würden bei hohen Drehzahlen der Zentrifugalkraft nicht standhalten) und sind innen und außen in Eisenringen eingebettet; auch der rotierende Teil aus Kunststoff ist mit „Eisenpolschuhen" versehen.

Das System zentriert sich von selbst, da das rotierende Teil bei einer radialen Auslenkung in die konzentrische Lage zurück gezogen wird. Die konzentrische Lage ist stabil, das ist also ein Radiallager.

Dagegen ist das System in axialer Richtung instabil: wird der Rotor z.B. nach oben ausgelenkt, so zieht ihn der obere Dauermagnet stärker als der untere an und die Auslenkung wird weiter vergrößert. Das muss mit anderen Mitteln unterbunden werden.

Das Feldbild 3.28, unten liefert die Erklärung für die starke axiale Instabilität: die zwei Dauermagnete sind magnetisch *gekoppelt*, es liegt hier ein unverzweigter Magnetkreis mit einer einzigen Flussschleife vor (ausgenommen die geringen Streuflüsse), die den Rotor und die beiden Ringe verbindet. Innerhalb der Hauptfluss-Schleife hat jede Luftspaltänderung eine starke Auswirkung auf die Axialkraft.

Diese unangenehm starke, negative „Axialsteifigkeit" kann reduziert werden, wenn man die zwei Dauermagnetringe magnetisch *entkoppelt*. Die Lösung ist auf Abb. 3.29 oben gezeigt: Die Ringe sind jetzt beide radial nach außen magnetisiert, der Rotor besteht gänzlich aus Eisen.

Es entsteht ein Magnetkreis mit zwei getrennten Flusswegen (Abb. 3.29, unten): die zwei Ringe werden entkoppelt. In diesem System wirkt eine axiale Auslenkung weniger stark als bei den gekoppelten Ringen; das Verhältnis zwischen Radial- und Axialsteifigkeit verbessert sich signifikant.

Die zwei beschriebenen Dauermagnetlager solen darauf hinweisen, dass geringe konstruktive Änderungen, gezielt eingesetzt, das Verhalten eines Magnetkreises stark beeinflussen und zu den erwünschten Ergebnissen führen können. Ohne eine genaue Kenntnis der Magnetfeldgestaltung kann man jedoch nur schwer die richtigen Maßnahmen treffen.

3.7 Der magnetische Kreis

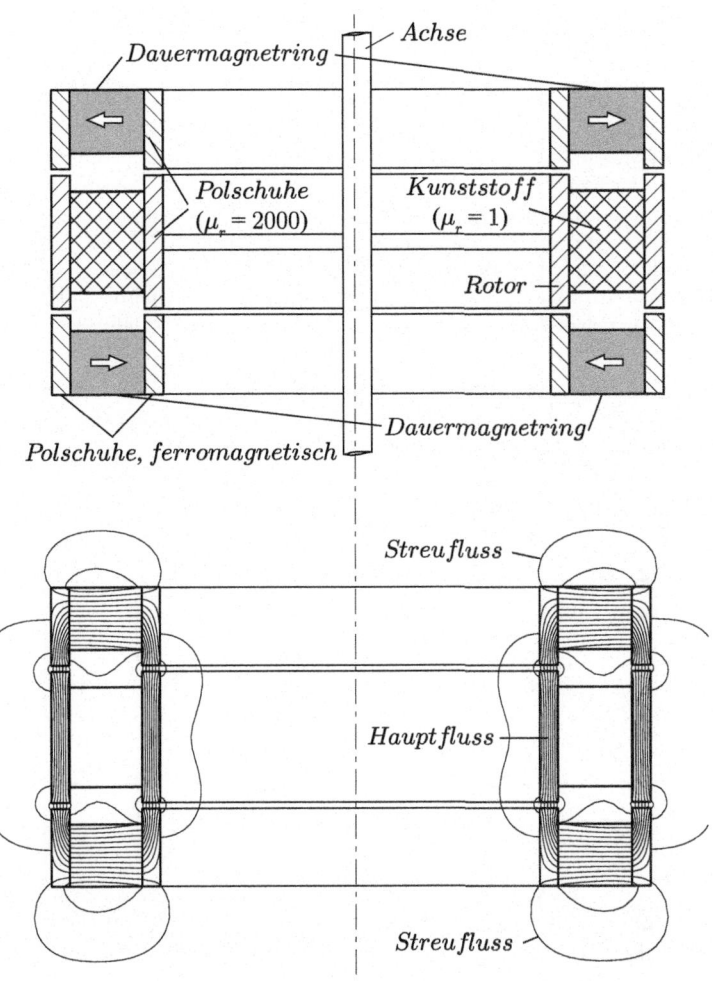

Abb. 3.28. Passives Dauermagnet-Radiallager mit gekoppelten Ringen

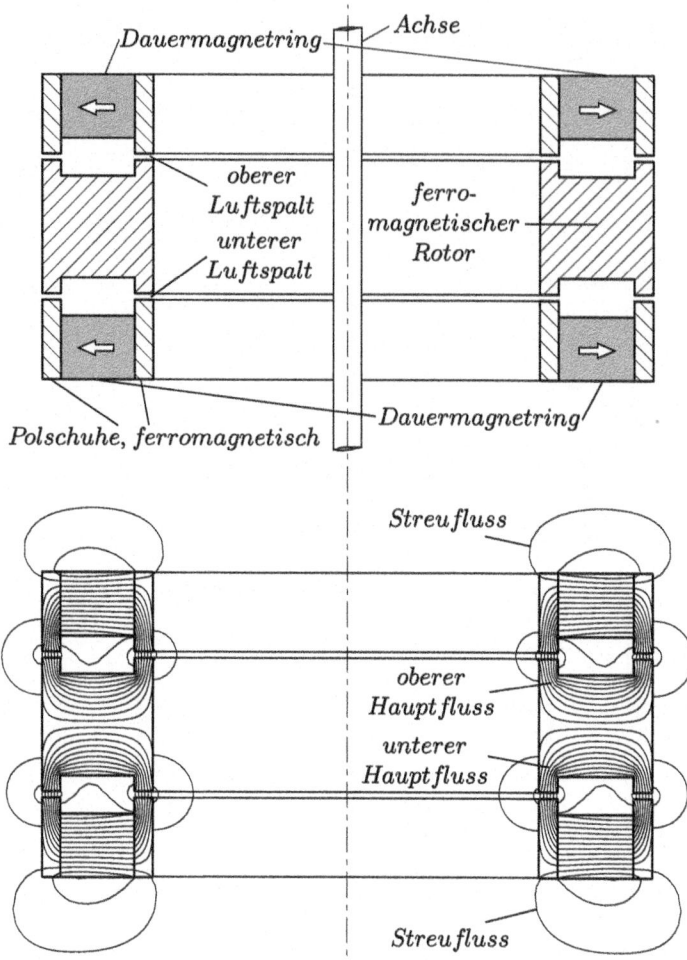

Abb. 3.29. Passives Dauermagnet-Radiallager mit entkoppelten Ringen

3.7 Der magnetische Kreis

⊙ Proportional-Elektromagnet

Elektromagnete sind elektro-magneto-mechanische Energiewandler und werden zur Erzeugung von Bewegungen in immer größerem Umfang in sehr unterschiedlichen Anwendungsformen eingesetzt.

Als bewegungserzeugende Elemente in Direktantrieben müssen die Elektromagnete unmittelbar an das Wirkelement angepasst werden. Aus diesem Grund hat die Zahl der Spezialmagnete mit dem Anwachsen der Einsatzfälle ständig zugenommen.

Elektromagnete sind meistens rotationssymmetrische, also zylindrische Systeme, was durch die einfache Herstellungstechnologie begründet ist.
Das nächste Bild, oben, stellt einen solchen Spezialmagnet, genannt *Proportional*-Elektromagnet, dar, der aus zwei Teilen besteht: dem beweglichen ferromagnetischen Anker und dem ebenfalls ferromagnetischen Ankergegenstück, auf dem die Erregerspule angebracht ist. Fließt durch die Spule ein Strom, so wird der Anker mit einer Magnetkraft F_m angezogen, die bei dem nächsten Bild, oben dargestellten konstruktiven Gestaltung längs der Ankerhubs (oder -weges) in einem großen Bereich dem Strom i proportional ist (daher der Name). Die Kraft-Hub-Kennlinie verläuft in einem großen Bereich nahezu waagerecht.

Die Magnetkraft-Hub-Kennlinie hängt in erster Linie von der Gestaltung des Luftspaltes und der diesen umgebenden ferromagnetischen Teile ab. Hier wurde eine sogenannte „Kennlinienbeeinflussung" durch die Modifikation der Geometrie des Ankergegenstücks erreicht. Das Ankergegenstück bildet durch einen ausgeprägt spitzen Teil einen Nebenschluss über einen radialen Luftspalt aus. Der spitze Teil wird stark gesättigt, was die Magnetkraft bei kleinen Lufspalten verringert; ohne diese konstruktive Maßnahme würde sie dort sehr groß, und der erwünschte waagerechte Verlauf der Kraft-Hub-Kennlinie könnte nicht erzielt werden.
Während bei einem nichtkennlinienbeeinflussten Magneten die größte Magnetkraft stets bei kleinen Luftspalten auftritt, kann diese durch geschickte Auslegung des Ankergegenstücks in den Bereich größerer Luftspalte verschoben werden.

3. Stationäre Magnetfelder

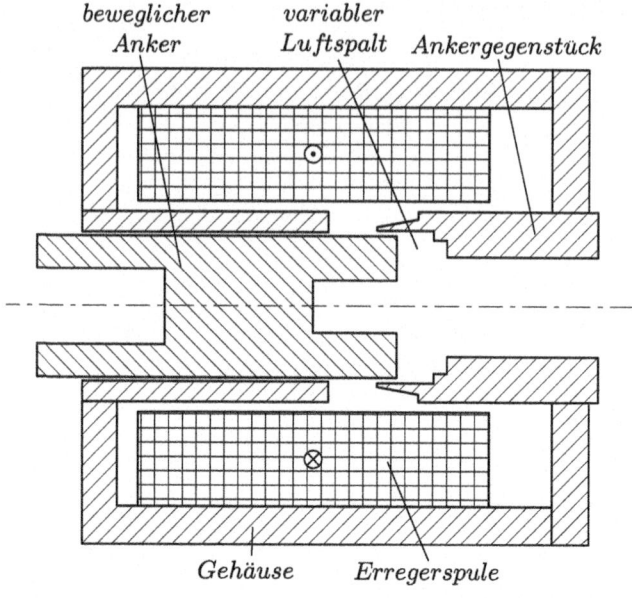

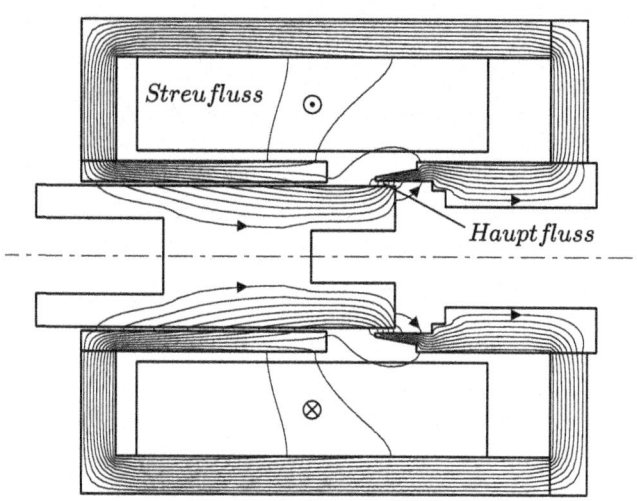

3.7 Der magnetische Kreis

Der Sättigungeffekt des spitzen Teils des Ankergegenstückes ist auf dem nächsten Feldbild, das den Luftspaltbereich vergrößert darstellt, klar zu erkennen: an der Oberfläche der spitzen „Nase" stehen die Feldlinien der Flussdichte nicht mehr alle senkrecht.

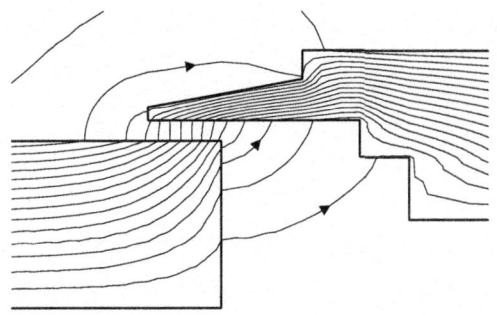

> **Zweipoliger Universal-Motor**

Die prinzipielle Wirkungsweise aller rotierenden elektrischen Maschinen beruht auf der im Abschnitt 3.1 beschriebenen physikalischen Erscheinung der Kraftwirkung auf einen stromdurchflossenen Leiter in einem Magnetfeld (siehe dazu auch die Anwendung 3.1).

Die Kraftwirkung kann mit unterschiedlich gestalteten Magnetkreisen erzielt werden, was zu einer großen Anzahl von elektrischen Maschinen mit prinzipiell unterschiedlichem Aufbau geführt hat.

Auf dem nächsten Bild, oben ist ein Schnitt – senkrecht zur Drehachse – durch einen weit verbreiteten, sogenannten *Universal-Motor* gezeigt. Er besteht aus einem ferromagnetischen Stator mit zwei ausgeprägten Polen, die die Erregerspule tragen und einem ferromagnetischen Rotor (auch Anker genannt), in dessen *Nuten* eine zweite Spule, die Ankerspule, liegt. Auf diese Spule wirkt, falls sie stromdurchflossen ist, ein Drehmoment.

Das nächste Bild, unten zeigt die Feldlinien der Flussdichte $\vec{B}$ im *Leerlauf* des Motors, also wenn die Erregerspule stromdurchflossen, die Ankerspule dagegen stromlos ist. Es liegt hier ein verzweigter Magnetkreis vor, mit zwei Flussschleifen, nach links und nach rechts. Das Feldbild ist symmetrisch. Sobald die Ankerspule bestromt wird, überlagert sich dem Erregerfeld das Feld dieser Spule, die „Ankerrückwirkung", und das Gesamtfeld ist nicht mehr symmetrisch. Auf dem Feldbild erkennt man, dass die Feldlinien – wegen dem ferromagnetischen Gehäuse – praktisch vollständig durch Eisen verlaufen und die Streuung vernachlässigbar ist.

214   3. Stationäre Magnetfelder

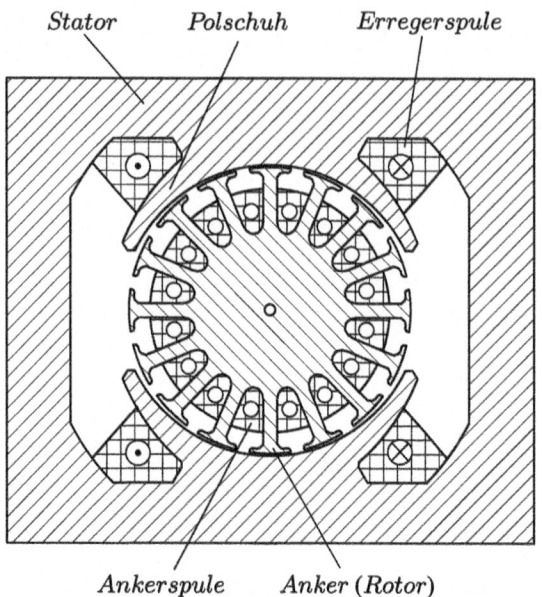

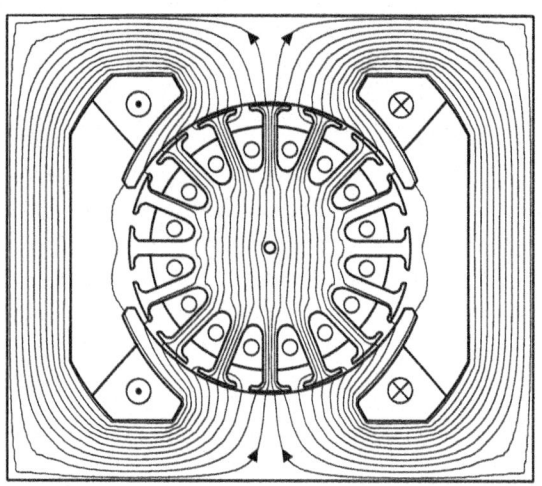

3.7.3 Berechnungsmethoden für lineare Magnetkreise

Es sollen zunächst „lineare" Magnetkreise untersucht werden, bei denen in allen Teilen $\mu = const.$, also die Beziehung $B = f(H)$ linear ist.

Obwohl alle ferromagnetischen Werkstoffe eine *nicht*lineare B–H–Kennlinie aufweisen, ist die Annahme der Linearität in dem ersten Teil der Kennlinie (siehe Bild) meistens akzeptabel. Bei höheren Feldstärken H muss man die tatsächliche Kennlinie berücksichtigen.

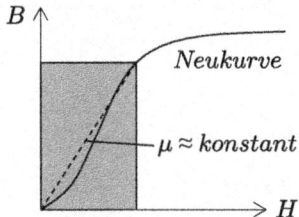

Allgemeine Näherungsannahmen

Eine beträchtliche Vereinfachung der Berechnungen (selbstverständlich verbunden mit einem gewissen Verlust an Genauigkeit) bringen zwei übliche Annahmen:
- Es gibt *keine Streuung* nach außen. Somit sind die Flussdichten $\vec{B}$ im Eisen und in der Luft *gleichgroß*.
- Das *Magnetfeld* ist in jedem Querschnitt *homogen*. Somit kann man mit *mittleren* Längen der Feldlinien arbeiten.

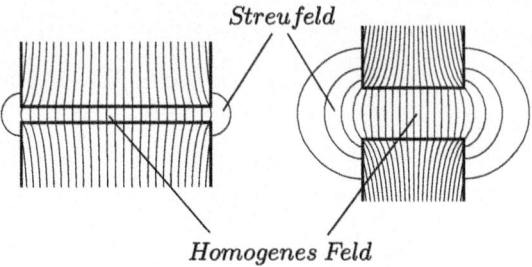

Abb. 3.30. Nutz- und Streufeld an Luftspalten

Diese Annahmen können zu sehr genauen Ergebnissen führen, doch wie gut die Näherung ist, kann man – ohne den Vergleich mit einer anderen Rechenmethode – nicht voraussagen. Als Regel dient: Bei kurzen Luftspalten und konstanter Permeabilität μ kann man eine gute Genauigkeit erwarten.

Auf dem letzten Bild ersieht man, dass das Verhältnis zwischen dem homogenen Nutzfeld und dem Streufeld bei dem links abgebildeten, breiteren und kürzeren Luftspalt, viel günstiger ist als bei dem rechts abgebildeten, längeren Luftspalt zwischen kleineren Polschuhen.

Berechnung von unverzweigten Kreisen

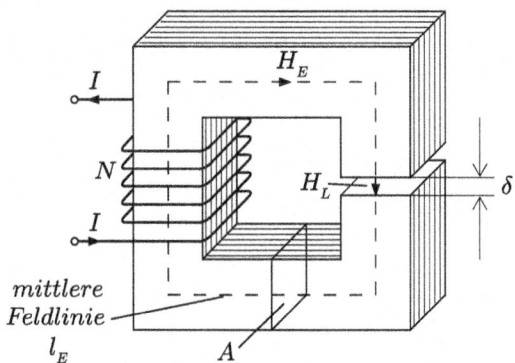

Abb. 3.31. Unverzweigter Magnetkreis mit Luftspalt

Bei unverzweigten Kreisen gibt es drei Berechnungswege, mit denen bei bekannter Durchflutung $\Theta = N \cdot I$ der Fluss Φ, oder, bei bekanntem Fluss Φ, die benötigte Durchflutung berechnet werden können.

Bekannt sind die Abmessungen, die μ–Werte, sowie $N \cdot I$ oder Φ. Nachfolgend sollen nun drei Rechnungswege aufgezeigt werden:
1. Berechnung mit den *drei Gesetzen* der stationären Magnetfelder.

Die Feldlinien werden alle der Eisenkontur folgen, sind also Rechtecke, wobei die äußeren länger als die inneren sind. Eine *mittlere Länge des Eisens* l_E stellt eine akzeptable Näherung für die Länge aller Feldlinien dar.

Auf dieser mittleren Linie wendet man das *Durchflutungsgesetz* an:
$$\oint \vec{H} \cdot d\vec{s} = \Theta = N \cdot I$$
$$H_E \cdot l_E + H_L \cdot \delta = N \cdot I. \qquad (155)$$

Anmerkung: Da die Flussdichten B im Luftspalt und im Eisen gleichgroß sind (Konsequenz der angenommenen Streufreiheit) kann die Feldstärke H *niemals* in der Luft dieselbe wie im Eisen sein. Das Integral von

3.7 Der magnetische Kreis

H muss als Summe von zwei „magnetischen Spannungen", im Eisen und in der Luft, geschrieben werden.

Das *Flusserhaltungsgesetz* $\oiint \vec{B} \cdot d\vec{A} = 0$ besagt:

$$\Phi_E = \Phi_L \Rightarrow B_E \cdot A = B_L \cdot A \Rightarrow B_E = B_L = B$$

wenn die Streuung vernachlässigt wird.

Das *Materialgesetz* liefert die zwei Gleichungen:

$$B_E = \mu_E \cdot H_E \quad ; \quad B_L = \mu_0 \cdot H_L.$$

Anmerkung: Wegen $\mu_E \gg \mu_0$ ist immer $H_L \gg H_E$.
Führt man B in die Gl. (155) ein, so ergibt sich:

$$\frac{B}{\mu_E} \cdot l_E + \frac{B}{\mu_0} \cdot \delta = N \cdot I.$$

Zur Veranschaulichung der Begriffe l_E, δ und A siehe Abb. 3.31.

Man erweitert die linke Seite mit dem Querschnitt A und berücksichtigt $B \cdot A = \Phi$, sodass sich ergibt:

$$\Phi \cdot \left(\frac{l_E}{\mu_E \cdot A} + \frac{\delta}{\mu_0 \cdot A} \right) = N \cdot I \Rightarrow \Phi = \frac{N \cdot I}{\frac{l_E}{\mu_E \cdot A} + \frac{\delta}{\mu_0 \cdot A}}.$$

Die Summanden sind gebildet wie der Ausdruck für den Widerstand eines Leiters mit l, A und κ: $R = \frac{l}{\kappa \cdot A}$.

Analog zu den Strömungsfeldern definiert man hier einen *magnetischen Widerstand* (Reluktanz):

$$\boxed{R_m = \frac{l}{\mu \cdot A}}, \tag{156}$$

der in dieser Form nur für $\mu = const.$ und für ein homogenes Feld gilt.

Es wird also:

$$\Phi \cdot (R_{m_E} + R_{m_L}) = N \cdot I.$$

Vergleicht man diese Gleichung mit dem Durchflutungsgesetz, so ist
– $\Phi \cdot R_{m_E} = H_E \cdot l_E = V_{m_E}$ die magnetische Spannung im Eisen,
– $\Phi \cdot R_{m_L} = H_L \cdot \delta = V_{m_L}$ die magnetische Spannung im Luftspalt.

3. Stationäre Magnetfelder

Ohmsches Gesetz des magnetischen Kreises. Man nennt die Gleichung:

$$\boxed{V_m = \Phi \cdot R_m} \qquad (157)$$

das Ohmsche Gesetz des magnetischen Kreises, in Analogie mit $U = R \cdot I$ bei elektrischen Kreisen.

Jetzt kann man auch die allgemeine Definition des magnetischen Widerstandes schreiben:

$$R_m = \frac{V_m}{\Phi} = \left.\frac{\int_1^2 \vec{H} \cdot d\vec{s}}{\iint \vec{B} \cdot d\vec{A}}\right|_{\mu=const.} \qquad (158)$$

Die Einheit dieses Widerstandes ist:

$$[R_m] = \boxed{\frac{A}{Vs}} = \frac{1}{Henry}.$$

Der magnetische Widerstand R_m ist eine andere physikalische Größe als der elektrische Widerstand R ist, dessen Einheit $\Omega = \frac{V}{A}$ ist.

Man definiert auch einen Leitwert Λ:

$$\boxed{\Lambda = \frac{1}{R_m}},$$

mit der Einheit *Henry* (von *Joseph Henry, 1797-1878*).

2. Berechnung mit dem *Ersatzschaltbild* des Kreises:

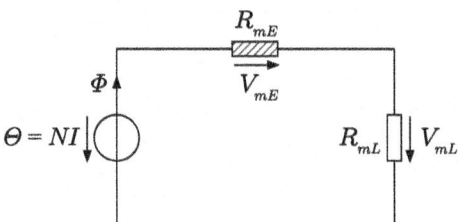

Abb. 3.32. Ersatzschaltbild eines unverzweigten Magnetkreises

3.7 Der magnetische Kreis

Ausgehend von den Gesetzen der stationären Magnetfelder hat man eine Analogie zu den elektrischen Kreisen festgestellt, die zur Aufstellung eines Ersatzschaltbildes führt. Die magnetischen Widerstände entsprechen den elektrischen Widerständen, der Fluss Φ entspricht dem Strom I und die magnetische Spannung V_m entspricht der Spannung U (siehe Abb. 3.32). Wie bei den elektrischen Kreisen, muss man auch bei magnetischen Kreisen unterscheiden zwischen

— „Spannungsabfall": $V_m = \int_1^2 \vec{H} \cdot d\vec{s}$,

— „Quellenspannung": $\Theta = \oint \vec{H} \cdot d\vec{s}$.

Achtung!: I und $\vec{H}$ sind nach der Rechtsschraubenregel verbunden.
Die „Maschengleichung" des unverzweigten Kreises ist:

$$\Theta = \Phi \cdot (R_{m_E} + R_{m_L}).$$

Als *Lösungsstrategie* für die rechnerische Behandlung eines Magnetkreises kann man folgende Schritte festhalten:

— Man teilt den Kreis in Abschnitte mit konstantem Querschnitt A und konstanter Permeabilität μ. Dann sind B *und* H *konstant*.
Da die Luftspalte die relative Permeabilität $\mu_r = 1$ aufweisen, die immer um einige Größenordnungen kleiner als die Permeabilität der Eisenteile ist, erhalten die Luftspalte immer einen getrennten Magnetwiderstand. Dieser wird im Folgenden weiß dargestellt, die Eisenwiderstände dagegen schraffiert, um in einem Ersatzschaltbild Luftspalt und Eisenteile leicht zu unterscheiden.
— Man berechnet die magnetischen Widerstände $R_m = \dfrac{l}{\mu \cdot A}$ für *mittlere Längen* l_m.
— Man schreibt die Maschengleichung $\Phi \cdot \sum R_m = \Theta$.
— Daraus ergibt sich bei bekannter Durchflutung Θ der Fluss Φ und somit B und H oder, bei bekanntem Fluss Φ, die benötigte Durchflutung Θ.

3. Heute kann man mit *nummerischen* Feldberechnungsmethoden Magnetkreise praktisch exakt berechnen.

Beispiel 3.8: Unverzweigter Magnetkreis mit Luftspalt
Ein Magnetkreis aus Eisenblechen mit der konstanten magnetischen Permeabilität $\mu_r = 2500$ hat die angegebenen Abmessungen und trägt eine Spule mit $N = 500$ Windungen.

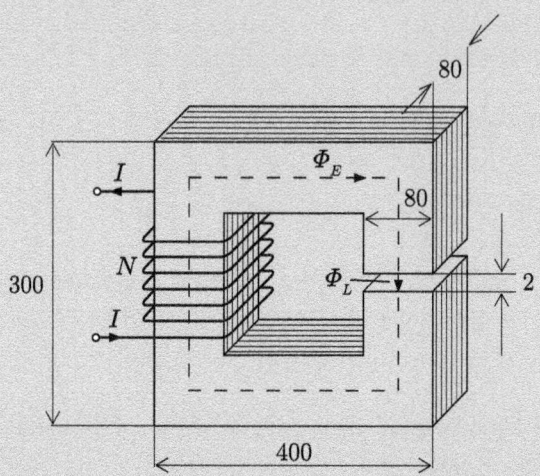

1. Welcher Strom ist erforderlich, um im Luftspalt die Flussdichte von $1T$ zu erzeugen? Alle Streuungen sind vernachlässigbar und das Magnetfeld kann als homogen angenommen werden.
2. Wie groß sind die magnetischen Feldstärken im Luftspalt H_L und im Eisen H_E?
3. Wenn der Luftspalt auf $1\,mm$ reduziert wird, wie groß muss jetzt der Strom I' sein, damit die Flussdichte im Luftspalt weiter $1T$ bleibt?

Lösung:
Es gilt das Ersatzschaltbild von Abb. 3.32 mit $\Phi_E = \Phi_L = \Phi$:
1.

$$NI = \Phi(R_{m_L} + R_{m_E})$$

$$\Phi = B \cdot A = 1T \cdot 80 \cdot 80 \cdot 10^{-6} m^2$$

$$R_{m_L} = \frac{\delta}{\mu_0 A} = \frac{2 \cdot 10^{-3} m}{4\pi \cdot 10^{-7} \cdot \frac{Vs}{Am} \cdot 8 \cdot 8 \cdot 10^{-4} m^2}$$

$$= \frac{2}{4\pi \cdot 0{,}64} 10^6 \frac{A}{Vs} = 2{,}487 \cdot 10^5 \frac{A}{Vs}$$

3.7 Der magnetische Kreis

1.

$$l_E = 2(320 + 220)mm - 2mm = 1,078\,m$$

$$R_{m_E} = \frac{l_E}{\mu_0 \mu_r A} = \frac{1,078\,m \cdot Am}{4\pi \cdot 10^{-7} \cdot 2500 \cdot Vs \cdot 8 \cdot 8 \cdot 10^{-4} m^2}$$
$$= \frac{1,078}{4\pi \cdot 2,5 \cdot 0,64} 10^6 \frac{A}{Vs} = 0,536 \cdot 10^5 \frac{A}{Vs}$$

$$NI = 6,4 \cdot 10^{-3} Vs (2,487 + 0,536) \cdot 10^5 \frac{A}{Vs} = 1935\,AW$$

$$\boxed{I = 3,869\,A}.$$

2.

$$H_E = \frac{B}{\mu_E} = \frac{1T}{4\pi \cdot 10^{-7} \cdot 2500} \cdot \frac{A}{m} = \boxed{318 \frac{A}{m}};$$

$$H_L = H_E \cdot 2500 = \boxed{7,96 \cdot 10^5 \frac{A}{m}}.$$

Die Feldstärke H_L in der Luft ist um drei Größenordnungen größer als die Feldstärke H_E im Eisen.

3. Jetzt ändert sich R_{m_L}:

$$R'_{m_L} = \frac{R_{m_L}}{2} = 1,243 \cdot 10^5 \frac{A}{Vs}$$

$$NI' = 6,4 \cdot 10^{-3}(1,243 + 0,536) \cdot 10^5 A = 1139\,AW$$

$$\boxed{I' = 2,2\tilde{7}\,A}.$$

⊙ Verzweigte Kreise, Analogie mit elektrischen Stromkreisen

Bei mehreren geschlossenen Flusswegen kann man meistens das *Ersatzschaltbild* verwenden.

Hat man es aufgestellt, so gelten alle Gleichungen und Lösungsmethoden der Analyse von Gleichstromnetzen, mit den folgenden Analogien:

3. Stationäre Magnetfelder

Elektrischer Kreis	$\rightarrow$	Magnetischer Kreis
Strom I	$\rightarrow$	Magnetfluss Φ
Elektrische Spannung U	$\rightarrow$	Magnetische Spannung V_m
Elektrischer Widerstand R	$\rightarrow$	Magnetischer Widerstand R_m
$\sum I = 0$ (Knotensatz)	$\rightarrow$	$\sum \Phi = 0$
$\sum U = \sum U_q$ (Maschensatz)	$\rightarrow$	$\sum V_m = \sum \Theta$

Diskussion über die Analogie Stromkreis $\rightleftharpoons$ Magnetkreis

Magnetkreise kann man mit Ersatzschaltbildern aus den folgenden Gründen nicht so genau berechnen wie Stromkreise:

– Es gibt keinen magnetischen *Nicht*leiter, weil das Verhältnis der Permeabilitäten $\frac{\mu}{\mu_0}$ sehr viel kleiner ist als das Verhältnis der Leitfähigkeiten von Leitern und Nichtleitern. D.h.: das Magnetfeld streut immer außerhalb des Magnetkreises; Ströme fließen dagegen nur durch den Leiter.
– Die Quellen (Spulen) sind nicht konzentriert.
– Die Schätzung der mittleren Längen und Querschnitte ist nicht immer genau möglich.
– Eigentlich gibt es kein hochpermeables Material mit $\mu = const.$, alle ferromagnetischen Werkstoffe sind nichtlinear.

Beispiel 3.9: Magnetkreis einer Drosselspule

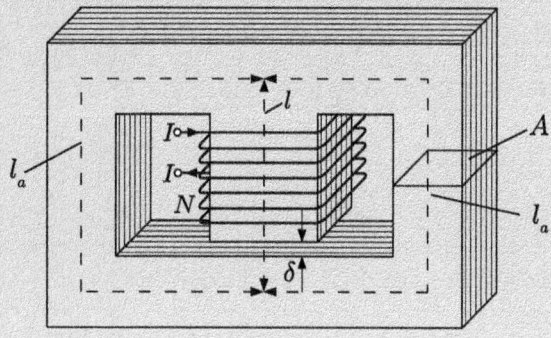

3.7 Der magnetische Kreis

Eine Drosselspule ist eine Spule mit Eisenkern und mit einem Luftspalt, der bei Bedarf variiert weden kann.

Vorgegeben sind die Querschnitte A, $2 \cdot A$ (in der Mitte), alle Längen, die Windungszahl N und der Strom I. Die Festlegung der Eisenlängen ist nicht streng genau und kann unterschiedlich durchgeführt werden. Das Ergebnis ist immer eine Näherung.

<u>Lösung:</u>

Hier seien l_a, l und δ vorgegeben. Um Zählrichtungen für die Magnetflüsse festzulegen, geht man von den vorgegebenen Stromrichtungen aus: Die entsprechenden Flüsse sind mit den Strömen nach der Rechtsschraubenregel verbunden.

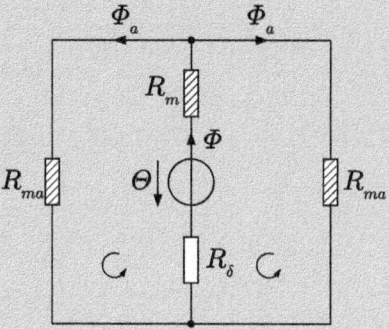

In diesem Beispiel fließt der Fluss Φ nach oben und verzweigt sich symmetrisch in zwei gleiche Flüsse. Die Knotengleichung ist somit:

$$\Phi = 2 \cdot \Phi_a.$$

Man unterscheidet drei Eisenwege, weil der mittlere Schenkel den doppelten Querschnitt hat. Den Luftspalten ordnet man – wegen μ_0 – immer einen eigenen Widerstand zu. Um die noch benötigte Maschengleichung zu schreiben, wählt man einen Umlaufsinn (siehe Bild linke Masche).

$$\Phi \cdot (R_m + R_\delta) + \Phi_a \cdot R_{m_a} = \Theta = N \cdot I$$

$$\Rightarrow \Phi = \frac{N \cdot I}{R_m + R_\delta + \dfrac{R_{m_a}}{2}}$$

$$R_m = \frac{l - \delta}{\mu \cdot 2 \cdot A}; R_{m_a} = \frac{l_a}{\mu \cdot A}; R_\delta = \frac{\delta}{\mu_0 \cdot 2 \cdot A}.$$

Beispiel 3.10: Verzweigter Magnetkreis ohne Luftspalt

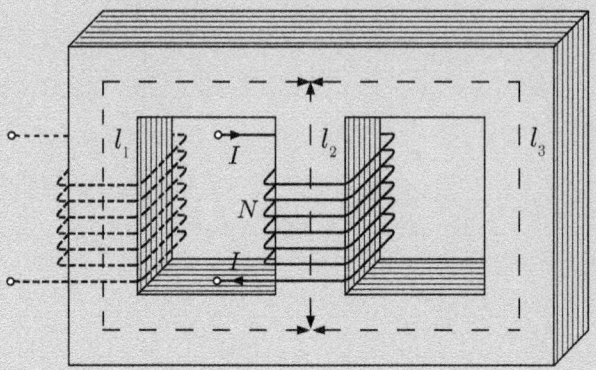

Der dargestellte Magnetkreis trägt auf dem Mittelschenkel eine Spule mit $N = 100$ Windungen. Die Permeabilitätszahl des Materials kann im linearen Teil der B-H Kennlinie als konstant angenommen werden: $\mu_r = 2500$.
Daten: $l_1 = l_3 \approx 160\,mm$, $l_2 = 50\,mm$, alle Querschnitte sind gleich.
1. *Welcher Strom I ist notwendig, um im mittleren Schenkel eine Flussdichte von $B_2 = 1\,T$ zu erzeugen?*
2. *Wenn dieselbe Spule anstatt auf dem Mitelschenkel auf einem Außenschenkel (z.B. 1) angebracht wäre, welcher Strom I' wäre erforderlich, um innerhalb der Spule die Flussdichte $B_1 = 1\,T$ zu erzeugen?*

<u>*Lösung:*</u>

1. *Mit dem Ansatz des Durchflutungsgesetzes gilt:*

$$NI = H_1 l_1 + H_2 l_2.$$

H_2 ergibt sich aus der bekannten Flussdichte B_2:

$$H_2 = \frac{B_2}{\mu_0 \mu_r} = \frac{1\,Vs \cdot Am}{2500 \cdot m^2 \cdot 4\pi \cdot 10^{-7} Vs} = 318\,\frac{A}{m}.$$

Wegen der Symmetrie des Magnetkreises gilt:

$$\Phi_2 = 2\Phi_1 \quad \curvearrowright \quad B_1 = \frac{B_2}{2} \quad \curvearrowright \quad H_1 = \frac{H_2}{2}.$$

$$I = \frac{1}{N}(H_1 l_1 + H_2 l_2) = \frac{1}{100}\left(159\frac{A}{m}\cdot 0,16\,m + 318\frac{A}{m}\cdot 0,05\,m\right) = \boxed{413\,mA}.$$

2. Jetzt liegt die Spule links (auf dem Bild gestrichelt). Es wird gefordert:

$$H'_1 = \frac{1\,T}{\mu_0 \mu_r} = 318\,\frac{A}{m}.$$

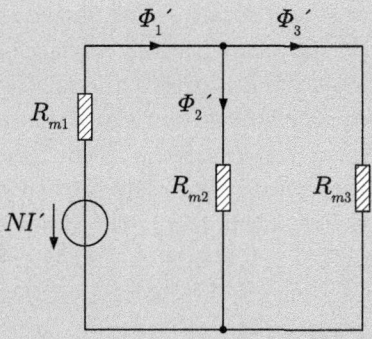

Die „Knotengleichung" (Flusserhaltungssatz) ergibt:

$$\Phi'_1 = \Phi'_2 + \Phi'_3 \quad \curvearrowright \quad H'_1 = H'_2 + H'_3.$$

H'_1 ist bekannt, H'_2 und H'_3 und I' nicht. Man benötigt noch zwei Gleichungen, die von dem Durchflutungsgesetz geliefert werden. Auf der linken „Masche":

$$H'_1 \cdot l_1 + H'_2 \cdot l_2 = NI',$$

auf der rechten Masche:

$$H'_2 \cdot l_2 = H'_3 \cdot l_3 \quad \curvearrowright \quad H'_3 = H'_2 \frac{l_2}{l_3}.$$

Die Knotengleichung ergibt:

$$H'_1 = H'_2 + H'_2 \frac{l_2}{l_3} = H'_2 \cdot 1{,}312.$$

damit wird:

$$NI' = H'_1(l_1 + \frac{l_2}{1{,}312}) \quad \curvearrowright \quad \boxed{I' = 630\,mA}.$$

Anmerkung: Dieses Beispiel zeigt, welchen Einfluss die Positionierung der Spule im Magnetkreis hat. Bei sonst unveränderten Abmessungen braucht man jetzt ca. 50% mehr Strom, um dieselbe Flussdichte von $1\,T$ auf dem linken Schenkel zu erzielen.

3.7.4 Magnetkreise mit Dauermagneten

Kurze Geschichte der Dauermagnete, Anwendungen

Bereits vor 5000 Jahren war bekannt, dass in der Natur bestimmte „Steine" die Eigenschaft besitzen, auf andere „Steine" Kräfte auszuüben. Die einzige Anwendung dieser natürlichen Dauermagnete war der Kompass, erstmal in Europa im 13. Jahrhundert beschrieben, möglicherweise jedoch 2000 Jahre vorher in China erfunden. Erst *William Gilbert (1544-1603)* hat im Jahre *1600* künstliche Dauermagnete (jedoch sehr schwache: $H_C < 4\,kA/m$) als Hebemagnete eingesetzt. Bis *1880* wurden keine Fortschritte in diesem Bereich erzielt, danach wurde jedoch sehr intensiv mit verschiedenen Legierungen experimentiert, die immer größere Magnetenergiedichten $(BH)_{max}$ erzeugten. Im Jahre *1931* patentierte ein Japaner, *T. Mishima*, eine Legierung aus Aluminium, Nickel und Kobalt *(Alnico)*, die 30 Jahre lang besonders erfolgreich war und bis zu ca. $100\,kJ/m^3$ Energiedichte erreichte. Auf Abb. 3.33 ist die B-H-Kennlinie von Alnico, im II. Quadranten, dargestellt. Mit diesen Remanenz-Flussdichten über $1,2\,T$ konnte man Dauermagnete für viele technische Anwendungen in Betracht ziehen, so für spezielle elektrische Maschinen.

Ein weiterer Schritt in der Entwicklung war die Erfindung der hartmagnetischen Ferrite *(1950)*, die vor allem dank ihrer niedrigen Herstellungskosten eine breite Anwendung bei Gleichstrommotoren, insbesondere im Fahrzeugbau, fanden. Doch Ferrite weisen eine relativ geringe Remanenzflussdichte B_R auf ($0,4\,T$, siehe Abb. 3.33) und Energiedichten die bis zu $30\,kJ/m^3$ gehen. Trotzdem werden sie auch heute noch oft eingesetzt, hauptsächlich wegen des günstigen Preises.

Absolut spektakulär gestaltete sich die Entwicklung der Dauermagnete nach *1970*, als *Karl Strnat* und andere auf die Idee kamen, *Seltene Erden* (zunächst Samarium) als Zusatz beizumischen. Die Legierung *Sm-Co* erreichte bei Remanenzwerten um $1\,T$ (siehe Abb. 3.33) Energiedichten in der Größenordnung $200\,kJ/m^3$. Das war ein gewaltiger Schritt nach vorne und der Anfang einer Erfolgsgeschichte, wie nur wenige im 20. Jahrhundert stattfanden. Leider ist SmCo bis heute sehr teuer, was seine Verbreitung einschränkt, trotz der Tatsache, dass es bis $300°C$ einsetzbar und korrosionsfrei ist. Mitte der *1980*-er Jahre wurde schließlich, durch Beimischung von *Neodymium*, – eine andere seltene Erde –, die bisher beste dauermagnetische Legierung in Japan patentiert: Neodymium-Eisen-Bor *(NdFeB)* erreicht eine Remanenz von $1,4\,T$ und Energiedichten bis $400\,kJ/m^3$, bei viel niedrigeren

3.7 Der magnetische Kreis 227

Kosten als SmCo! Somit wurde den Dauermagneten der Weg zu unzähligen Anwendungen geebnet: Motoren, Tauchspul- und Haftsysteme, Synchronkupplungen, Magnetlager, Magnetseparatoren, Messinstrumente, Relais, medizinische und physikalische Anwedungen und nicht zuletzt die Computertechnik. Die Entwicklung geht weiter, denn NdFeB ist temperaturempfindlich, nicht korrosionsfrei und spröde. Alle diese Eigenschaften werden ständig verbessert.

⊗ Magnetisierungsarten

Dauermagnete erzeugen, wie stromdurchflossene Leiter, Magnetfelder. Dafür müssen die dauermagnetischen Werkstoffe, die in der Regel nach der Herstellung unmagnetisiert sind, in einem starken äußeren Magnetfeld „aufmagnetisiert" werden. Diese starken Felder werden entweder im Luftspalt von Elektromagneten oder durch Entladung einer Kondensatorbatterie durch eine Luftspule erzeugt.

Durch Magnetisierung können verschiedene Arten der Ausbildung der „Pole" der Dauermagnete erzielt werden, die unterschiedliche praktische Anwendungen ermöglichen. So z.B. können Magnetringe axial (wie in Lautsprechern – siehe Abb. 3.27 – und in anderen Tauchspulsystemen), oder radial (wie in Magnetlagern, – siehe Abb. 3.28 und Abb. 3.29) magnetisiert werden, wobei die axiale Magnetisierung leichter durchführbar ist. Beide Magnetisierungsarten, sowohl die radiale, als auch die axiale, können auch mehrpolig durchgeführt werden. Dauermagnetschalen (Teile von Zylindern) werden oft diametral (also parallel zum Durchmesser) magnetisiert und in kleinen Maschinen verwendet. Auch schräge Magnetisierungen wie bei dem auf Abb. 3.22 abgebildeten Tomographen, sind möglich, doch viel aufwändiger und teuerer als die oben beschriebenen.

⊗ Entmagnetisierungskennlinien gebräuchlicher Dauermagnete

Bei der ersten Betrachtung scheint es, dass ein Dauermagnet nach dem Abschalten des hohen magnetisierenden Feldes H nur im Remanenzpunkt B_R der Hystereseschleife (siehe Abb. 3.23), also bei $H = 0$, arbeiten kann. In Wirklichkeit würde sich im Dauermagneten nur dann die Flussdichte $B = B_R$ einstellen, wenn dieser in einem geschlossenen, streufreien Eisenkreis angebracht wäre. Praktisch sind jedoch solche Magnetkreise wenig interessant, da man das Magnetfeld der Dauermagnete in Luftspalten, also in offenen Kreisen, braucht (z.B. im Luftspalt eines Motors, eines Lautsprechers, usw.).

Dann arbeitet der Dauermagnet im zweiten Quadranten der Hystereseschleife, irgendwo zwischen B_R und H_C. Diesen Kurvenzug nennt man *Entmagnetisierungskennlinie*.

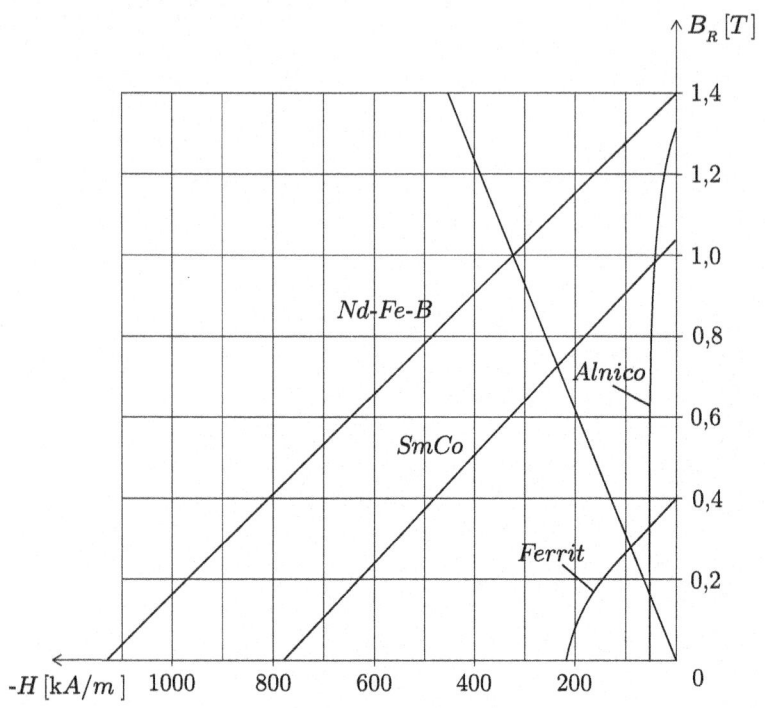

Abb. 3.33. Entmagnetisierungskennlinien

Auf Abb. 3.33 sind vier typische Kennlinien der am meisten eingesetzten Dauermagnetwerkstoffe: Ferrite, Alnico und die Seltenerd-Magnete SmCo und NdFeB, dargestellt. Ferrite und Seltenerdmagnete (englisch: Rare-Earth-Magnets, kurz: REM) weisen eine praktisch lineare B-H-Kennlinie im II. Quadranten auf, Alnico dagegen ist ausgeprägt nichtlinear, ein Grund warum es heute viel seltener eingesetzt wird. Die schmale Hystereseschleife des Alnico mit geringer Koerzitivfeldstärke (auf Abb. 3.33 $H_C = -50\,kA/m$), zwingt dazu, die Dauermagnete im endgültigen Magnetkreis zu magnetisieren, (siehe Abschnitt „Scherungsgerade"), was die Herstellungskosten erhöht.

Heute werden meistens Ferrite (wenn ein großes Volumen in Kauf genommen wird, zugunsten des niedrigen Preises) oder, bei anspruchvollen An-

3.7 Der magnetische Kreis

wendungen, NdFeB, benutzt.

Die nächsten Betrachtungen gehen von einem NdFeB-Magneten aus, mit der auf Abb. 3.33 dargstellten Entmagnetisierungskennlinie.

Man kann leicht zeigen, das dieser Werkstoff eine praktisch konstante, also *„starre"* *Magnetisierung M* aufweist.

Gemäß dem Materialgesetz (Gl. (147)), ist:

$$\mu_0 M = B - \mu_0 H.$$

Wendet man diese Gleichung für einige Punkte der B-H-Kennlinie an, so ergibt sich:

$B = 1,4\,T, \quad H = 0 \curvearrowright \quad \mu_0 M = B_R = 1,4\,T$

$B = 1\,T, \quad H = -320\,\dfrac{kA}{m} \curvearrowright \quad \mu_0 M = 1\,T + 4\pi \cdot 10^{-7}\,\dfrac{Vs}{Am} \cdot 320 \cdot 10^3\,\dfrac{A}{m}$

$\qquad\qquad\qquad\qquad\qquad\quad \mu_0 M = 1\,T + 0,4\,T = 1,4\,T$

$B = 0,4\,T, \quad H = -830\,\dfrac{kA}{m} \curvearrowright \quad \mu_0 M = 0,4\,T + 4\pi \cdot 10^{-7}\,\dfrac{Vs}{Am} \cdot 830 \cdot 10^3\,\dfrac{A}{m}$

$\qquad\qquad\qquad\qquad\qquad\quad \mu_0 M = 0,4\,T + 1\,T = 1,4\,T$

$B = 0, \quad H = -1150\,\dfrac{kA}{m} \curvearrowright \quad \mu_0 M = 1,4\,T$

Die relative magnetische Permeabilität des NdFeB ist:

$$\mu_r = \dfrac{B_R}{\mu_0 H_C} = \dfrac{1,4}{4\pi \cdot 10^{-7} \cdot 1130 \cdot 10^3} \simeq 1.$$

Auch Ferrite weisen ein μ_r, das nahe bei 1 liegt, auf.

Anmerkung: Dauermagnete mit starrer Magnetisierung verhalten sich in einem Magnetkreis wie die Luft (!), sie bilden also für den Magnetfluss „Luftspalte".

⊙ Scherungsgerade, Arbeitspunkt

Wieso herrscht im Magneten eine negative magnetische Feldstärke $-H$, die also dem magnetisierenden Feld $+H$ entgegengesetzt ist? Um das zu verstehen, betrachtet man wieder das Materialgesetz (Gl. (147)) der stationären Magnetfelder:

$$\vec{B} = \mu_0 \cdot (\vec{H} + \vec{M})$$

wo $\vec{M}$ die Magnetisierung des Dauermagneten bedeutet, die nur in seinem Inneren verschieden von Null ist. Nach diesem Gesetz gilt in dem Luftraum

außerhalb des Magneten:
$$\vec{B}_a = \mu_0 \cdot \vec{H}_a$$
sodass die Felder $\vec{B}$ und $\vec{H}$ dort identisch aussehen. Das kann jedoch im Inneren des Dauermagneten nicht mehr der Fall sein, denn dort gilt:
$$\vec{B}_i = \mu_0 \cdot (\vec{H}_i + \vec{M}).$$
Über die Feldlinien der Flussdichte $\vec{B}$ weiß man, dass sie immer geschlossen sind (eine Konsequenz des Gaußschen Satzes des Magnetfeldes). Das wird für die Feldlinien der Feldstärke $\vec{H}$ in Anwesenheit eines Dauermagneten nicht mehr gelten. In der Tat, wendet man das Durchflutungsgesetz:
$$\oint \vec{H} \cdot d\vec{s} = \Theta$$
auf einem geschlossenen Umlauf an, der außerhalb des Magneten eine Feldlinie (von $\vec{B}_a$ oder $\vec{H}_a$) ist, so ergibt sich, wegen der fehlenden Durchflutung:
$$\oint \vec{H} \cdot d\vec{s} = \int_{aussen} \vec{H}_a \cdot d\vec{s} + \int_{innen} \vec{H}_i \cdot d\vec{s} = 0 \Rightarrow \int_{aussen} \vec{H}_a \cdot d\vec{s} = - \int_{innen} \vec{H}_i \cdot d\vec{s}.$$
Das Feld $\vec{H}_i$ „entmagnetisiert" den Magneten, so dass er nicht mehr in dem Remanenzpunkt B_R arbeitet, sondern in einem tiefer liegenden „Arbeitspunkt". Zur Bestimmung des Arbeitspunktes auf der Entmagnetisierungskennlinie im II. Quadranten der Hystereseschleife muss man den gesamten Magnetkreis, in dem sich der Dauermagnet befindet, berücksichtigen. Zur Erläuterung betrachten wir einen einfachen, unverzweigten Kreis mit einem Luftspalt (Abb. 3.34, oben).
Das Durchflutungsgesetz besagt:
$$H_M \cdot l_M + H_E \cdot l_E + H_L \cdot l_L = 0$$
wenn H_M, H_E und H_L die magnetischen Feldstärken im Magneten, im Eisen und im Luftspalt, l_M und l_L die Längen des Magneten, bzw. des Luftspaltes, bedeuten. Der magnetische „Spannungsabfall" $H_E \cdot l_E$ im Eisen ist, wegen $\mu_E \gg \mu_0$, sehr gering und kann in erster Näherung vernachlässigt werden. Es wird:
$$H_M \cdot l_M + H_L \cdot l_L = 0.$$

3.7 Der magnetische Kreis

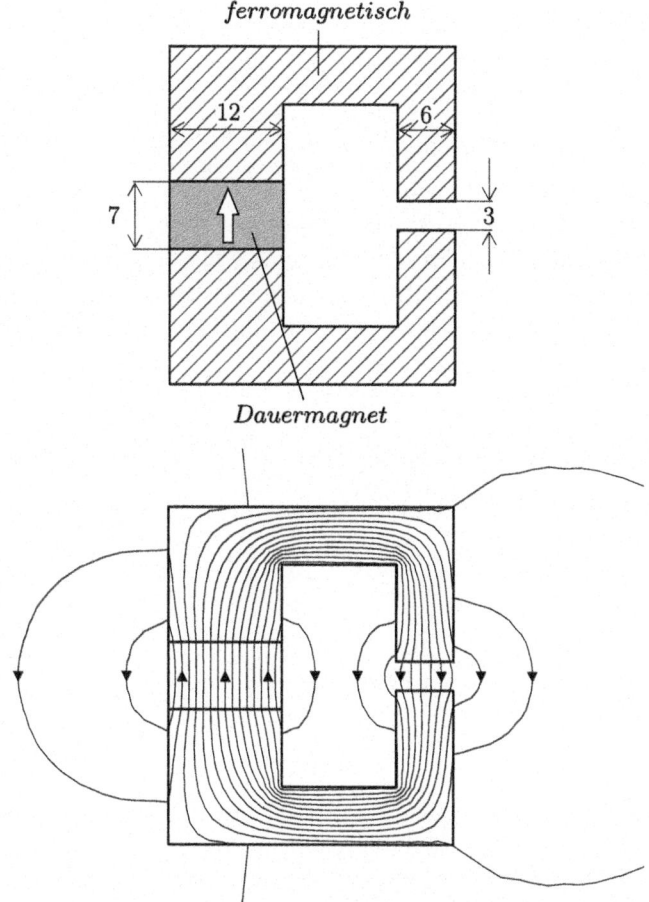

Abb. 3.34. Magnetkreis mit Dauermagnet und Luftspalt

Der Magnetfluss $\Phi = B_L \cdot A_L$ im Luftspalt wird nie ganz so groß wie der Fluss im Dauermagneten $B_M \cdot A_M$ sein, da ein Teil davon als Streufluss, der nicht durch den Nutzluftspalt fließt, verloren geht. Das Feldbild auf Abb. 3.34, unten zeigt die Streuflüsse an dem Dauermagneten und am Luftspalt. Man kann die Streuung durch einen Faktor $0 < k_s \leq 1$ berücksichtigen:

$$B_L \cdot A_L = k_s \cdot B_M \cdot A_M.$$

Dann ergibt sich für die Feldstärke H_M im Magneten:

$$H_M = -H_L \cdot \frac{l_L}{l_M} = -k_s \cdot \frac{l_L}{l_M} \cdot \frac{A_M}{A_L} \cdot \frac{B_M}{\mu_0}. \tag{159}$$

232   3. Stationäre Magnetfelder

Das ist die Gleichung einer Geraden, der sogenannten „*Scherungsgeraden*",
deren Neigung im Diagramm $B = f(H)$ die folgende ist:

$$\tan \alpha = \frac{B_M}{\mu_0 H_M} = -\frac{1}{k_s} \cdot \frac{l_M}{l_L} \cdot \frac{A_L}{A_M}.$$

Man sieht, dass für die Neigung die *Verhältnisse* der Längen und der Querschnitte vom Magneten und vom Luftspalt relevant sind.

Der Schnitt der Entmagnetisierungskennlinie mit der Scherungsgeraden ist der Arbeitspunkt des Dauermagneten in dem vorgegebenen Magnetkreis. Liest man B_M ab, so kann man gleich die Flussdichte B_L im Luftspalt ermitteln (wenn man den Streufaktor k_s abschätzen kann).

Für den konkreten Fall des Magnetkreises auf Abb. 3.34, oben ergibt sich, – falls man den Streufaktor $k_s = 1$ annimmt –, für eine Flussdichte von z.B. $B_M = 1\,T$ die Feldstärke H_M:

$$H_M = -\frac{1}{\mu_0} \cdot \frac{3}{7} \cdot \frac{12}{6} \cdot 1\,T = -\frac{0,857}{4\pi \cdot 10^{-7}} \cdot \frac{A}{m} = -682\,\frac{kA}{m}$$

und die Neigung:

$$\alpha = \arctan\left(\frac{-B_M}{\mu_0 H_M}\right) = \arctan\left(\frac{-1}{4\pi \cdot 10^{-7} \cdot 10^3 \cdot 682}\right) = \arctan(-1,17)$$

$$\alpha = -50°.$$

Leider zeigt eine nummerische Feldberechnung deutlich, dass man den Faktor k_s keineswegs als 1 (also die Streuung als vernachlässigbar) annehmen darf. Zählt man auf dem Feldbild Abb. 3.34, unten die $\vec{B}$-Linien im Magneten (es sind 15) und im Luftspalt (7), so ergibt sich $k_s = 7/15 = 0,47$: mehr als die Hälfte des Dauermagnetflusses geht als Streuung verloren. Das ergibt für H_M:

$$H_{Mgenau} = -0,47 \cdot 682\,\frac{kA}{m} = -318\,\frac{kA}{m}$$

und die Neigung wird:

$$\alpha_{genau} = -68°.$$

Auf den ersten Blick ist dieses Ergebnis ernüchternd, weil die Neigungen sich sehr stark voneinander unterscheiden; eigentlich beweist es lediglich, dass man die Streuung in Dauermagnetkreisen nicht vernachlässigen darf. Verfügt man nicht über ein FE-Programm, so muss man Erfahrungswer-

3.7 Der magnetische Kreis

te heranziehen, doch kann man keine genauen Ergebnisse erwarten. Die genau ermittelte Scherungsgerade wurde in die Abb. 3.33 eingezeichnet. Man sieht, dass die vier betrachteten Werkstoffe in sehr unterschiedlichen Arbeitspunkten arbeiten würden:

$$\begin{aligned} \text{NdFeB}: & \quad B_M = 1\,T \\ \text{SmCo}: & \quad B_M = 0,73\,T \\ \text{Ferrit}: & \quad B_M = 0,27\,T \\ \text{Alnico}: & \quad B_M = 0,15\,T. \end{aligned}$$

Anmerkungen:

– Der Arbeitspunkt des Dauermagneten hängt von der geometrischen Gestaltung des Magnetkreises (k_s, l_M, l_L, A_L, A_M) ab. Ändern sich die Abmessungen (z.B. der Luftspalt), so ändert sich die Neigung der Scherungsgeraden und somit B_M und H_M.

– Nicht alle Bereiche des Dauermagneten arbeiten in demselben Arbeitspunkt, weil das Magnetfeld im Magneten nicht homogen ist. In Wirklichkeit bildet sich ein „Arbeitsbereich", zwischen zwei Scherungsgeraden. In die Berechnungen setzt man einen „mittleren" Arbeitspunkt ein.

– Bei gleichen Abmessungen des Magneten und des Kreises hängt die sich einstellende Flussdichte B_L von der Entmagnetisierungskennlinie des Dauermagnetwerkstoffes ab. Weichere Werkstoffe mit schmälerer Hystereseschleife (wie Alnico) arbeiten bei einer viel kleineren Flussdichte B_M. Um größere Flussdichten zu erreichen, müssen die Werkstoffe möglichst „hart" sein, also eine möglichst breite Schleife aufweisen.

– Die erläuterte Rechenmethode für Magnetkreise mit Dauermagneten führt zu genügend genauen Ergebnissen nur dann, wenn alle Streuflüsse genau abgeschätzt werden können. Das ist jedoch, wegen der sehr geringen relativen Permeabilität der Dauermagnetwerkstoffe (μ_r liegt nahe bei 1, bis zu etwa 5 bei Alnico) analytisch selten möglich, so dass diese Magnetkreise meistens mit nummerischen Rechenverfahren behandelt werden. Mit diesen kann man jedoch alle Flussdichten (und Magnetkräfte) sehr genau ermitteln und somit die Magnetkreise gezielt auslegen.

⊙ Genauere Betrachtung der Scherungsgerade. Beispiel

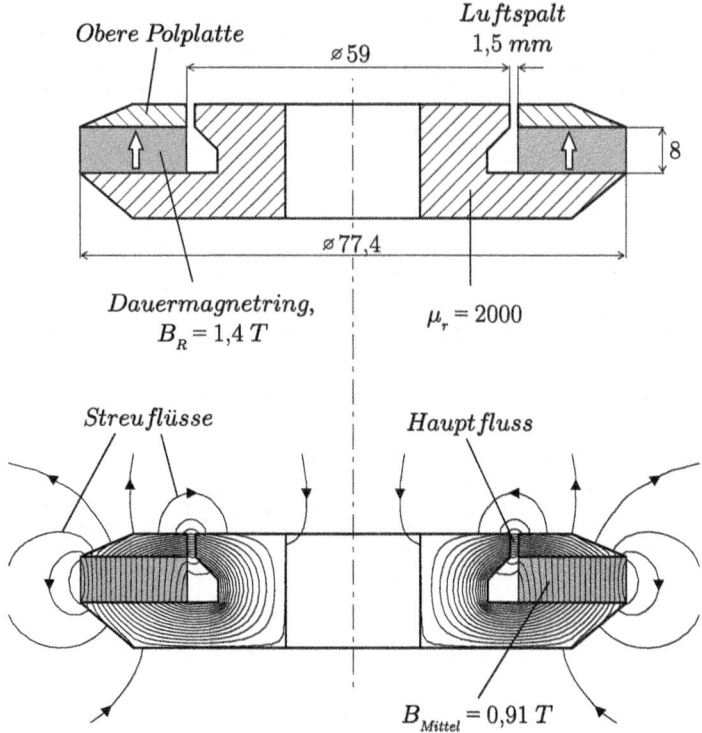

Ein Beispiel aus der Praxis – der Aufbau eines Lautsprechersystems – soll noch deutlicher zeigen, wie sich das Magnetfeld in einem Dauermagneten, also sein Arbeitspunkt, einstellt. Dafür soll das Magnetsystem eines Lautsprechers, das bereits auf Abb. 3.27 gezeigt wurde, nochmals unter die Lupe genommen werden. Der Aufbau des Systems (siehe Bild oben) fängt damit an, dass ein Dauermagnetring – sei er aus NdFeB mit $B_R = 1,4\,T$ – in einem starken äußeren Magnetfeld axial magnetisiert wird.

Der Ring und das entsprechende Feldbild sind auf Abb. 3.35 gezeigt. Die FE-Berechnung ergibt eine mittlere Flussdichte im Magneten $B_{Mittel} = 0,44\,T$. Ihr enspricht auf Abb. 3.38 die Scherungsgerade „Ring allein". Übrigens: Diese Scherungsgerade kann nur mit einem FE-Programm bestimmt werden, jeder Versuch mit empirischen Werten für B_{Mittel} zu arbeiten wäre reine Spekulation.

3.7 Der magnetische Kreis 235

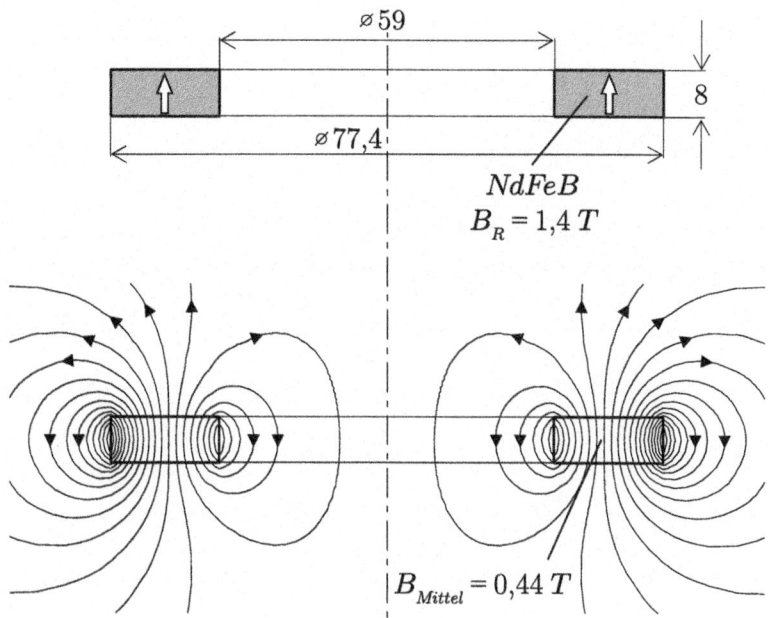

Abb. 3.35. Axial magnetisierter Dauermagnetring

Nachdem der Ring aus der Magnetisierungsvorrichtung entfernt wird, bleibt diese mittlere Flussdichte von $0,44\,T$ erhalten, falls nicht in der Nähe andere Magnete vorhanden sind (s. weiter).

Jetzt kann das Lautsprechersystem zusammengebaut werden: Der Ring wird auf die untere Platte gesetzt, über ihn wird die obere Platte angebracht, beide aus ferromagnetischem Material (z.B. hier mit $\mu_r = 2000$). Jetzt steigt die mittlere Flussdichte im Magneten auf $B_{Mittel} = 0,91\,T$, was auf Abb. 3.38 der Scherungsgerade „Lautsprecher" entspricht. Der Arbeitspunkt ist auf der Entmagnetisierungsgeraden von NdFeB weit nach oben gewandert, der Fluss im Dauermagneten ist erheblich größer als bei dem alleinstehenden Ring. Das ist die Wirkung der weichmagnetischen Teile, die das Magnetfeld konzentrieren.

Anmerkung: Wegen $\mu_r = 1$ bewegt sich der Arbeitspunkt bei Seltenerden und Ferriten praktisch immer auf der Magnetisierungskennlinie. Nur bei extrem starken äußeren Gegenfeldern kann der Magnet irreversibel entmagnetisiert werden. Dagegen verhält sich Alnico viel ungünstiger: Einmal entmagnetisiert – z.B. beim Herausnehmen aus der Magnetisierungsvorrichtung – kehrt der Arbeitspunkt beim Einbau in einen Eisenkreis zu viel niedrigeren B-Werten zurück. Alnico-Teile müssen im endgültigen Magnetkreis magnetisiert werden.

Abschließend soll noch gezeigt werden, welchen Einfluss andere Magnetringe, die man in die Nähe des ersten anbringt, auf den Arbeitspunkt ausüben. Abb. 3.36 zeigt zwei in die gleiche Richtung magnetisierte Ringe im Abstand $3\,mm$ voneinander und das entsprechende Feldbild (unten).

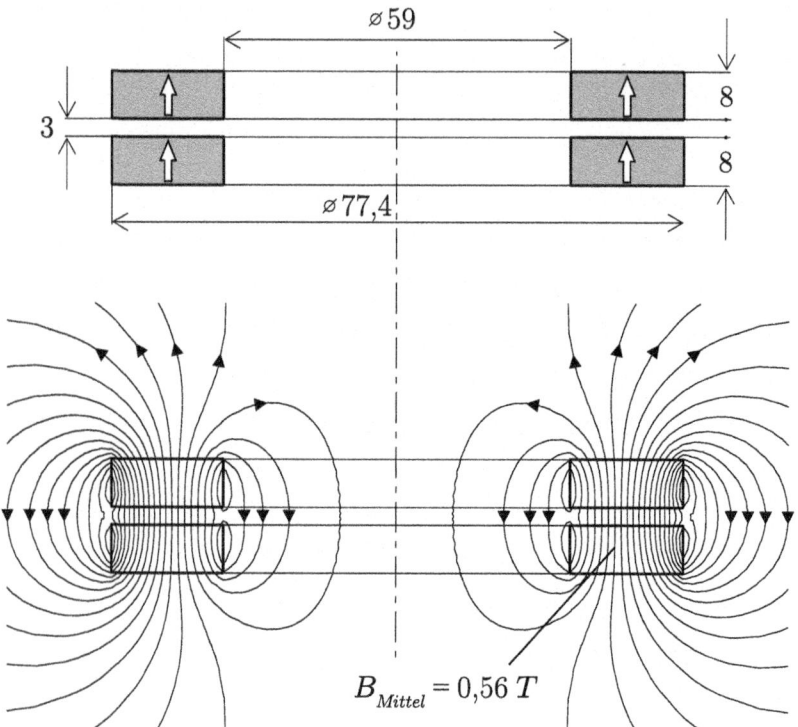

Abb. 3.36. Zwei auf Anziehung magnetisierte Dauermagnetringe

Die mittlere Flussdichte in beiden Ringen ist $B_{Mittel} = 0,56\,T$, also größer als bei dem alleinstehenden Ring.

Das bedeutet, dass der zweite Ring den ersten zusätzlich magnetisiert (und umgekehrt, der erste Ring magnetisiert den zweiten), sodass ihre Arbeitspunkte nach oben wandern.

Ist jedoch der zweite Ring – wie auf Abb. 3.37 – auf Abstoßung, also entgegen, magnetisiert, so rutschen die Arbeitspunkte auf $B_{Mittel} = 0{,}24\,T$ nach unten. Die Ringe entmagnetisieren sich gegenseitig, was das Feldbild Abb. 3.37, unten deutlich zeigt: das Feld ist, im Vergleich zu dem der auf Anziehung magnetisierten Ringe (Abb. 3.36, unten), viel inhomogener und die mittleren Bereiche der Ringe führen jetzt viel weniger Magnetfluss. Das kann bei bestimmten Abmessungen gefährlich werden, weil bei kleinen Flussdichten – und noch mehr bei negativen, im III. Quadranten liegenden – eine sogenannte „irreversible" Entmagnetisierung auftreten kann.

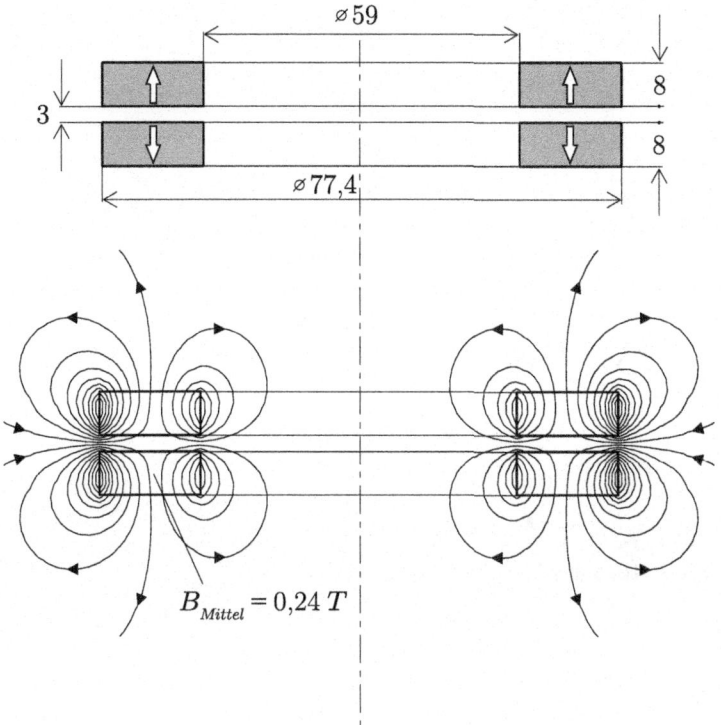

Abb. 3.37. Zwei auf Abstoßung magnetisierte Dauermagnetringe

Die Scherungsgerade „2 Ringe entgegen magnetisiert" auf Abb.3.38 liegt so flach, dass der mittlere Arbeitspunkt gegenüber dem bei auf Anziehung magnetisierter Ringe um ca. $0{,}3\,T$ niedriger liegt.

3. Stationäre Magnetfelder

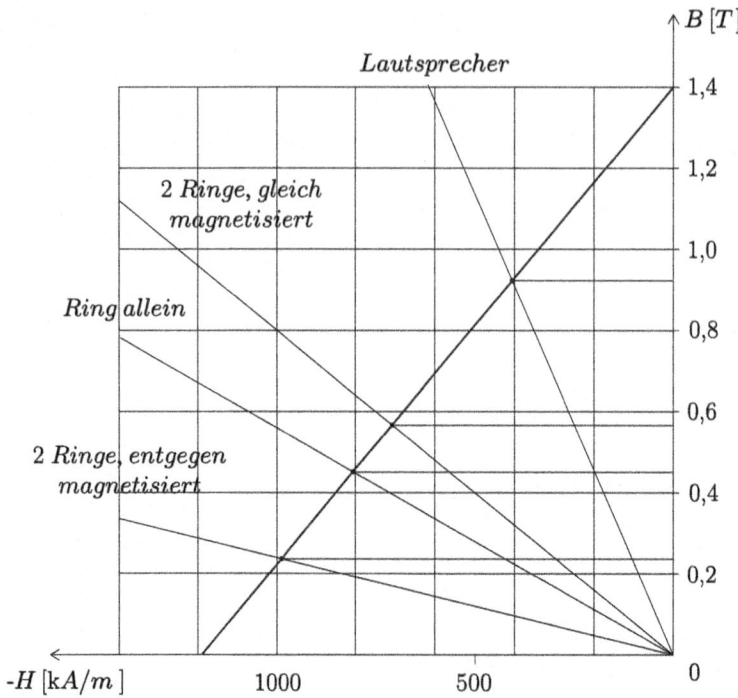

Abb. 3.38. Scherungsgeraden der untersuchten Magnetsysteme

Die Scherungsgeraden der vier untersuchten Magnetsysteme sind auf Abb. 3.38 dargestellt.

3.7.5 Nichtlineare Magnetkreise

Die tatsächliche B-H-Kennlinie ferromagnetischer Werkstoffe ist immer nichtlinear, sodass die Permeabilität μ nicht konstant ist. Wenn μ nicht konstant, sondern abhängig von H ist, unterscheidet man zwischen zwei Fällen:

1. Φ *bekannt*, Θ *gesucht*

   Dieses Problem ist direkt lösbar:

   $$\Phi \to B = \frac{\Phi}{A} \to H$$

   und weiter aus der B–H–Kennlinie: $\mu_E = \frac{B}{H}$.

3.7 Der magnetische Kreis

Damit kennt man auch die magnetischen Widerstände

$$R_m = \frac{l}{\mu_E \cdot A}.$$

2. Φ *gesucht*, Θ *bekannt*

Dieses Problem ist nicht direkt lösbar, wie ein einfaches Beispiel zeigt. Die Maschengleichung ist:

$$\Phi \cdot (R_{m_E} + R_\delta) = \Theta$$

$$\Phi \cdot \left(\frac{l}{\mu_E \cdot A} + \frac{\delta}{\mu_0 \cdot A}\right) = \Theta.$$

Man hat *eine* Gleichung, aber *zwei* Unbekannte (Φ und μ_E).

Dasselbe ergibt sich auch aus dem Durchflutungssatz, nur sind dann H und μ_E *unbekannt*.

Dieses Problem wird *iterativ* gelöst. Man nimmt ein μ_1 an, berechnet ein B_1, geht in die B–H–Kennlinie ein und liest das tatsächliche μ_2 ab. Mit diesem μ_2 bestimmt man ein neues B_2, damit ein neues μ_3 usw., bis B und μ übereinstimmen.

Beispiel 3.11: Nichtlinearer Magnetkreis mit einer Spule

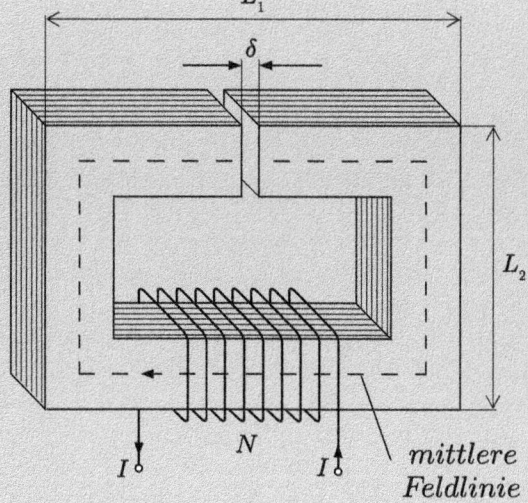

Ein unverzweigter Magnetkreis mit einem Luftspalt δ hat die B–H–Kennlinie:

$B\,[T]$	0	0,3	0,5	0,8	1,0	1,2	1,4
$H\,\left[\frac{A}{m}\right]$	0	100	200	400	600	800	1000

Der Querschnitt des Kreises ist überall $1\,cm \cdot 1\,cm$, die Längen sind:

$L_1 = 6\,cm$, $L_2 = 4\,cm$ und $\delta = 0,5\,mm$.
Gesucht ist die Durchflutung $\Theta = N \cdot I$, die notwendig ist, um im Luftspalt $B_\delta = 0,5\,T$ zu erzeugen.

Die Streuung ist vernachlässigbar; H ist in allen Querschnitten als homogen anzunehmen.

<u>Lösung:</u>

Hier ist bekannt:

$$\Phi = B_\delta \cdot A = 0,5\,\frac{Vs}{m^2} \cdot 10^{-4}\,m^2 = 0,5 \cdot 10^{-4}\,Vs$$

$$B_\delta = B_E.$$

Auch H_E und H_δ sind bekannt:

$$H_E = 200\,\frac{A}{m} \text{ aus der } B\text{–}H\text{–Kennlinie}$$

$$H_\delta = \frac{B}{\mu_0} = \frac{0,5\,T \cdot Am}{4\pi \cdot 10^{-7}\,Vs} = 3,98 \cdot 10^5\,\frac{A}{m}.$$

$$\begin{aligned}l_E &= 2 \cdot (L_1 - 1\,cm) + 2 \cdot (L_2 - 1\,cm) - \delta \\ &= 2 \cdot 5\,cm + 2 \cdot 3\,cm - 0,05\,cm \\ &= (10 + 6 - 0,05)\,cm = 15,95\,cm.\end{aligned}$$

Mit den errechneten Werten für Feldstärken und Längen kann man jetzt das Durchflutungsgesetz auf der mittleren Feldlinie anwenden:

$$H_E \cdot l_E + H_\delta \cdot \delta = \Theta$$

$$200\,\frac{A}{m} \cdot 0,1595\,m + 3,98 \cdot 10^5\,\frac{A}{m} \cdot 0,5 \cdot 10^{-3}\,m = \Theta$$

$$198,9\,A + 31,9\,A = \boxed{230,8\,A}.$$

3.7 Der magnetische Kreis

Beispiel 3.12: Unverzweigter, nichtlinearer Magnetkreis mit Luftspalt und zwei Spulen

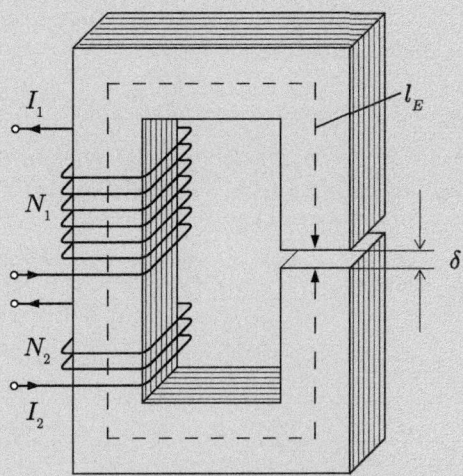

Der abgebildete Magnetkreis mit Luftspalt besteht aus Dynamoblech mit der angegebenen B-H-Kennlinie und trägt zwei Spulen, mit den Windungszahlen $N_1 = 100$ und $N_2 = 50$. Seine Abmessungen sind (siehe Bild oben): $l_E = 22\,cm$, $\delta = 2\,mm$, $A_E = 4\,cm^2$.

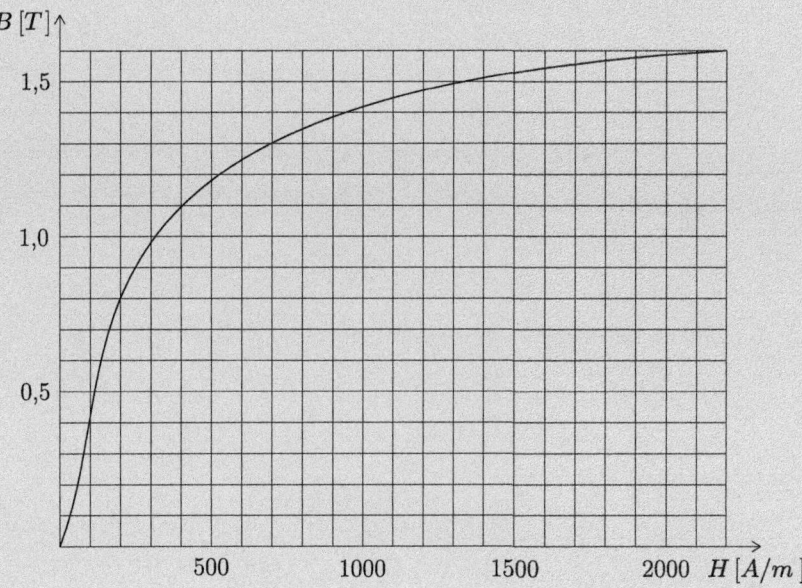

1. *Bestimmen Sie den magnetischen Widerstand $R_{m\delta}$ des Luftspaltes!*

   Durch die Spule 1 fließt ein eingeprägter Strom $I_1 = 10\,A$. Durch die Spule 2 fließt ein unbekannter Strom I_2, der so eingestellt wird, dass die magnetische Flussdichte im Luftspalt $B_L = 0,8\,T$ beträgt.

2. *Wie groß ist der Magnetfluss Φ in dem Magnetkreis?*
3. *Bestimmen Sie die magnetische Feldstärke H_E im Eisen!*
4. *Berechnen Sie (aus dem Durchflutungsgesetz) den Strom I_2.*
5. *Wenn jetzt die Flussdichte auf $B_L = 1,3\,T$ erhöht werden soll, welcher Strom I_2' in der Spule 2 ist dazu notwendig, wenn I_1 unverändert bleibt?*

Lösung:

1. $R_{m\delta} = \dfrac{\delta}{\mu_0 A_E} = \dfrac{2 \cdot 10^{-3}\,m \cdot Am}{4\pi \cdot 10^{-7} Vs \cdot 4 \cdot 10^{-4} m^2} = \boxed{3,98 \cdot 10^6 \cdot \dfrac{A}{Vs}}$.

2. $\Phi = B_L \cdot A_E = 0,8 \dfrac{Vs}{m^2} \cdot 4 \cdot 10^{-4}\,m^2 = \boxed{3,2 \cdot 10^{-4}\,Vs}$.

3. $B_E = 0,8\,T \curvearrowright \boxed{H_E = 200\,A/m}$ (B-H-Kennlinie).

4. $H_E \cdot l_E + H_\delta \cdot \delta = N_1 I_1 + N_2 I_2$

$$H_\delta = \dfrac{B}{\mu_0} = \dfrac{0,8\,Vs \cdot Am}{4\pi \cdot 10^{-7} \cdot Vs \cdot m^2} = \boxed{636,6 \cdot 10^3 \dfrac{A}{m}}.$$

$$N_2 I_2 = -N_1 I_1 + H_E l_E + H_\delta \cdot \delta$$
$$= -1000\,A + 200 \cdot 0,22\,A + 636,6 \cdot 10^3 \cdot 2 \cdot 10^{-3}\,A$$
$$= -100\,A + 44\,A + 1273,2\,A = \boxed{317\,A}$$

$$I_2 = \dfrac{317\,A}{50} = \boxed{6,34\,A}.$$

5. *Es ändern sich nur $H_E = 700\,A/m$ und $H_\delta = 1034 \cdot 10^3\,A/m$*

$$N_2 I_2' = -1000\,A + 700 \cdot 0,33\,A + 1034 \cdot 10^3 \cdot 2 \cdot 10^{-3}\,A$$
$$= -1000\,A + 154\,A + 2068\,A = 1222\,A$$

$$I_2' = \boxed{24,44\,A}.$$

3.7.6 Kräfte auf hochpermeable Eisenflächen

An der Grenze zwischen Luft und Eisen mit sehr großer Permeabilität μ wirkt eine Magnetkraft, wenn ein Magnetfeld vorhanden ist.

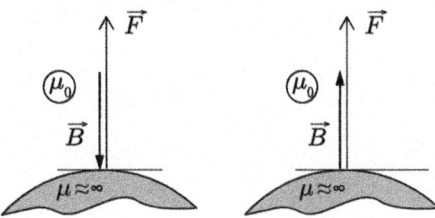

Diese Kraft $\vec{F}$ steht senkrecht auf der Eisenfläche (wie auch $\vec{B}$) und ist nach *außen* gerichtet.

Anmerkung: Eisenkörper werden im stationären Magnetfeld immer angezogen, nie abgestoßen.

Ist $\mu \approx \infty$, so kann man für diese Kraft die folgende Formel anwenden:

$$F = \frac{1}{2 \cdot \mu_0} \cdot B^2 \cdot A. \qquad (160)$$

Hier ist B die Flussdichte an der Eisenoberfläche und A diejenige Eisenfläche, auf der B vorhanden ist.

Im Abschnitt „Energie und Kräfte" wird die Gl. (160) aus der Magnetenergie abgeleitet.

Anwendung 3.4: U-förmiger Tragmagnet

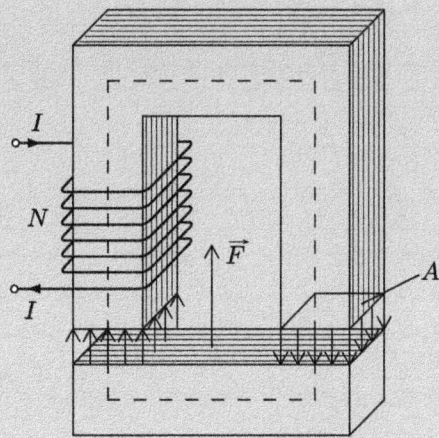

Ein U-förmiger Eisen-Magnetkreis trägt eine Spule mit N Windungen. Im Abstand δ liegt eine ebenfalls ferromagnetische Platte, an der eine Last hängt. Welche Kraft wird auf die Platte ausgeübt, wenn die Spule den Strom I führt?

Es gilt:

$$\oint \vec{H} \cdot d\vec{s} = N \cdot I$$

und, wenn der ferromagnetische Kreis ungesättigt ist:

$$H_E = \frac{B_E}{\mu_E} \approx 0.$$

Wenn die Magnetfeldstärke nur in den beiden Luftspalten verschieden von Null ist, dann schreibt man das Durchflutungsgesetz wie folgt:

$$H_\delta \cdot 2 \cdot \delta = N \cdot I$$

und B_δ wird:

$$B_\delta = \mu_0 \cdot H_\delta = \mu_0 \cdot \frac{N \cdot I}{2 \cdot \delta}.$$

Die Kraft berechnet man nun mit der Gl. (160) als:

$$F = \frac{1}{2 \cdot \mu_0} \cdot B_\delta^2 \cdot A.$$

Für die Fläche A muss man zweimal den Querschnitt des oberen U–Kreises rechnen, denn nur auf dieser Fläche des Ankers wirkt die Kraft.

$$F = \frac{2A}{2\mu_0} \cdot \left(\mu_0^2 \frac{N^2 I^2}{4\delta^2}\right)$$

$$\boxed{F = \mu_0 \cdot \frac{N^2 \cdot I^2}{4 \cdot \delta^2} \cdot A}.$$

Die Kraft kann demzufolge bei kleinen Luftspalten δ sehr groß werden. Um eine Beschädigung der Platte oder der Last zu vermeiden, wird ein künstlicher „Restluftspalt" aus Gummi, Kunststoff oder Karton erzeugt, sodass δ nicht sehr klein werden kann.
Eine sehr einfache Maßnahme zur Erhöhung der Tragkraft, die oft verwendet wird, ist die Anschrägung der gegenüberliegenden Flächen des stehenden und des beweglichen Teils.

Beispiel 3.13: U-förmiger Tragmagnet mit nichtlinearer B-H-Kennlinie

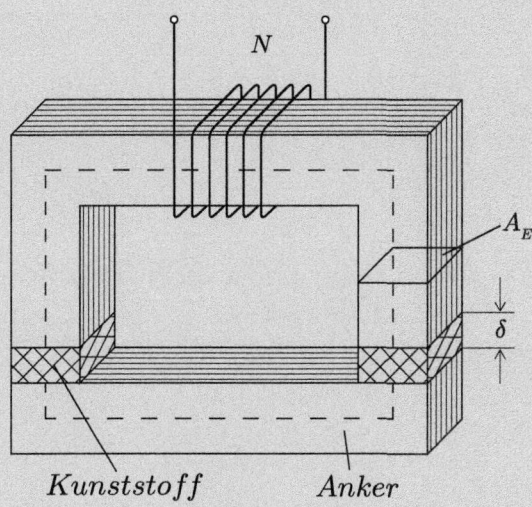

Kunststoff *Anker*

Ein Lastmagnet in U-Form trägt eine Spule mit N = 1000 Windungen. Zwischen den Polschuhen des Magneten und dem beweglichen Anker liegt eine $\delta = 0,5\,mm$ dicke Kunststoffschicht (Luftspalt).
Die Abmessungen sind: $A_E = 4\,cm^2$, mittlere Länge $l_{m_E} = 12\,cm$.
Das ferromagnetische Material ist V350-50A mit der folgenden B-H-Kennlinie:

$H\left[\frac{A}{m}\right]$	0	50	100	140	200	400	600
$B\,[T]$	0	0,25	0,8	1	1,15	1,32	1,38

1. *Ermitteln Sie die erforderliche Stromstärke I für eine Haltekraft F von 318 N!*
2. *Welche relative magnetische Permeabilität μ_r weist das Magnetmaterial bei der Flussdichte B, die 318 N erzeugt, auf?*
3. *Wenn man von einem Ersatzschaltbild der Anordnung ausgeht, welche Magnetwiderstände R_{m_E} und R_δ sind darin enthalten und welcher Magnetfluss Φ ist vorhanden?*

Jetzt vergrößert sich der Magnetfluss auf $\Phi' = 4,6 \cdot 10^{-4}\,Vs$.

4. *Berechnen Sie den Strom I', der diesen Fluss Φ' erzeugt!*
5. *Welche Kraft F' wirkt jetzt auf den Anker?*

Lösung:

1. $B = \sqrt{\dfrac{2\mu_0 F}{2A_E}} = \sqrt{\dfrac{4\pi \cdot 10^{-7}\,Vs \cdot 318\,VAs}{4 \cdot 10^{-4}\,Am \cdot m^2 \cdot m}} \approx 1 \cdot \dfrac{Vs}{m^2} = \boxed{1\,T}$.

   Das Durchflutungsgesetz lautet: $H_E \cdot l_{m_E} + H_\delta \cdot \delta = NI$.

   Aus der B-H-Kennlinie folgt: $H_E = 140\,A/m$.
   Andererseits ist:
   $$H_\delta = \dfrac{1\,T\,Am}{4\pi \cdot 10^{-7}\,Vs} = 7{,}958 \cdot 10^5\,A/m.$$

   Daraus ergibt sich der erforderliche Strom:
   $$I = \dfrac{140 \cdot 0{,}12\,A + 7{,}958 \cdot 10^5 \cdot 2 \cdot 0{,}5 \cdot 10^3\,A}{1000} = \boxed{0{,}813\,A}.$$

2. $\mu_r = \dfrac{\mu}{\mu_0} = \dfrac{B}{\mu_0 H} = \boxed{5684}$.

3. $R_{m_E} = \dfrac{l_{m_E}}{\mu \cdot A_E} = \boxed{0{,}42 \cdot 10^5\,\dfrac{A}{Vs}}$

   $R_\delta = \dfrac{\delta}{\mu_0 \cdot A_E} = \boxed{9{,}947 \cdot 10^5\,\dfrac{A}{Vs}}$

   $\Phi = \dfrac{NI}{R_{m_E} + 2R_\delta} = \boxed{4 \cdot 10^{-4}\,Vs}$.

4. *Neue Flussdichte:*
   $$B' = \dfrac{4{,}6 \cdot 10^{-4}}{4 \cdot 10^{-4}}\,T = 1{,}15\,T \curvearrowright H'_E = 200\,\dfrac{A}{m}$$

   $$H'_\delta = 9{,}15 \cdot 10^5\,\dfrac{A}{m}$$

   $$I' = \dfrac{200 \cdot 0{,}12\,A + 9{,}15 \cdot 10^5 \cdot 1 \cdot 10^{-3}\,A}{1000} = \boxed{0{,}939\,A}.$$

5. *Die neue Kraft wird:*
   $$F' = \dfrac{1}{2\mu_0} B'^2 \cdot 2A_E = \boxed{420\,N}.$$

3.7.7 Die Rolle ferromagnetischer Teile bei der Entstehung der Magnetkraft

Die anziehende Magnetkraft auf ferromagnetische Teile ist proportional zu B^2. Wie wirkt sich diese *quadratische* Abhängigkeit konkret aus?

Aufbau eines Lasthebemagneten, Kraftberechnung

Es soll hier Schritt für Schritt ein Lasthebemagnet entwickelt werden, der eine Eisenplatte heben und an einen anderen Ort wieder auflegen kann.

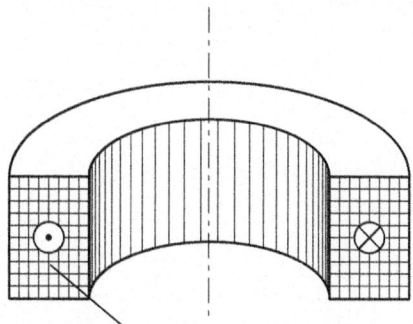

stromdurchflossene Spule
Durchflutung 4800 *AW*

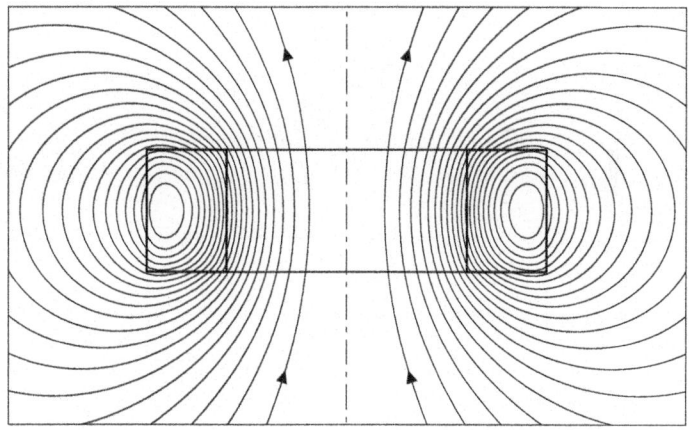

Abb. 3.39. Stromdurchflossene zylindrische Spule und Feldbid der Flussdichte $\vec{B}$

Dazu braucht man auf jeden Fall eine *stromdurchflossene Spule*, denn ein Dauermagnet kann die Last, einmal angezogen, nicht mehr loslassen. Hier wird von einer zylindrischen Spule ausgegangen, mit dem Innendurchmesser $120\,mm$, der Dicke $40\,mm$ und der axialen Höhe $60\,mm$.

Die Spule erzeugt, wenn sie mit der Durchflutung $\Theta = 4800\,AW$ bestromt wird, das auf Abb.3.39, unten dargestellte Magnetfeld. Der gesamte Raum wird magnetisiert, symmetrisch nach oben und nach unten.

Bringt man jetzt in $5\,mm$ Entfernung von der unteren Spulenseite eine *Eisenplatte* (mit $\mu_r = 1000$) an, so hat man den einfachsten Lasthebemagneten erzeugt, denn die Platte wird im Magnetfeld der Spule nach oben angezogen.

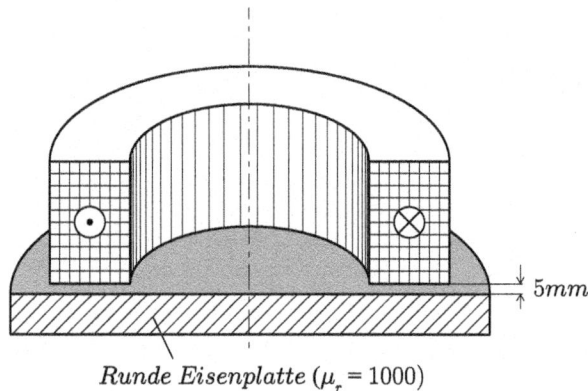

Runde Eisenplatte ($\mu_r = 1000$)

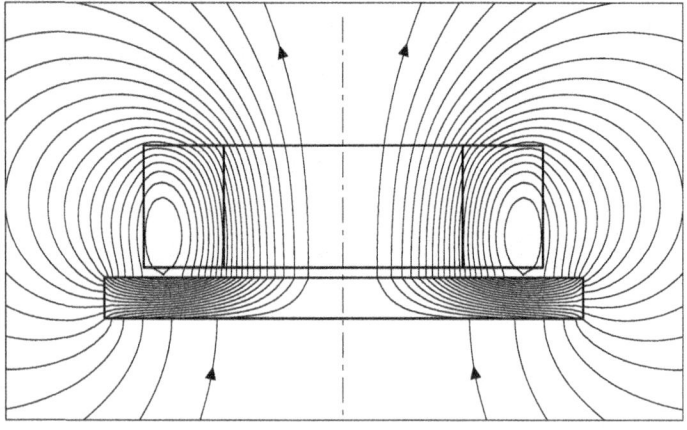

Abb. 3.40. Spule und Eisenplatte

3.7 Der magnetische Kreis

Die Abb. 3.40, unten zeigt die völlig veränderte Feldkonfiguration: Die Eisenplatte konzentriert die Feldlinien, das Feldbild ist nicht mehr symmetrisch nach oben und nach unten. Die mittlere Flussdichte auf der Achse des Systems ist $B_L = 0,05\,T$, die Anziehungskraft $F_z = 20,7\,N$.
Doch dieser Lasthebemagnet ist inakzeptabel: die Kraft ist sehr klein und das Magnetfeld streut weit weg, was auf die Umgebung störend wirken kann. Es stellt sich die Frage, wie man diese Nachteile minimieren kann. Ganz sicher durch Anbringung ferromagnetischer Teile.
Die erste Maßnahme soll die Anbringung eines *Eisenkerns* in die Spule sein.

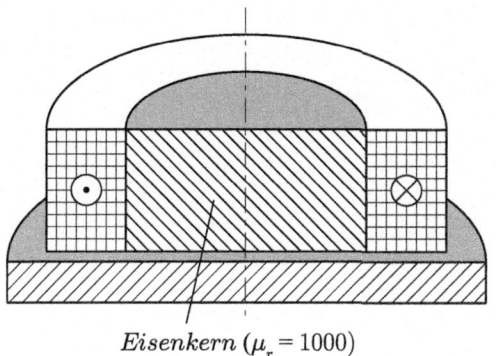

Eisenkern (μ_r = 1000)

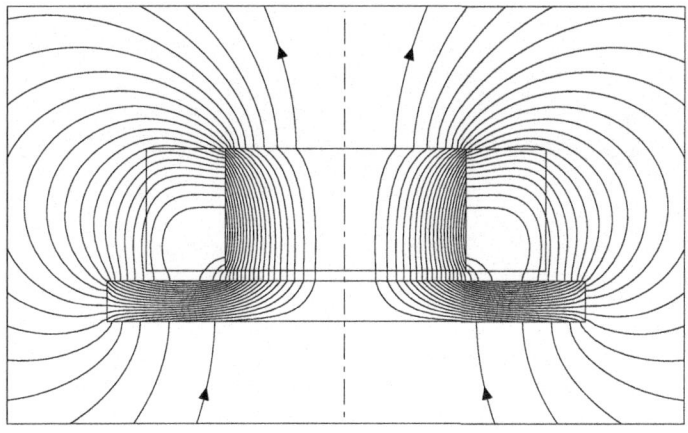

Abb. 3.41. Spule mit Eisenkern

Man erkennt die große Effizienz dieser Maßnahme auf dem Feldbild Abb. 3.41, unten: Unter dem Eisenkern entsteht ein starkes Magnetfeld ($B_L = 0,153\,T$, also $3mal$ größer als ohne Kern), die Anziehungskraft steigt auf $F_z = 121\,N$. Ein Eisenkern, dessen Preis – darüber hinaus als einmalige Investition – vernachlässigbar ist, erhöht also die Kraft um den Faktor 6!

Vielleicht bringt dann auch ein zylindrischer *Eisenmantel* um die Spule herum eine Krafterhöhung?

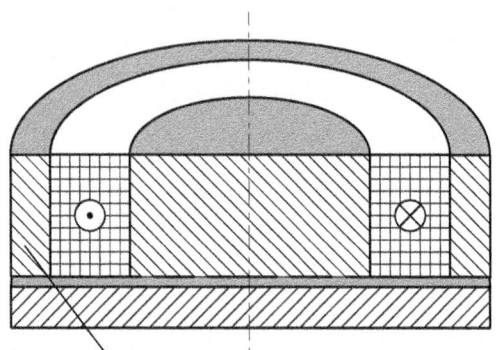

Zylindrischer Eisenmantel ($\mu_r = 1000$)

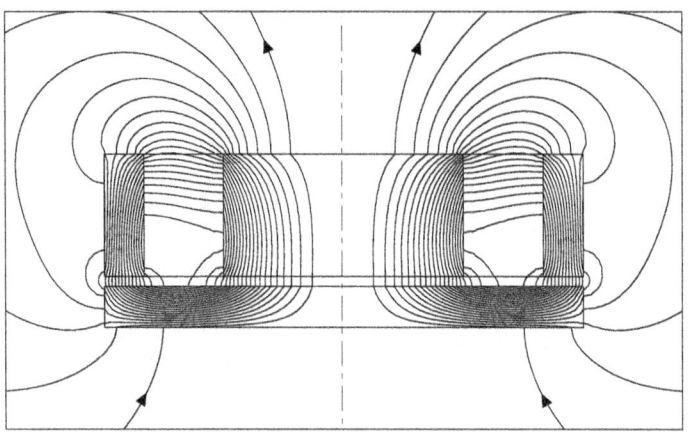

Abb. 3.42. Spule mit Eisenkern und Eisenmantel

In der Tat zeigt die Abb. 3.42 eine weiterre Verbesserung der Feldverteilung: Immer mehr Magnetfeld konzentriert sich zwischen der Spule und der

Platte, dort wo die erwünschte Kraft entsteht (jetzt $B_L = 0,195\,T$). Die Kraft wird $F_z = 252\,N$, also verdoppelt sich durch die Anbringung des Eisenmantels.

Und doch ist das noch nicht die optimale Lösung, denn ein relativ großer Anteil des Flusses streut immer noch nach oben, wo man keinen Fluss braucht.

Dagegen gibt es wieder eine preiswerte Maßnahme: ein *Eisendeckel*, der den Magnetkreis nach oben schließt.

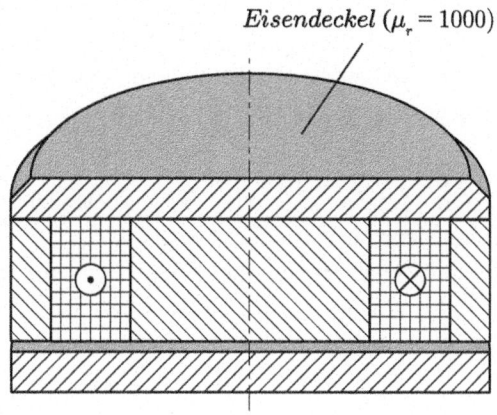

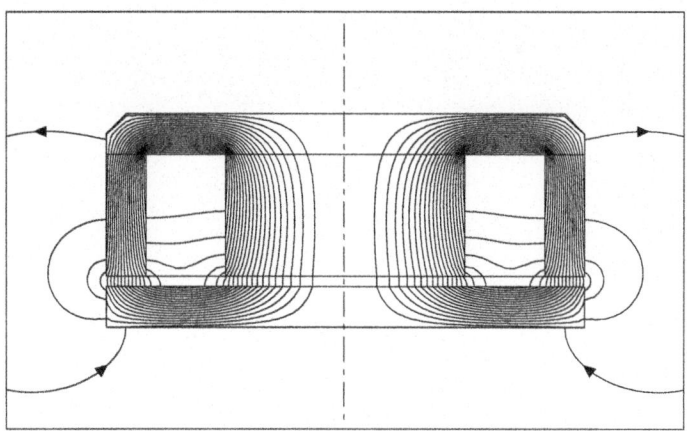

Abb. 3.43. Endgültiges Magnetsystem des Lasthebemagneten

Der Effekt ist verblüffend: jetzt steigt die mittlere Flussdichte auf $B_L = 0,72\,T$, die Kraft erhöht sich nochmal, um mehr als eine Größenordnung, sie wird $F_z = 3610\,N$!

Abb. 3.43 zeigt die endgültige, optimale Gestaltung des zylindrischen Lasthebemagneten, so wie sie in der Praxis auftritt. Die Streuung ist sehr gering, (fast) der gesamte Magnetfluss der Spule wird zur Erzeugung der Anziehungskraft benutzt.

Dieses Beispiel zeigt, welche enorme Konzentration des Magnetflusses, verbunden mit einem entsprechenden Gewinn an Magnetkraft, ein optimal ausgelegter ferromagnetischer Kreis erzielen kann. Die Kraft ist in dem betrachteten Beispiel *174mal* größer als bei der ursprünglichen Spule ohne Magnetkreis, und das bei derselben Durchflutung, also denselben Energieverbrauch.

Anmerkungen: Nachdem man sowohl Dauermagnetkreise, als auch Magnetkreise aus Spulen und ferromagnetischen Teilen betrachtet hat, kann man jetzt einige Unterschiede hervorheben:

– Mit stromdurchflossenen Spulen und Eisenteilen kann man (im stationären Magnetfeld) nur *anziehende* Kräfte erzeugen. Mit Dauermagneten kann man auch *abstoßende* Kräfte (auf andere Dauermagnete) erzielen, somit z.B. Körper in der Schwebe halten (leider nicht stabil).

– Ferromagnetische Körper können im stationären Magnetfeld nur *angezogen*, nicht abgestoßen werden.

– Systeme mit bestromten Spulen haben gegenüber den Dauermagneten den großen Vorteil, dass nach Unterbrechung des Stromes die Kraft verschwindet. Dagegen hält ein Dauermagnet den angezogenen Körper fest, bis man entweder eine genauso große Gegenkraft anwendet, oder den Magneten entmagnetisiert.

⊙ Einfluss einiger Parameter auf die Magnetkraft

Vergrößert man den *Abstand zwischen Spule und Platte*, z.B. von 5 mm auf 15 mm, so verändert sich die Feldkonfiguration wie auf Abb. 3.44, unten ersichtlich: die Streuung an den Luftspalten, aber auch innerhalb der Spule, nimmt stark zu, die Kraft wird $F_z = 450\,N$, nimmt also *8mal* ab.

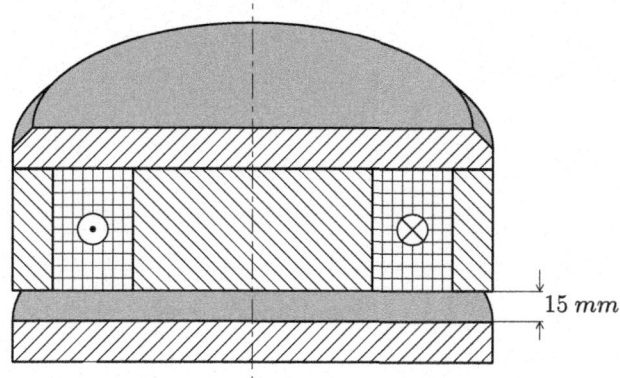

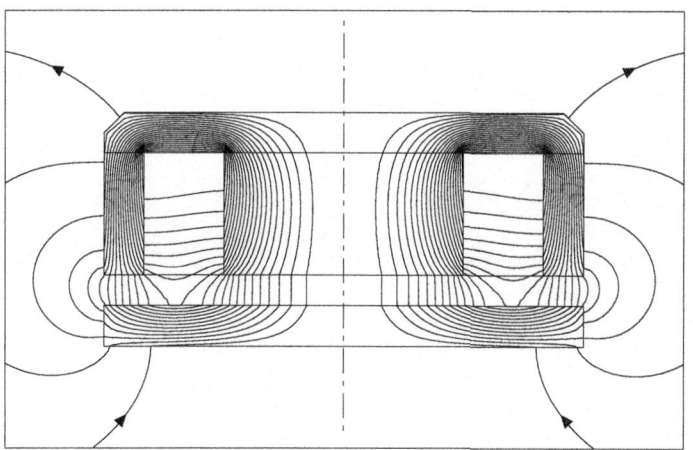

Abb. 3.44. Magnetsystem mit 15 mm Luftspalt

In der Bestrebung, immer größere Anziehungskräfte zu erreichen, kann man auf die Idee kommen, den *Strom zu vergrößern*, z.B. um den Faktor 4. Erwartet man eine $(4)^2 = $ 16mal größere Kraft, so wird man eine Enttäuschung erleben: Besteht der Magnetkreis z.B. aus der üblichen Eisensorte St37, so wird $B_L = 1,6\,T$ und die Kraft $F_z = 17900\,N$, also nur 5mal und nicht 16mal größer. Schuld daran ist die eingetretene *Sättigung* des Eisens, das nicht beliebig große Flüsse führen kann. Auf dem Feldbild Abb. 3.45, unten erkennt man deutlich die Sättigungserscheinung, denn viele Feldlinien stehen nicht mehr senkrecht auf der Eisenoberfläche.

Man darf die Stromerregung nur so weit erhöhen, bis man den Knick der B-H-Kennlinie erreicht hat, eine weitere Erhöhung bedeutet reine Energieverschwendung.

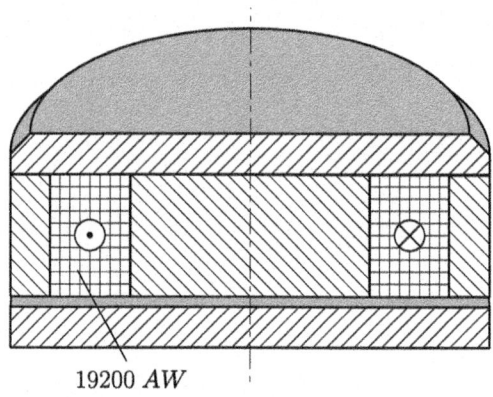

19200 *AW*
Für alle Eisenteile B-H Kennlinie des St37

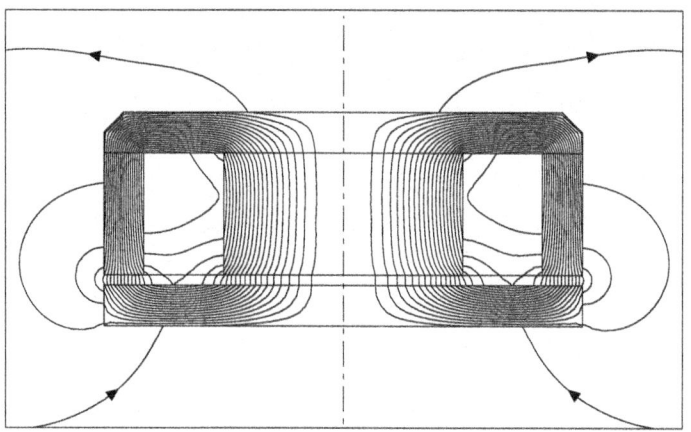

Abb. 3.45. Gesättigtes Magnetsystem des Lasthebemagneten

3.7 Der magnetische Kreis

Schließlich noch die Frage: Wie ändert sich die Kraft, wenn die relative *Permeabilität* μ_r des *angezogenen Gutes* klein ist, z.B. $\mu_r = 10$. Das kann z.B. Schrott sein, der in Form einer Platte, also gepresst, angezogen werden soll. Die Kraft bei ansonsten unveränderter Geometrie und Stromerregung ist jetzt $F_z = 970\,N$, also 3,7mal kleiner als bei $\mu_r = 1000$. Das Feldbild 3.46, unten zeigt an der Oberfläche des angezogenen Gutes viele Linien, die schräg verlaufen.

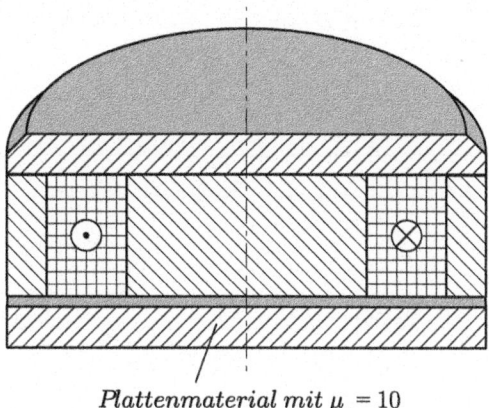

Plattenmaterial mit $\mu_r = 10$

Abb. 3.46. Angezogenes Gut mit $\mu_r = 10$ (Schrott)

3. Stationäre Magnetfelder

> **Wie genau kann man die Kraft mit einfachen Mitteln berechnen?**

Alle Ergebnisse für die Flussdichten B_L und die Magnetkräfte F_z wurden in dem letzten Abschnitt mit dem FE-Programm MANI erzielt.
Was aber, wenn man kein FE-Programm zur Verfügung hat? Kann man mit der Methode des Ersatzschaltbildes befriedigende Ergebnisse erreichen?
Um die Frage zu beantworten, wurde für das endgültige System des Lasthebemagneten (Abb. 3.47) ein Ersatzschaltbild (Abb. 3.48) aufgestellt.

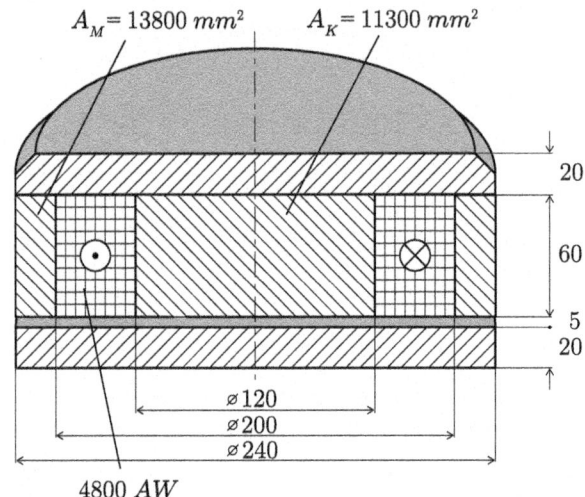

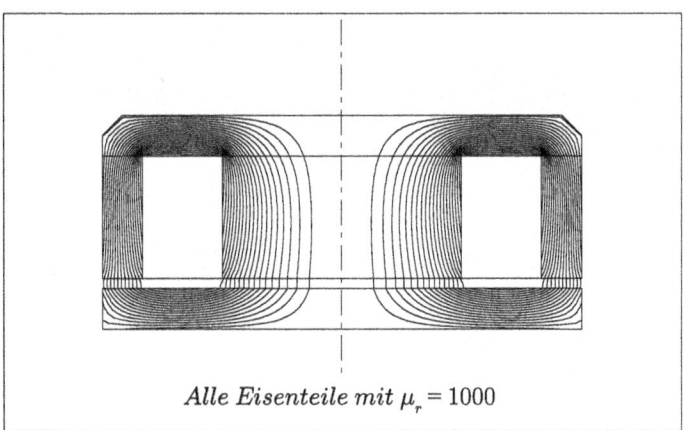

Abb. 3.47. Streufreies System zur vereinfachten Berechnung der Magnetkraft (oben Abmessungen, unten Feldbild)

3.7 Der magnetische Kreis

Die Abmessungen des behandelten Lasthebemagneten kann man der Abb.3.47, oben entnehmen. Die Durchflutung der Spule beträgt 4800 Ampère–Windungen. Die zur Erstellung eines Ersatzschaltbildes notwendigen Vereinfachungen
- Streufreiheit und
- Homogenität der magnetischen Feldstärke in jedem Querschnitt,

führen zu dem Feldbild 3.47 unten.

Anmerkung: Das untersuchte System ist rotationssymmetrisch. Bei solchen Systemen zeigt das Feldbild die Besonderheit, dass die Feldlinien in den Bereichen dichter sind, wo der Radius größer ist. Trotz unterschiedlicher Abstände zwischen den Linien ist das $\vec{B}$–Feld im Luftspalt in Abb. 3.47, unten praktisch homogen. Eine ausfürliche Erläuterung dieser Besonderheit befindet sich im Anhang (Abschnitt A.5).

Das Ersatzschaltbild des Kreises ist auf Abb.3.48 dargestellt.

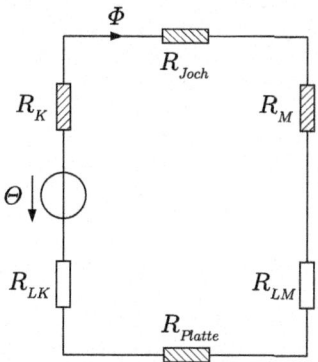

Abb. 3.48. Ersatzschaltbild des streufreien Systems

Wir betrachten zunächst das Verhältnis zwischen den Magnetwiderständen R_K des Kernes und R_{LK} des Luftspaltes unter dem Kern:

$$R_K = \frac{l}{\mu_0 \cdot \mu_r \cdot A} \quad ; \quad R_{LK} = \frac{\delta}{\mu_0 \cdot A}$$

$$\frac{R_K}{R_{LK}} = \frac{l}{\delta \cdot \mu_r} \approx \frac{70 \cdot 10^{-3}}{5 \cdot 10^{-3} \cdot 1000} = 0,014.$$

Da R_{LK} 70*mal* größer als R_K ist, kann man R_K gegenüber R_{LK} vernachlässigen, wie auch R_M gegenüber R_{LM} (Mantel).

Es bleibt die Gleichung (Ohmsches Gesetz des Magnetkreises):

$$\Phi \cdot (R_{LK} + R_{LM}) = \Theta$$

$$\Phi = \frac{\mu_0}{\delta \cdot \left(\frac{1}{A_K} + \frac{1}{A_M}\right)} \cdot \Theta,$$

$$\Phi = \frac{4800\,A \cdot 4\pi \cdot 10^{-7}\,Vs}{5 \cdot 10^{-3}m \cdot \left(\frac{1}{1,13 \cdot 10^{-2}\,m^2} + \frac{1}{1,38 \cdot 10^{-2}\,m^2}\right)\,Am} = 7,5 \cdot 10^{-3}\,Vs.$$

Die Flussichte unter dem Kern ergibt sich als:

$$B_K = \frac{\Phi}{A_K} = \frac{7,5 \cdot 10^{-3}\,Vs}{1,38 \cdot 10^{-2}\,m^2} = 0,66\,\frac{Vs}{m^2} = 0,66\,T.$$

Der exakte Wert auf der Achse war $0,72\,T$.
Unter dem äußeren Mantel herrscht die Flussdichte:

$$B_M = \frac{\Phi}{A_M} = \frac{7,5 \cdot 10^{-3}\,VS}{1,38 \cdot 10^{-2}\,m^2} = 0,54\,T.$$

Die Anziehungskraft ergibt sich als:

$$\begin{aligned}F_z &= \frac{1}{2 \cdot \mu_0} \cdot (B_K^2 \cdot A_K + B_M^2 \cdot A_M)\\ &= \frac{1\,Am}{2 \cdot 4\pi \cdot 10^{-7}\,Vs} \cdot \left(0,66^2\,\frac{(Vs)^2}{m^4} \cdot 1,13 \cdot 10^{-2}\,m^2 + \right.\\ &\quad \left. + 0,54^2\,\frac{(Vs)^2}{m^4} \cdot 1,38 \cdot 10^{-2}\,m^2\right) = 3580\,N.\end{aligned}$$

Der exakte Wert ($F_z = 3610\,N$) liegt nicht einmal 1% darüber.

Fazit: Bei sehr *kurzen Luftspalten* und *linearer B–H–Kennlinie* sind solche Genauigkeiten mit der Ersatzschaltbild–Methode durchaus erzielbar. Empfehlung: möchte man zunächst ungefähr bestimmen, wie groß Flussdichten und Kräfte in ferromagnetischen Kreisen sind, so ist die Ersatzschaltbild–Methode immer brauchbar. Vergrößert sich der Luftspalt, so ist die Genauigkeit nicht mehr so gut. Bei 3fachem Luftspalt ergeben sich jetzt: $B_K = 0,22\,T$, $F_Z = 400\,N$ (statt exakt $F_Z = 450\,N$), also eine um 11% zu kleine Kraft. Gesättigte Kreise können nur mit Feldberechnungsprogrammen behandelt werden.

Kapitel 4

Zeitlich veränderliche magnetische Felder

4 Zeitlich veränderliche magnetische Felder ... 261

4.1	Induktionswirkung und Induktionsgesetz ...	261
4.1.1	Die Experimente von Faraday ...	261
4.1.2	Lenzsche Regel ...	264
4.1.3	Kraft auf bewegte Ladungen im Magnetfeld ...	265
4.1.4	Das Induktionsgesetz in einfacher Form ...	267
4.1.5	Andere Formen des Induktionsgesetzes ...	272
4.1.6	Die Maxwellschen Gleichungen ...	273
4.1.7	Wie wendet man das Induktionsgesetz an? Beispiele	274
4.2	Induktivitäten ...	289
4.2.1	Selbstinduktion; Induktivität ...	289
4.2.2	Induktivität spezieller Anordnungen ...	291
4.2.3	Gegeninduktivität magnetisch gekoppelter Spulen ..	298
4.3	Energie und Kräfte im Magnetfeld ...	306
4.3.1	Magnetische Energie und Energiedichte ...	306
4.3.2	Berechnung von Kräften über die Magnetenergie ...	309
4.3.3	Zusammenfassung aller Kraftwirkungen im Magnetfeld ...	309

4 Zeitlich veränderliche magnetische Felder

4.1 Induktionswirkung und Induktionsgesetz

● 4.1.1 Die Experimente von Faraday

In den 20er Jahren des neunzehnten Jahrhunderts wussten die Physiker genau, dass jeder *stromdurchflossene Leiter ein Magnetfeld erzeugt*. Biot, Savart, Ampère, Laplace u.a. hatten diese Erscheinungen beobachtet und auch mathematisch formuliert.

In Analogie zu der Tatsache, dass jeder Strom ein Magnetfeld hervorruft, waren alle in der Erwartung, dass umgekehrt auch jedes *Magnetfeld einen Strom hervorruft*. Doch diese Analogie konnte experimentell nicht festgestellt werden. Befand sich in der Nähe eines Dauermagneten, also in seinem Magnetfeld, ein geschlossener Stromkreis, so konnte kein Strom gemessen werden.

Michael Faraday (1791–1867) fing *1824* an, in dieser Richtung zu experimentieren. Es dauerte sieben Jahre, bis er herausfand, dass die allgemeine Erwartung nicht erfüllt werden konnte, weil nicht das Magnetfeld selbst, sondern nur *seine zeitliche Veränderung* einen Strom hervorrufen kann. Nach einer langen, mühevollen Zeit, entdeckte und formulierte er eins der wichtigsten Gesetze des Elektromagnetismus: das *Induktionsgesetz*. Faraday hat entdeckt, dass elektrische Ströme nicht nur mit den von *Alessandro Volta (1745-1827)* erfundenen chemischen Batterien erzeugt werden können, sondern auch durch zeitlich veränderliche Magnetfelder. Man erzählt, dass Faraday, – der am Royal Institution in London, also im Staatsdienst, arbeitete –, gefragt wurde, was denn seine Arbeit von sieben Jahren überhaupt dem englischen Staat bringen würde. Faraday soll (ungefähr) geantwortet haben: „Ich weiß nicht genau was, doch bin ich sicher, dass der Staat viele Steuern mit meiner Entdeckung kassieren wird". In der Tat: Jede elektrische Maschine, jeder Transformator, die Induktionsöfen und die Magnet–Schwebebahn, sie alle basieren auf der elektromagnetischen Induktion. Und ständig werden neue Erfindungen gemacht, die von dem Induktionsprinzip ausgehen.

Die mathematische Formulierung des Induktionsgesetztes ist sehr einfach, doch ihr physikalischer Sinn ist nicht immer leicht durchschaubar.

262   4. Zeitlich veränderliche magnetische Felder

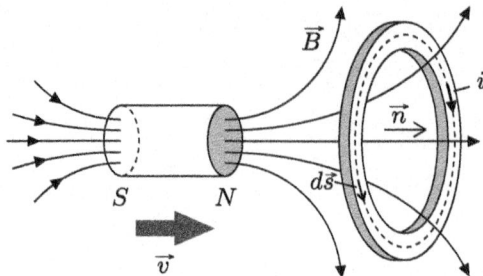

Abb. 4.1. 1. Versuch von Faraday

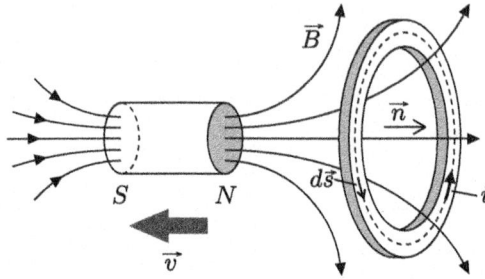

Abb. 4.2. 2. Versuch von Faraday

Zum Verständnis der Induktionserscheinungen kann es hilfreich sein, die Experimente von Faraday kurz zu diskutieren.

Faraday hat mit einem zylindrischen Dauermagneten und einer kreisförmigen Schleife, in der ein empfindliches Galvanometer eingeschaltet war, experimentiert.

Die Achse des Dauermagneten stimmt mit der Normalen $\vec{n}$ an der Schleife überein. Wählen wir die Normale nach rechts gerichtet, so ist der positive Umlaufsinn in der Schleife nach der Rechtsschraubenregel festgelegt (Abb.4.1, Umlaufsinn auf dem gestrichelten Umlauf).

Faraday stellte fest, dass solange der Magnet und die Schleife relativ zueinander in Ruhe sind, das Messinstrument nichts anzeigt. Sobald er den Magneten oder die Schleife bewegte, konnte er jedoch einen Strom in der Schleife messen, allerdings nur so lange sich ein Teil gegenüber dem anderen bewegte.

Bewegt man den Magneten mit der konstanten Geschwindigkeit $\vec{v}$, so gibt es vier mögliche Versuche:

1. Der Nordpol wird zur Schleife hin bewegt (Abb. 4.1),
2. der Nordpol wird von der Schleife weg bewegt (Abb. 4.2),

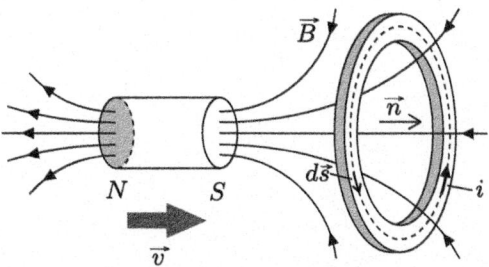

Abb. 4.3. 3. Versuch von Faraday

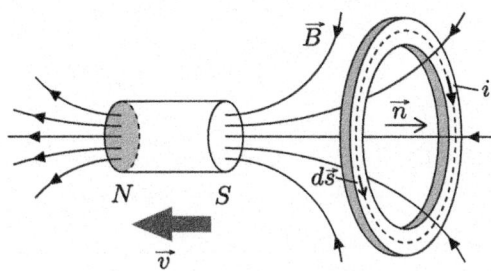

Abb. 4.4. 4. Versuch von Faraday

3. der Südpol wird zur Schleife hin bewegt (Abb. 4.3),
4. der Südpol wird von der Schleife weg bewegt (Abb. 4.4).

Die durch die Bewegung des Magneten (oder der Schleife) erzeugten Ströme nennt man *„induzierte Ströme"*, die damit verbundene Erscheinung *„Induktion"*.

Man kann also elektrische Ströme nicht nur mit chemischen Elementen, sondern auch durch Induktion, erzeugen.

Faraday bemerkte, dass sich bei der *relativen* Bewegung von Magnet und Schleife der Magnetfluss Φ, den der Dauermagnet durch die von der Leiterschleife begrenzte Fläche hindurchschickt, *ändert*. Wie ändert sich der Fluss in den vier Fällen? Der Fluss Φ ist ein Flächenintegral:

$$\Phi = \iint \vec{B} \cdot d\vec{A}.$$

1. Der Fluss durch die Schleife wird *größer*, und er ist positiv, da $\vec{B}$ und $\vec{n}$ (also $d\vec{A}$) gleichgerichtet sind (Abb. 4.1). Es ist also:

$$\frac{d\Phi}{dt} > 0.$$

2. Die Anzahl der Feldlinien *verringert* sich. Da der Fluss positiv ist (siehe Abb. 4.2) , gilt:
$$\frac{d\Phi}{dt} < 0.$$

3. Jetzt sind $\vec{B}$ und $d\vec{A}$ entgegengerichtet (Abb. 4.3,); der Fluss *nimmt ab*:
$$\frac{d\Phi}{dt} < 0.$$

4. Entfernt man den Südpol, so *nimmt* der Fluss *zu* (Abb. 4.4):
$$\frac{d\Phi}{dt} > 0.$$

Betrachtet man die Richtung der vier induzierten Ströme, so stellt man fest, dass dort, wo $\frac{d\Phi}{dt} < 0$ ist, der Strom im *positiven* Umlaufsinn fließt (assoziiert mit $\vec{n}$ durch die Rechtsschraubenregel), wo $\frac{d\Phi}{dt} > 0$ ist, im *negativen* Sinn.

❯ 4.1.2 Lenzsche Regel

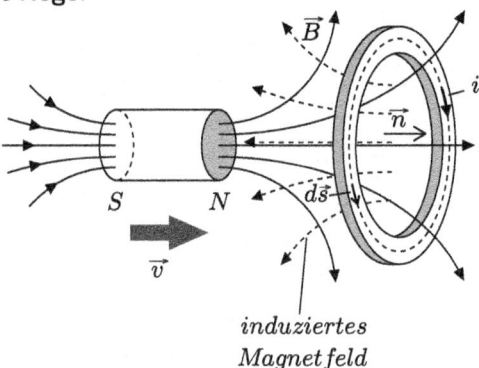

induziertes Magnetfeld

Jeder der vier induzierten Ströme in den Experimenten von Faraday erzeugt selbst ein Magnetfeld.

1. Wir betrachten das „induzierte" Feld im 1. Fall: Der induzierte Strom erzeugt gegenüber dem Nordpol ebenfalls einen Nordpol, also versucht er die Änderung des induzierenden Flusses, seine Ursache, zu schwächen.

Genauso ist es in den anderen drei Fällen:

4.1 Induktionswirkung und Induktionsgesetz

2. Hier erscheint links ein Südpol, der versucht, den sich entfernenden Nordpol zurückzuhalten. Aber eben die Tatsache, dass der Nordpol sich *entfernt*, ist die Ursache des induzierten Stromes. Der induzierte Strom wirkt *gegen* seine Ursache.
3. Der induzierte Südpol stößt den sich nähernden Südpol weg.
4. Hier wird wieder ein Nordpol induziert, der den Südpol zurückhalten will.

Diese Erscheinung nennt man die Lenzsche Regel (nach *Heinrich Lenz, 1804-1865*).

Gesetz (Lenzsche Regel): Die induzierten Ströme wirken gegen ihre Ursache. Die Ursache ist die Änderung des Flusses.

Anmerkung: Nicht der induzierende Fluss soll vermindert werden, sondern seine *Änderung* soll geschwächt werden.

Die einfachere Formulierung der Lenzschen Regel: „Die Wirkung wirkt ihrer Ursache entgegen" ist sehr leicht zu verstehen: Würde die Wirkung ihre Ursache verstärken, so würden Wirkung und Ursache immer größer werden, ohne jegliche Energiezufuhr. Das ist aber absurd.

Mit der Lenzschen Regel kann man auch ein scheinbares Paradoxon klären, das bei der Induktionserscheinung auftritt. Betrachtet man wieder als Beispiel den 1. Versuch von den Faradayschen Experimenten, so sieht es zunächst so aus, als ob hier ein Widerspruch gegen den Energieerhaltungssatz vorliegt. Der Magnet wird mit konstanter Geschwindigkeit, also anscheinend ohne Arbeit zu leisten, zu der Schleife hin bewegt. In dieser Schleife erscheint ein induzierter Strom, der nach Joule Wärme erzeugt. Woher stammt aber die Energie, die in Wärme umgewandelt wird?

Nun, jetzt wissen wir, dass der Strom in der Schleife ein eigenes Magnetfeld erzeugt, so dass der Magnet *gegen* diese abstoßende Kraft bewegt werden muss. Um ihn mit konstanter Geschwindigkeit $\vec{v}$ zu bewegen wird also eine Arbeit geleistet, die als Energie des induzierten Stromes erscheint.

4.1.3 Kraft auf bewegte Ladungen im Magnetfeld

Um das Induktionsgesetz leichter zu verstehen, muss man kurz die Lorentz–Kraft (nach *Hendrik Antoon Lorentz, 1853-1928*) auf elektrische Ladungen die sich im Magnetfeld bewegen, behandeln.

Gesetz (Lorentz–Kraft): Wird eine Ladung Q mit der Geschwindigkeit $\vec{v}$ unter einem Winkel α zu der Feldlinienrichtung eines Magnetfeldes $\vec{B}$ bewegt,

266   4. Zeitlich veränderliche magnetische Felder

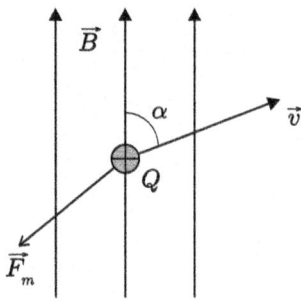

Abb. 4.5. Zur Lorentz-Kraft

so wirkt auf sie eine Kraft $\vec{F}_m$:

$$\boxed{\vec{F}_m = Q \cdot (\vec{v} \times \vec{B})} \tag{161}$$

oder, im Betrag:

$$F_m = Q \cdot v \cdot B \cdot \sin\alpha.$$

$\vec{F}_m$ ist dem Kreuzprodukt von $\vec{v}$ und $\vec{B}$ proportional und steht senkrecht auf ihrer Ebene. Die Richtung der Kraft erreicht man mit der Regel der Rechtsschraube.

Elektronenstrahlen könen also nicht nur im elektrostatischen Feld (siehe Abschnitt 1.8.3), sondern auch im Magnetfeld abgelenkt werden.

Beispiel 4.1: Kraft auf eine Ladung im Magnetfeld

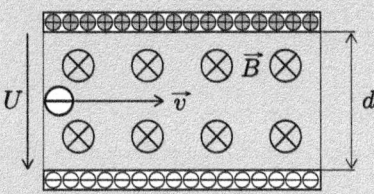

Ein Elektron mit der Ladung e tritt mit der Geschwindigkeit v in horizontaler Richtung in einen Plattenkondensator ein, an dem die Spannung U liegt. Im Vakuum zwischen den Platten befindet sich ein homogenes Magnetfeld $\vec{B}$, das senkrecht zur Zeichenebene verläuft (siehe Bild).

Wie groß muss $\vec{v}$ sein, damit das Elektron den Kondensator geradlinig durchfliegt?

<u>Lösung:</u>

$$\vec{F}_e = e \cdot \vec{E} = e \cdot \frac{U}{d} \cdot \vec{e}_z$$

$$\vec{F}_m = e \cdot (\vec{v} \times \vec{B}) = e \cdot v \cdot B \cdot (-\vec{e}_z)$$

Die Summe der Kräfte in vertikaler Richtung muss Null sein:

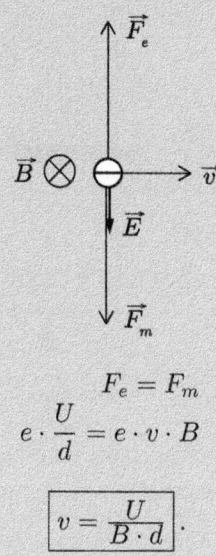

$$F_e = F_m$$
$$e \cdot \frac{U}{d} = e \cdot v \cdot B$$

$$\boxed{v = \frac{U}{B \cdot d}}.$$

❯ 4.1.4 Das Induktionsgesetz in einfacher Form

Induktionserscheinungen treten immer auf, wenn der Magnetfluss durch irgendeine Fläche eine zeitliche Änderung erfährt.

Zum leichteren Verständnis teilt man die Erscheinungen der elektromagnetischen Spannungserzeugung in zwei Klassen ein:

– wenn in einem *konstanten Magnetfeld Leiter bewegt werden*, spricht man von *Bewegungsinduktion*;
– wenn sich *Magnetfelder zeitlich ändern*, und die sich darin befindlichen Leiter ruhen, spricht man von *Ruheinduktion*.

Auch Überlagerungen der beiden Erscheinungen treten auf.

Bewegungsinduktion

Bewegt man einen Leiter in einem homogenen Magnetfeld $\vec{B}$ mit der Geschwindigkeit $\vec{v}$ (Abb. 4.6), so wirkt auf die freien Elektronen eine Lorentz–Kraft

$$\vec{F}_m = e \cdot (\vec{v} \times \vec{B}).$$

Da die Elektronen negative Ladungen sind, wirkt die Kraft auf sie nach vor-

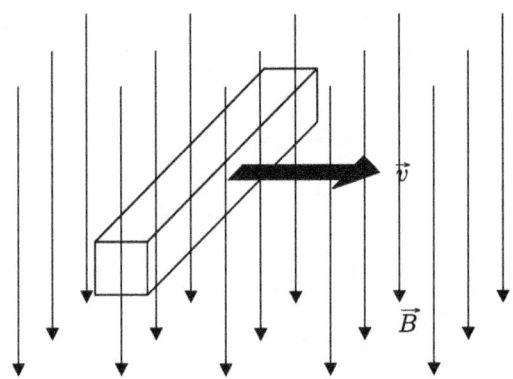

Abb. 4.6. Zur Bewegungsinduktion

ne, zum unteren Ende des Stabes. Dort entsteht eine negative, am oberen Ende eine positive Überschussladung (siehe nächstes Bild).

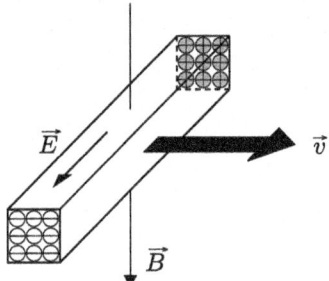

Durch die Ladungstrennung entsteht ein elektrisches Feld $\vec{E}$, das nach vorne gerichtet ist, und eine Coulombsche Kraft

$$\vec{F}_e = e \cdot \vec{E}.$$

Wegen der negativen Ladung der Elektronen ist die Coulombsche Kraft $\vec{F}_e$ nach oben, die Lorentz-Kraft F_m dagegen nach unten gerichtet.

4.1 Induktionswirkung und Induktionsgesetz

Die Ladungstrennung vollzieht sich so lange, bis die beiden Kräfte $\vec{F}_e$ und $\vec{F}_m$ gleich groß sind.

$$\vec{F}_e + \vec{F}_m = 0$$
$$e \cdot \vec{E} + e \cdot (\vec{v} \times \vec{B}) = 0. \tag{162}$$

Aus dieser Gleichung ergibt sich logischerweise, dass $(\vec{v} \times \vec{B})$ auch als elektrische Feldstärke aufgefasst werden kann, als eine „Gegenfeldstärke", die durch magnetische Feldkräfte bedingt ist. Man nennt sie *induzierte elektrische Feldstärke*

$$\boxed{\vec{E}_i = \vec{v} \times \vec{B}}. \tag{163}$$

In der Tat ist die Einheit von $(\vec{v} \times \vec{B})$:

$$[(\vec{v} \times \vec{B})] = \frac{m}{s} \cdot \frac{Vs}{m^2} = \frac{V}{m},$$

also die Einheit der elektrischen Feldstärke E.

Zu dieser Feldstärke gehört definitionsgemäß eine induzierte Spannung

$$u_i = \int_1^2 \vec{E}_i \cdot d\vec{s} = \int_1^2 (\vec{v} \times \vec{B}) \cdot d\vec{s}.$$

In dem betrachteten Fall ist $(\vec{v} \times \vec{B}) \| d\vec{s}$ und somit

$$u_i = v \cdot B \cdot l,$$

wobei l die Länge des Leiters ist.

Weiter betrachten wir denselben Leiter, diesmal aber als Teil eines *geschlossenen* Kreises, in dem ein Strom fließen kann. Er wird auf leitenden Schienen mit der konstanten Geschwindigkeit $\vec{v}$ bewegt (Abb. 4.7). Auch hier wird eine Spannung in den Leiter induziert. Ihre Richtung entspricht der Feldstärke $\vec{E}_i = \vec{v} \times \vec{B}$. Der Strom i fließt in *derselben Richtung*, denn der Leiter hat einen bestimmten Widerstand und somit gilt das Ohmsche Gesetz in der Form $u = R \cdot i$: Strom und Spannung haben dieselbe Richtung. Interessant ist auch eine andere Betrachtungsweise für die induzierte Spannung:

$$u_i = v \cdot B \cdot l = \frac{dx}{dt} \cdot B \cdot l = B \cdot l \cdot \underbrace{\frac{dx}{dt}}_{\frac{dA}{dt}} = B \cdot \frac{dA}{dt}.$$

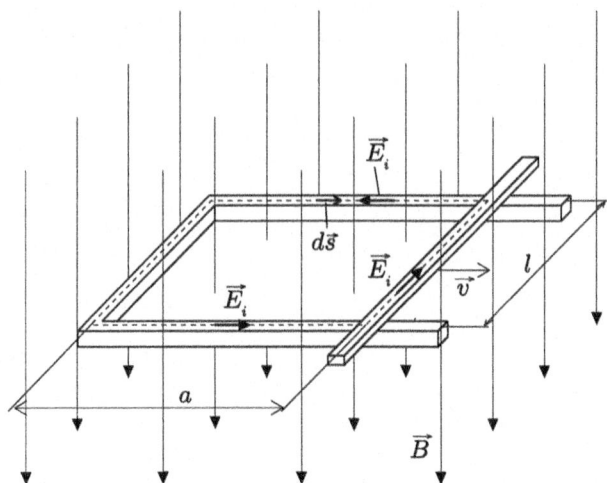

Abb. 4.7. Bewegungsinduktion im geschlossenen Kreis

Hier soll x die Bewegungsrichtung sein und dA die durch die Bewegung des Stabes um den Weg dx entstandene Vergrößerung der Fläche der Schleife, die der bewegliche Stab mit dem stehenen U-förmigen Leiter bildet. Man kann weiter auch:

$$B \cdot dA = d\Phi$$

schreiben, wo $d\Phi$ die Änderung des Magnetflusses durch die Schleife ist. Hier sollte nochmals die allgemein angenommene *Vereinbarung* erwähnt werden: Die Richtung des Flächenelementes $d\vec{A}$, also die Richtung der Normalen, ist mit der Richtung des Wegelementes $d\vec{s}$ (auf dem Umlauf, der die Fläche begrenzt) nach der Regel der Rechtsschraube verknüpft.
Der Magnetfluss

$$\Phi = \iint \vec{B} \cdot d\vec{A}$$

ist zwar ein Skalar, doch hat er ein definiertes Vorzeichen: Wenn $\vec{B}$ und das Flächenelement $d\vec{A}$ dieselbe Richtung haben, ist der Fluss Φ positiv.
Auf Abb. 4.7 ist diejenige Richtung von $d\vec{s}$ eingezeichnet, die einem positiven Fluss Φ durch die Fläche der Schleife entspricht.
Die Richtung von $\vec{E}_i$, und somit die Richtung des Stromes i (bei Annahme des Verbraucher-Zählpfeilsystems), ist auf Abb. 4.7 der positiven Umlaufrichtung $d\vec{s}$ entgegengerichtet. Das bestätigt die experimentelle Fest-

stellung von Faraday, dass bei wachsendem Magnetfluss ($\frac{d\Phi}{dt} > 0$) der Strom im negativen Umlaufsinn fließt. Auf Abb. 4.7 ist in der Tat $\frac{d\Phi}{dt} > 0$, wenn die Bewegung nach rechts stattfindet, weil dann der Fluss durch die Schleife zunimmt. Würde sich die Bewegungsrichtung ändern ($\vec{v}$ nach links gerichtet), so würde das Vektorprodukt ($\vec{v} \times \vec{B}$) seine Richtung ändern und somit auch $\vec{E}_i$ und der Strom i.

Faraday hat festgestellt, dass in allen Experimenten die folgende Gleichung gilt:

$$\boxed{u_i = -\frac{d\Phi}{dt}}. \tag{164}$$

Das ist die einfache Form des Induktionsgesetzes.

> *Einfache Form des Induktionsgesetzes: Die induzierte Spannung ist gleich der negativen Änderung des magnetischen Flusses.*

Die bekannteste Anwendung der Bewegungsinduktion ist die *elektrische Maschine*. In Leiterschleifen, die im Magnetfeld rotiert werden, werden Spannungen induziert. Diese hängen, gemäß Gl. (164), davon ab, wie schnell sich der Magnetfluss durch die Leiterschleifen ändert. Man sieht gleich, dass die induzierte Spannung proportional zu der Drehzahl, zu der Flussdichte B und zu der Fläche der Schleife sein muss (siehe Anwendung 4.1).

⊙ **Ruheinduktion**

Die zweite Möglichkeit, durch veränderliche Magnetfelder Spannungen zu erzeugen, ist die, dass ein ruhender Leiter ein zeitlich veränderliches Magnetfeld umschließt. Aus Gl. (164) ergibt sich in diesem Fall:

$$\Phi(t) = B(t) \cdot A \; ; \; u_i \cdot = -\frac{d\Phi}{dt} = -A \cdot \frac{dB}{dt}$$

Sind N Windungen in der Schleife vorhanden, so wird jede Windung von der gleichen Flussänderung betroffen sein. Die einzelnen Flüsse Φ addieren sich zu einem *verketteten Fluss* Ψ:

$$\boxed{\Psi = N \cdot \Phi}. \tag{165}$$

$$\boxed{u_i = -N \cdot \frac{d\Phi}{dt} = -\frac{d\Psi}{dt}}. \tag{166}$$

Die Richtung der induzierten Spannung erfährt man über den Strom i, der in der Schleife induziert werden könnte. Sein Eigenfeld muss – nach Lenz

– gegen die Flussänderung, die ihn verursacht hat, wirken.

Die wichtigste Anwendung der Ruheinduktion ist der *Transformator*. Ein solches Magnetsystem erlaubt, mit Hilfe von zwei Spulen mit unterschiedlichen Windungszahlen, eine gegebene, zeitlich veränderliche Spannung (die Primärspannung) in eine andere, größere oder kleinere (die Sekundärspannung), zu „transformieren".

❯ 4.1.5 Andere Formen des Induktionsgesetzes

Der physikalische Inhalt des Induktionsgesetzes, der von Faraday festgestellt wurde, ist: Ändert sich der Magnetfluss durch irgendeine Fläche, so wird in den Umlauf, der diese Fläche begrenzt, eine elektrische Spannung induziert:

$$u_i = -\frac{d\Phi}{dt}.$$

Da der Umlauf *geschlossen* ist, kann man die obige Gleichung noch wie folgt schreiben:

$$\boxed{\oint \vec{E}_i \cdot d\vec{s} = -\frac{d}{dt} \iint \vec{B} \cdot d\vec{A}} \qquad (167)$$

wobei der Umlaufsinn des Linienintegrals mit dem Flächenelement $d\vec{A}$ nach der *Rechtsschraubenregel* verknüpft ist.

Die Form des Induktionsgesetzes nach Gleichung (167) nennt man die *2. Maxwell'sche Gleichung*. *Anmerkungen:*

– Der geschlossene Umlauf *muss nicht* unbedingt ein Leiter sein. Das Induktionsgesetz gilt allgemein für jeden geschlossenen Umlauf, auch durch Luft und Isolierstoffe. Überall, wo ein zeitlich veränderliches Magnetfeld vorhanden ist, hat dieses ein elektrisches Feld $\vec{E}_i$ zur Folge. Damit ein induzierter Strom fließt, muss jedoch ein Leiter vorhanden sein.

– In der Elektrostatik galt $\oint \vec{E} \cdot d\vec{s} = 0$, und die elektrische Spannung U war wegunabhängig.
Hier ist $\oint \vec{E} \cdot d\vec{s} \neq 0$ und das heißt, dass die induzierten Spannungen *wegabhängig* sind.

– Der geschlossene Umlauf *bewegt sich mit den Körpern mit*.

Die 2. Maxwellsche Gleichung beinhaltet sowohl die Bewegungs– als auch die Ruheinduktion. In der Tat kann man schreiben:

4.1 Induktionswirkung und Induktionsgesetz

$$\boxed{\oint \vec{E} \cdot d\vec{s} = \underbrace{\oint (\vec{v} \times \vec{B}) \cdot d\vec{s}}_{Bewegungsinduktion} - \underbrace{\iint \frac{\partial \vec{B}}{\partial t} \cdot d\vec{A}}_{Ruheinduktion}}. \qquad (168)$$

Die zeitliche Ableitung der Ruheinduktion wird nur an $\vec{B}$ ausgeführt, da in einer ruhenden Anordnung die Fläche unverändert bleibt.

● 4.1.6 Die Maxwellschen Gleichungen

James Clark Maxwell (1831-1879) beschrieb im Jahr *1873* in seinem Buch „A Treatise on Electricity and Magnetism" sämtliche damals vorhandenen Kenntnisse über Elektromagnetismus. Sein System von – später nach ihm benannten – vier Gleichungen erfasste nicht nur die bis dahin erhaltenen Versuchsergebnisse, sondern im Voraus die experimentellen Ergebnisse der darauffolgenden 20 Jahre. So z.B. enthalten die Gleichungen auch die elektromagnetischen Wellen, deren Existenz erst 20 Jahre später durch Versuche bewiesen wurde.

Hier nochmals die vier Gleichungen:

1. Gleichung: *Das Durchflutungsgesetz*

$$\boxed{\oint \vec{H} \cdot d\vec{s} = \iint (\vec{S} + \frac{\partial \vec{D}}{\partial t}) \cdot d\vec{A}} \qquad (169)$$

2. Gleichung: *Das Induktionsgesetz*

$$\boxed{\oint \vec{E} \cdot d\vec{s} = \oint (\vec{v} \times \vec{B}) \cdot d\vec{s} - \iint \frac{\partial \vec{B}}{\partial t} \cdot d\vec{A}} \qquad (170)$$

3. Gleichung: *Der Gaußsche Satz des Magnetfeldes*

$$\boxed{\oiint \vec{B} \cdot d\vec{A} = 0} \qquad (171)$$

4. Gleichung: *Der Gaußsche Satz der Elektrostatik*

$$\boxed{\oiint \vec{D} \cdot d\vec{A} = Q}. \qquad (172)$$

Diese vier Gleichungen sind materialunabhängig, sie haben ganz allgemeine Gültigkeit. Die Erfahrung zeigt, dass auch drei Materialgesetze zwischen den Feldgrößen $\vec{E}$ und $\vec{D}$, $\vec{B}$ und $\vec{H}$, sowie $\vec{E}$ und $\vec{S}$ bestehen:

$$\vec{D} = \varepsilon \cdot \vec{E} \qquad (173)$$

$$\vec{B} = \mu \cdot \vec{H} \qquad (174)$$

$$\vec{S} = \kappa \cdot \vec{E}. \qquad (175)$$

Diese sieben Gleichungen bilden ein System, das alle phänomenologischen elektromagnetischen Erscheinungen umfasst. Mit ihrer Hilfe kann man im Prinzip jede Aufgabenstellung der elektromagnetischen Felder lösen.
Die Begeisterung der Wissenschaftler angesichts der Vollkommenheit dieser mathematischen Formulierung, die bis heute von keinem Experiment widerlegt wurde, hat *Ludwig Boltzmann, (1844-1906)* am besten, durch einen Faust-Zitat, zum Ausdruck gebracht: „War es ein Gott, der diese Zeichen schrieb?"

◉ 4.1.7 Wie wendet man das Induktionsgesetz an? Beispiele

Zur Erläuterung soll die Anordnung aus einem U-förmigen Leiter, auf dem ein Stab bewegt werden kann, sodass ein geschlossener elektrischer Kreis, – eine rechteckige Leiterschleife mit variabler Fläche – entsteht, betrachtet werden.

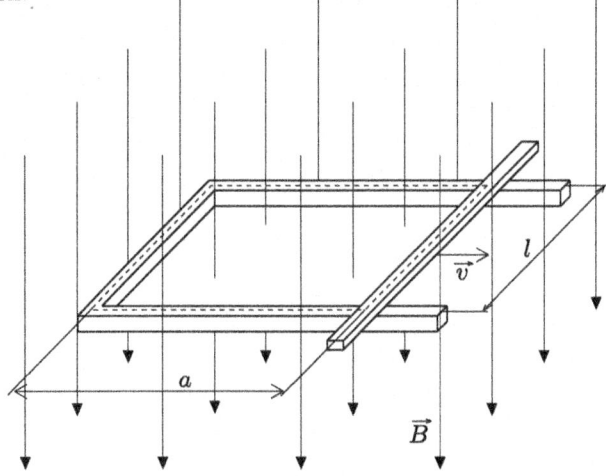

Abb. 4.8. Untersuchte Anordnung

Die Schleife befindet sich in einem äußeren Magnetfeld, das senkrecht nach unten verläuft (Abb. 4.8). Zur Zeit $t = 0$ befindet sich der Stab an der

Stelle $x = a$, wenn x die horizontale Bewegungsrichtung ist.

⊙ Konstante Geschwindigkeit, zeitlich konstantes Magnetfeld

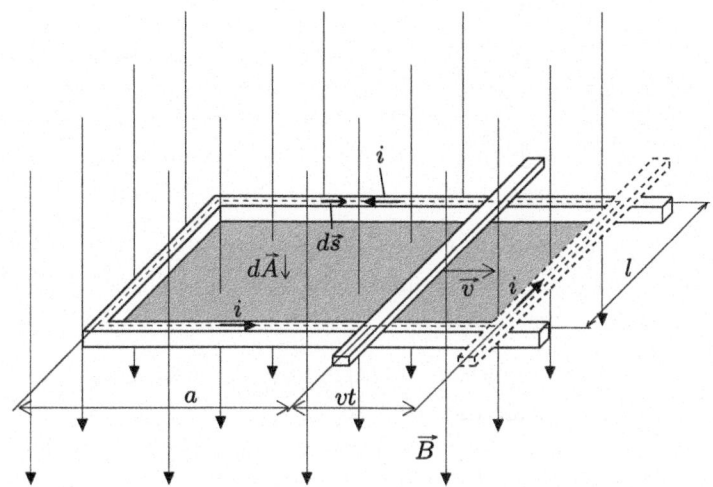

Abb. 4.9. Bewegungsinduktion mit konstanter Geschwindigkeit v

Das Bild 4.9 zeigt, dass bei Bewegung des leitenden Stabes nach rechts die Fläche der Leiterschleife, durch die $\vec{B}$-Linien hindurch verlaufen, größer wird. Somit wird der Magnetfluss durch die Schleife größer.
Für diesen Fall kann man die Formel für die Bewegungsinduktion

$$u_i = \oint (\vec{v} \times \vec{B}) \cdot d\vec{s},$$

oder auch die allgemeine Formel $u_i = -\dfrac{d\Phi}{dt}$ anwenden.
Man muss einen Umlaufsinn definieren, der hier im Uhrzeigersinn verlaufen soll. $\vec{E}_i = \vec{v} \times \vec{B}$ zeigt entgegen dem Wegelement $d\vec{s}$. In den folgenden Integralen:

$$u_i = -\oint E_i \cdot ds = -\oint v \cdot B \cdot ds$$

ist der Integrand nur auf der Länge l ungleich Null, weil nur dort $\vec{v} \neq 0$ ist.

$$u_i = -v \cdot B \cdot l.$$

Wendet man jetzt auch die einfache Form des Induktionsgesetzes an, so gilt:

$$u_i = -\frac{d}{dt} \iint \vec{B} \cdot d\vec{A}.$$

Das Flächenelement $d\vec{A}$ ist, wie $\vec{B}$, nach unten gerichtet (siehe Abb. 4.9).

$$u_i = -\frac{d}{dt} \cdot (B \cdot A) = -B \cdot \frac{dA}{dt} = -B \cdot \frac{d}{dt}(a + v \cdot t) \cdot l$$
$$u_i = -v \cdot B \cdot l.$$

Da der Stromkreis geschlossen ist, fließt ein Strom; dieser hat dieselbe Richtung wie u_i, fließt also entgegen dem ausgewählten Umlaufsinn.

Anmerkung: Hätte man die Vergrößerung der Schleifenfläche um $v \cdot t \cdot l$ nicht berücksichtigt, so wäre man zu dem falschen Schluss gelangt, dass keine Spannung induziert wird.

Überprüfen wir nun die Richtung des induzierten Stromes mit der Lenzschen Regel: Der induzierte Strom erzeugt tatsächlich ein „sekundäres" Magnetfeld, das den ursprünglichen Fluss *verringert*. Die Ursache des induzierten Stromes war die *Vergrößerung* des Flusses, also die Richtung des Stromes ist korrekt.

Sollte man Zweifel daran haben, ob die Richtung der induzierten Spannung und damit des Stromes, korrekt ist, so ist die Lenzsche Regel immer hilfreich. Diese Regel, die unabhängig von irgendwelchen Vereinbarungen ist, gibt die physikalische Tatsache wieder, dass die Wirkung jedes induzierten Stromes gegen seine Ursache gerichtet ist.

⊙ Unbewegter Stab, zeitlich variables Magnetfeld

Diese Situation ist auf Abb. 4.10 dargestellt: nichts bewegt sich, die Fläche der Schleife bleibt unverändert. Dafür ist B variabel, z.B.:

$$B = B_{max} \cdot \sin \omega t.$$

Hier geht es um Ruheinduktion:

$$u_i = -\iint \frac{\partial B}{\partial t} \cdot dA = -\frac{\partial B}{\partial t} \cdot A = -\frac{\partial B}{\partial t} \cdot a \cdot l$$
$$= -\omega \cdot B_{max} \cdot a \cdot l \cdot \cos \omega t.$$

4.1 Induktionswirkung und Induktionsgesetz

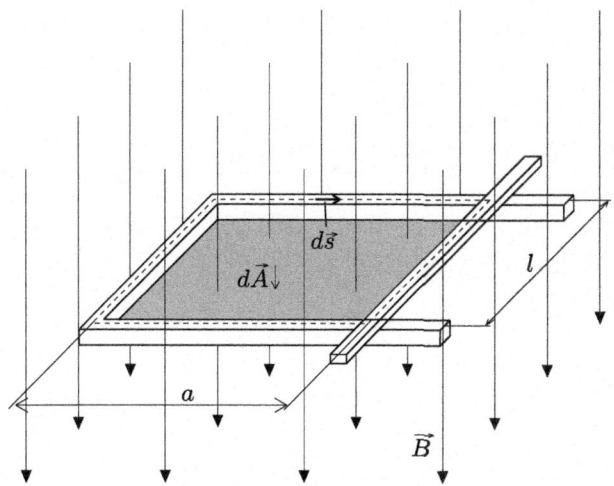

Abb. 4.10. Ruheinduktion

⊚ **Konstante Geschwindigkeit, zeitlich veränderliches Magnetfeld**

Sei es wieder: $B = B_{max} \cdot \sin \omega t$.

Das ist ein typischer Fall der Überlagerung von Bewegungsinduktion und von Ruheinduktion.

Hier muss man von der kompakten Formel:

$$u_i = -\frac{d\Phi}{dt}$$

ausgehen und den Fluss schreiben:

$$\Phi = \iint \vec{B} \cdot d\vec{A} = B_{max} \cdot \sin \omega t \cdot l \cdot (a + v \cdot t).$$

Die Ableitung ergibt zwei Summanden:

$$u_i = -\frac{d\Phi}{dt} = -B_{max} \cdot l \Big[\omega \cdot (a + v \cdot t) \cdot \cos \omega t + v \cdot \sin \omega t\Big].$$

Zu demselben Ergebnis muss die detaillierte Form des Induktionsgesetzes führen:

$$u_i = \underbrace{\oint (\vec{v} \times \vec{B}) d\vec{s}}_{Bewegung} - \underbrace{\iint \frac{\partial \vec{B}}{\partial t} \cdot d\vec{A}}_{Ruhe}.$$

Für die Bewegungsinduktion gelten die Überlegungen von Fall Abb. 4.9:

$$u_i = -\oint v \cdot B \cdot ds = -v \cdot B \cdot l$$

weil $v \neq 0$ nur entlang des Stabes gilt. Somit wird:

$$u_i = -v \cdot l \cdot B_{max} \cdot \sin \omega t.$$

Für die Ruheinduktion gilt:

$$u_i = -\iint \frac{\partial B}{\partial t} \cdot dA, \text{ weil } \vec{B} \| d\vec{A} \text{ ist.}$$

$u_i = -\frac{\partial B}{\partial t} \iint dA$, weil B nicht von der Integration betroffen ist.

Achtung bei der Fläche A: $A = (a \underline{+v \cdot t}) \cdot l$!

Damit wird hier:

$$\begin{aligned}u_i &= -\frac{\partial B}{\partial t} \cdot (a + v \cdot t) \cdot l \\ &= -B_{max} \cdot \omega \cdot l \cdot (a + v \cdot t) \cdot \cos \omega t.\end{aligned}$$

Die Ableitung nach t gilt hier nur für B! Die gesamte induzierte Spannung ist genau wie vorhin die Summe der beiden Anteile:

$$u_i = -B_{max} \cdot l \left[v \cdot \sin \omega t + \omega \cdot (a + v \cdot t) \cos \omega t \right].$$

> **Variable Geschwindigkeit, konstantes Magnetfeld**

Sei es: $v = v_0 \cdot \sin \omega t$, $B = const.$.

Der Stab auf Abb. 4.11 bewegt sich nach links und nach rechts, gemäß der zeitlichen Funktion $\sin \omega t$. Man kann die Formel für die Bewegungsinduktion anwenden, aus der sich gleich

$$u_i = -v_0 \cdot l \cdot B \cdot \sin \omega t$$

ergibt, da die Geschwindigkeit $\vec{v}$ und die Flussdichte $\vec{B}$ senkrecht zueinander stehen.

Auch die einfache Form des Induktionsgesetzes muss dieselbe Spannung u_i ergeben. Dazu muss man den Magnetfluss berechnen, was, bei $B = const.$, die Ermittlung der Fläche erfordert. Diese besteht aus zwei Teilen: $a \cdot l$ und $x \cdot l$ (Abb. 4.11).

Die Strecke x muss aus der vorgegebenen Geschwindigkeit v abgeleitet wer-

4.1 Induktionswirkung und Induktionsgesetz

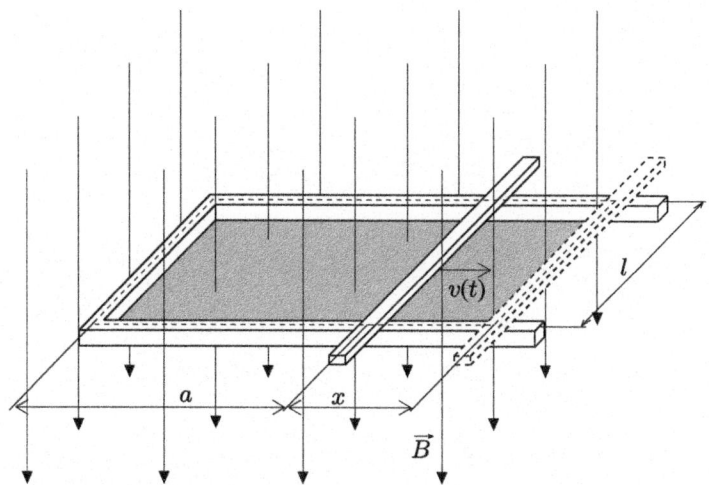

Abb. 4.11. Bewegungsinduktion mit variabler Geschwindigkeit v

den, welche diesmal (Achtung!) eine Zeitfunktion ist:

$$\frac{dx}{dt} = v \Rightarrow dx = v \cdot dt$$

$$x = \int v_0 \cdot \sin \omega t \cdot dt = -v_0 \cdot \frac{1}{\omega} \cdot \cos \omega t$$

$$\Phi = B \cdot l \cdot \left(a - v_0 \cdot \frac{1}{\omega} \cdot \cos \omega t \right)$$

$$u_i = -\frac{d\Phi}{dt} = -B \cdot l \cdot v_0 \cdot \frac{1}{\omega} \cdot \omega \cdot \sin \omega t = -v_0 \cdot B \cdot l \cdot \sin \omega t.$$

Das ist daselbe Ergebnis.

⊚ Unbewegter Stab, Feld zeitlich variabel und inhomogen

Sei es: $B = B_{max} \cdot \frac{x}{a} \cdot \sin \omega t$.

Die Formel für B besagt, dass die magnetische Flussdichte B bei $x = 0$ gleich Null ist, während sie bei $x = a$ den Wert $B_{max} \cdot \sin \omega t$ erreicht. Dazwischen variiert der Maximalwert von B linear mit x (Abb. 4.12).

Da sich hier nichts bewegt, kann man entweder die einfache Form des Induktionsgesetzes oder die Formel für die Ruheinduktion anwenden. Der ers-

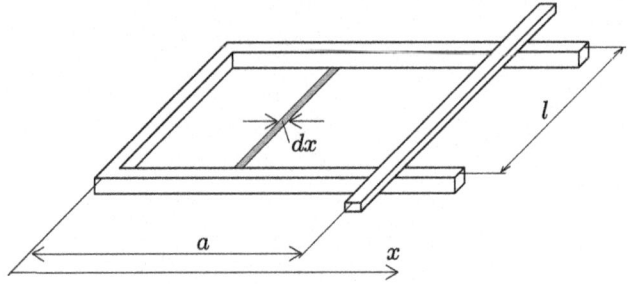

Abb. 4.12. Ruheinduktion mit inhomogenem, zeitlich veränderlichem Magnetfeld

te Weg geht von der Berechnung des Flusses aus:

$$\Phi = \iint \vec{B} \cdot d\vec{A}$$
$$= B_{max} \cdot \frac{1}{a} \cdot \sin \omega t \cdot \int_0^a x \cdot l \cdot dx$$
$$= B_{max} \cdot \frac{1}{a} \cdot l \cdot \frac{a^2}{2} \cdot \sin \omega t = B_{max} \cdot \frac{a \cdot l}{2} \cdot \sin \omega t$$
$$u_i = -\frac{d\Phi}{dt} = -B_{max} \cdot \omega \cdot \frac{a \cdot l}{2} \cdot \cos \omega t .$$

Der zweite Weg geht von der Ruheinduktion aus. Das Ergebnis ist dasselbe wie vorhin.

Anmerkung: Die betrachteten einfachen Beispiele sollten darauf hinweisen, dass man in der Praxis, wo viel kompliziertere Situationen auftreten, immer sehr sorgfältig überlegen muss, ob eine Spannung induziert wird und wenn ja, aus welchem Grund. Nur so kann man die Induktionserscheinung optimal ausnutzen oder gegebenenfalls unterdrücken, wenn sie nicht erwünscht ist (Stichwort „Wirbelstromverluste").

Beispiel 4.2: Bewegungsspannung in einer Leiterschleife

Eine quadratische Schleife $a \times a$ fängt an bei $t = 0$ sich nach rechts mit konstanter Geschwindigkeit v zu bewegen.

In dem Bereich $3a$ befindet sich ein homogenes, zeitlich konstantes Magnetfeld B (siehe Bild).

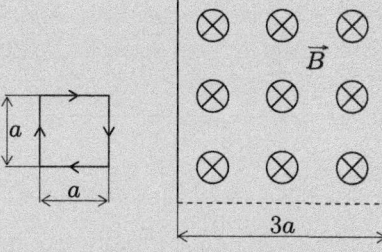

1. Welche Spannung u_i wird in die Schleife in der Zeit von $t = 0$ bis $t = 5t_0$ induziert? ($t_0 = \dfrac{a}{v}$)

2. Stellen Sie graphisch dar, wie die induzierte Spannung u_i und der Magnetfluss Φ zeitlich variieren.

<u>Lösung:</u>

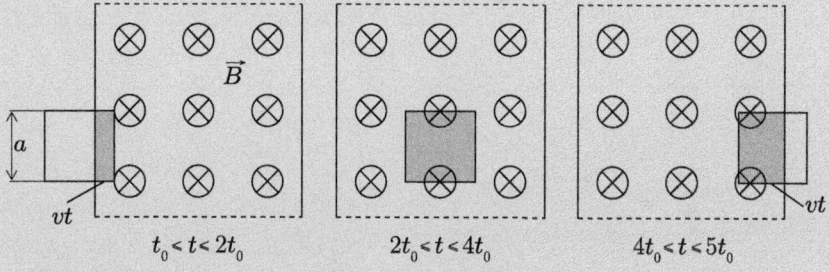

$t_0 < t < 2t_0$ $2t_0 < t < 4t_0$ $4t_0 < t < 5t_0$

1. In dem ersten Zeitintervall ($0 \leq t_0$) befindet sich die Schleife nicht im Magnetfeld, sodass nichts induziert werden kann:

$$\boxed{u_i = 0}.$$

Im zweiten Zeitintervall ($t_0 \leq t \leq 2t_0$) kommt die Schleife in den Bereich, wo ein Magnetfeld vorhanden ist. Der Fluss durch die Schleife nimmt zu, bis sie sich gänzlich im Magnetfeld befindet. Betrachtet man die – willkürlich – gewählte positive Richtung für den Umlaufsinn in der Schleife (Bild oben), so stellt man fest, dass die Richtung der Normalen $d\vec{A}$ in die Zeichenebene zeigt, genau wie $\vec{B}$.

Der Fluss ist positiv: $\Phi = B \cdot A = B \cdot a \cdot v \, t$ *und die induzierte Spannung negativ:*

$$u_i = -\frac{d\Phi}{dt} = \boxed{-Bav}.$$

Im dritten Zeitintervall ($2t_0 \leq t \leq 4t_0$) befindet sich die Schleife in dem Bereich, wo das Magnetfeld vorhanden ist. Jetzt könnte man sie in jede Richtung bewegen, ohne dass eine Spannung induziert wird. Ohne Flussänderung gibt es keine Spannung:

$$\boxed{u_i = 0}.$$

Im vierten Intervall ($4t_0 \leq t \leq 5t_0$) verlässt die Schleife das Magnetfeld, der Fluss nimmt ab und somit wird wieder eine Spannung induziert. Jetzt gilt:

$$\Phi = Ba(a - vt)$$

$$u_i = -\frac{d\Phi}{dt} = \boxed{Bav}.$$

2. *Das folgende Zeitdiagramm zeigt anschaulich, dass in dem Bereich, in dem der Magnetfluss durch die Schleife zunimmt ($t_0 \leq t \leq 2t_0$), die induzierte Spannung negativ ist (das hat Faraday experimentell festgestellt) dagegen in dem Bereich ($4t_0 \leq t \leq 5t_0$), wo der Fluss abnimmt, die Spannung positiv ist.*

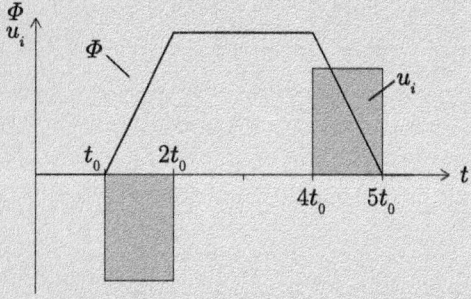

Anmerkung: So kann man im Prinzip zwei rechteckige Spannungsimpulse erzeugen. Der Abstand zwischen den Impulsen hängt von der Breite des Feldbereiches ab. Wäre diese Breite statt 3a nur a, so würde der positive Spannungsimpuls unmittelbar nach dem negativen folgen.

Beispiel 4.3: Ruheinduktion in einer Leiterschleife
Neben einer rechteckigen Leiterschleife mit den Abmessungen a und b liegt im Abstand h ein sehr langer Leiter.

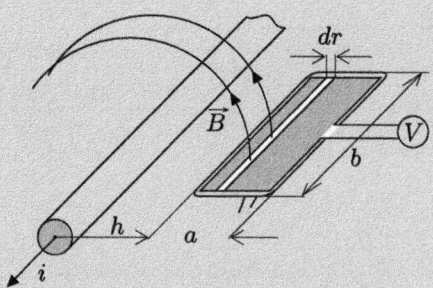

Der Leiter führt den Strom $i = I_{max} \sin \omega t$.
Berechnen Sie die in die Schleife induzierte Spannung u_i allgemein und für die folgenden Daten:

$$I_{max} = 1A, \quad \omega = 100\pi \, s^{-1}, \quad a = h = 5\,cm, \quad b = 10\,cm.$$

<u>Lösung:</u>
Man wendet das Induktionsgesetz in der allgemeinen Form:

$$u_i = -\frac{d\Phi}{dt}$$

an. Der Leiter erzeugt ein (inhomogenes) Magnetfeld:

$$B = \frac{\mu_0 \cdot i}{2\pi r}.$$

Der Fluss in der Schleife (s. Bild) ist:

$$\Phi = \iint \vec{B} \cdot d\vec{A} \quad \text{mit} \quad dA = b \cdot dr$$

$$\Phi = \frac{\mu_0 i b}{2\pi} \int_h^{a+h} \frac{dr}{r} = \frac{\mu_0 i b}{2\pi} \cdot \ln \frac{a+h}{h}$$

$$\Phi = I_{max} \sin \omega t \cdot \frac{\mu_0 b}{2\pi} \cdot \ln \frac{a+h}{h}.$$

Die induzierte Spannung wird:

$$u_i = -\omega I_{max} \cdot \frac{\mu_0 b}{2\pi} \cdot \ln\frac{a+h}{h}.$$

$$u_i = -100\pi\frac{1}{s} 1\,A \frac{4\pi \cdot 10^{-7}}{2\pi} \cdot \frac{Vs}{Am} \cdot 10 \cdot 10^{-2} m \cdot \ln\frac{10}{5} \cos(100\pi\,t)$$

$$u_i = -4{,}35 \cdot 10^{-6}\,V \cos(100\pi\,t).$$

Anwendung 4.1: Wechselspannungsgenerator

Eine Leiterschleife mit der Fläche $A = 2r \cdot l$ wird in einem homogenen und zeitunabhängigen Magnetfeld mit der Winkelgeschwindigkeit ω gedreht (siehe Bild unten).

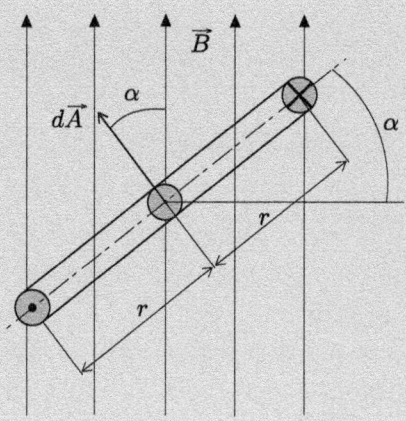

Bei $t = 0$ ist $\alpha = 0$.
Wie groß ist die induzierte Spannung?
Der Fluss im Augenblick t ist $\Phi = B \cdot A \cdot \cos\alpha$ mit $\alpha = \omega t$. Die induzierte Spannung ergibt sich dann mit der einfachen Form des Induktionsgesetzes als:

$$\begin{aligned}u_i = -\frac{d\Phi}{dt} &= -B \cdot A \cdot \omega \cdot (-\sin\omega t)\\ &= B \cdot A \cdot \omega \cdot \sin\omega t = B \cdot 2 \cdot r \cdot l \cdot \omega \cdot \sin\omega t\end{aligned}$$

Bei N Windungen ist u_i N mal größer.

Man kann hier auch mit der Bewegungsinduktion

$$u_i = \oint (\vec{v} \times \vec{B}) \cdot d\vec{s}$$

arbeiten, wobei nur die Seiten der Länge l einen Beitrag leisten.

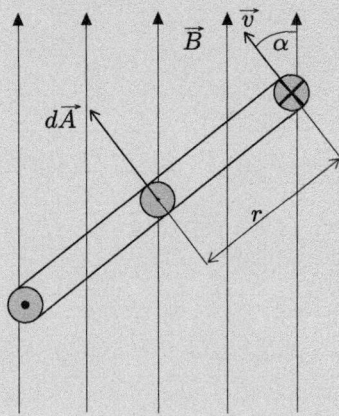

Dort hat das Vektorprodukt $\vec{v} \times \vec{B}$ dieselbe Richtung wie $d\vec{s}$. Damit wird:

$$u_i = 2 \cdot v \cdot B \cdot l \cdot \sin \omega t = 2 \cdot \omega \cdot r \cdot B \cdot l \cdot \sin \omega t.$$

Anmerkung: Eine elektrische Maschine ist ein viel komplizierteres System als hier betrachtet und doch kann man aus der abgeleiteten Formel für die induzierte Spannung interessante Schlüsse darüber ziehen, wie man möglichst große Spannungen erzeugen kann. Es liegen hier vier Parameter vor, die verändert werden können: die Winkelgeschwindigkeit ω (also die Drehzahl der rotierenden Maschine), die Fläche der Spulen $r \cdot l$, die Flussdichte B und die Windungszahl N. B ist leider, wie bei der Diskussion über die Sättigung ferromagnetischer Teile (Abschnitt 3.5.4) klargestellt wurde, auf maximal $2\,T$ begrenzt. Der Winkelgeschwindigkeit ω sind mechanische Grenzen gestellt: große Massen kann man nicht sehr schnell bewegen. Es bleiben also nur die Fläche der Spulen und die Windungszahl, die vergrößert werden können. Das führt zu großen Abmessungen, die allerdings auch begrenzt sind.

Diese kurze Analyse erklärt, warum man in den Kraftwerken nicht die für eine wirtschaftliche Energieübertragung benötigten sehr hohen Spannungen ($400\,kV$ und mehr) direkt erzeugen kann.

Anwendung 4.2: Transformator

Das nächste Bild zeigt sehr vereinfacht den Aufbau eines Transformators: zwei Spulen mit unterschiedlichen Windungszahlen N_1 und N_2 sind auf demselben ferromagnetischen Kreis angebracht.

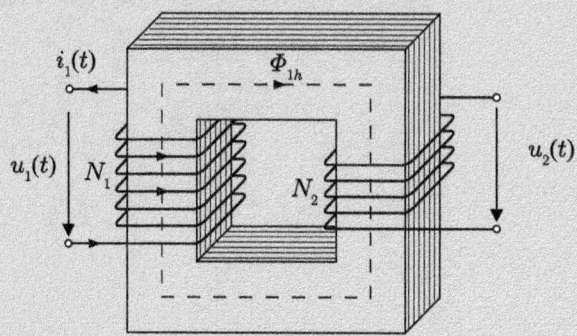

Wenn eine der Spulen mit einer zeitlich veränderlichen Spannung $u_1(t)$ gespeist wird, wird in die zweite Spule eine andere (größere oder kleinere) Spannung $u_2(t)$ induziert. Die zwei Spulen sollen magnetisch stark „gekoppelt" sein, dafür liegen sie in der Regel übereinander, wobei die Spule mit der niedrigeren Spannung – aus Isolationsgründen – näher am Eisen, also darunter, liegt.

Wenn die Primärspule mit N_1 Windungen stromdurchflossen wird, aber die Sekundärspule mit N_2 Windungen offen ist (R = ∞, Leerlauf), dann wird in sie eine Spannung u_{i_2} induziert, die von dem Hauptfluss Φ_{1h} herrührt:

$$u_{i_2} = -\frac{N_2 \cdot d\Phi_{1h}}{dt} = u_2.$$

Man definiert ein Übersetzungsverhältnis:

$$\frac{u_1}{u_2} = \frac{N_1}{N_2} = ü.$$

Wenn die Sekundärseite belastet ist, dann fließt dort ein Strom i_2, der einen Eigenfluss erzeugt, der die Änderung des Flusses von der Spule 1 zu verhindern sucht. Die Gleichungen werden komplizierter.

Anmerkung: Transformiert werden können nur zeitlich variable Spannungen, mit Gleichstrom kann keine Spannung induziert werden, da die Ableitung eines konstanten Flusses gleich Null ist.

4.1 Induktionswirkung und Induktionsgesetz

Damit erkennt man den großen Vorteil des Wechselstroms: die Hochtransformation erlaubt den Transport der elektrischen Energie bei sehr hohen Spannungen (400 kV und, bei großen Entfernungen zwischen Kraftwerk und Verbraucher, sogar bis 700 kV) und somit eine erhebliche Reduzierung der Energieverluste auf den langen Leitungen. Beim Verbraucher muss die Spannung verständlicherweise heruntertransformiert werden, was in mehreren Stufen, mit entsprechenden Transformatoren, erzielt wird.

⊙ Kurze Diskussion über Wirbelströme bei Wechselstrom

Die Induktionserscheinungen, ohne die Wechselstrommaschinen und Transformatoren nicht funktionieren könnten, bringen auch einen unerwünschten Effekt mit, der bei Gleichstrom nicht auftritt: In massiven ferromagnetischen Teilen, die von einem zeitlich variablen Magnetfluss durchflossen werden, werden Spannungen und folglich Ströme (sogenannte „Wirbelströme") induziert. Diese Ströme würden nicht fließen, wenn das Eisen nicht ein verhältnismäßig guter elektrischer Leiter wäre. Doch hat Eisen – leider – eine gute spezifische elektrische Leitfähigkeit von bis zu $10 \cdot 10^6$ Siemens/m (zum Vergleich hat Kupfer $56 \cdot 10^6$ Siemens/m).

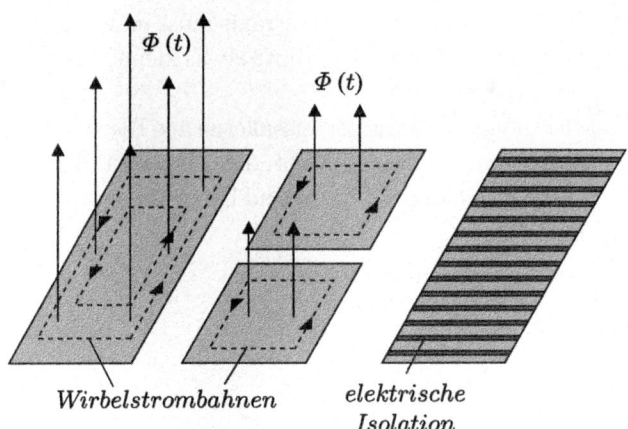

Abb. 4.13. Zur Unterdrückung der Wirbelströme

Abb. 4.13, links stellt einen Schnitt durch einen ferromagnetischen Kreis und einige Feldlinien der magnetischen Flussdichte $\vec{B}$ dar. Solange die Flussdichte von einem Gleichstrom erzeugt wird, passiert nichts. Ist jedoch der Fluss $\Phi(t)$ zeitlich variabel, so wird nach dem Induktionsgesetz eine Spannung induziert und es können sich Ströme schließen. Diese erzeugen Verluste, das Eisen wird warm und der Wirkungsgrad verringert sich nicht unbeträchtlich, alles unangenehme Begleiterscheinungen.

Die Theorie der Wirbelströme ist mathematisch zu kompliziert, um in diesem Buch behandelt zu werden, doch kann man leicht verstehen, welche Maßnahmen getroffen werden müssen, um diese Ströme wirkungsvoll zu reduzieren. Die Lösung lautet: Man muss die möglichen Strombahnen unterbrechen. Auf Abb. 4.13, Mitte wurde der Querschnitt durch eine Luftschicht in zwei Hälften geteilt. Somit entstehen längere Bahnen mit größeren Widerständen, die Ströme werden geschwächt. Auf Abb. 4.13, rechts wird schließlich skizziert gezeigt, wie in der Praxis alle Bauteile der Energietechnik, die bei Wechselstrom arbeiten, aufgebaut werden. Die Eisenteile sind nicht mehr massiv, sondern bestehen aus Blechen, die durch eine dünne Oxydschicht an ihrer Oberfläche voneinander elektrisch isoliert sind. Je dünner die Bleche sind, desto stärker werden die Wirbelströme unterdrückt (gängig sind die Dicken $0,5$ mm und $0,35$ mm). Durch die Oxydschicht verringert sich der tatsächliche Eisenquerschnitt um einige Prozente.

In diesem Buch wurde dem „Eisenfüllfaktor" keine Rechnung getragen, d.h. er wurde gleich 1 angenommen. In der Praxis muss man jedoch berücksichtigen, dass der wirksame Eisenquerschnitt etwas kleiner als der geometrische ist.

Zweifelsohne ist die Herstellung der Eisenkerne aus Blechen nicht billig, doch die zweite Möglichkeit, die darin besteht, den Magnetkreis aus einem Material mit großem spezifischem Widerstand herzustellen, ist nur bei hohen Frequenzen interessant.

4.2 Induktivitäten

4.2.1 Selbstinduktion; Induktivität

Eine geschlossene Schleife, die einen zeitlich veränderlichen Magnetfluss umfasst, widersetzt sich der Änderung des Flusses (Lenzsche Regel). Die in ihr induzierte Spannung erzeugt einen Strom, dessen eigener Magnetfluss („Sekundärfluss") die Flussänderung zu neutralisieren versucht. Diese Auswirkung tritt in allen Spulen mit geschlossenem Stromkreis auf. Versucht man den Magnetfluss zu ändern (z.B. beim Ein- und Ausschalten der Spule), so wird in der Spule eine Spannung induziert $\left(u_i = -N \cdot \dfrac{d\Phi}{dt}\right)$, deren Bestreben es ist, die Flussänderung zu verhindern. Diesen Vorgang nennt man „Selbstinduktion".

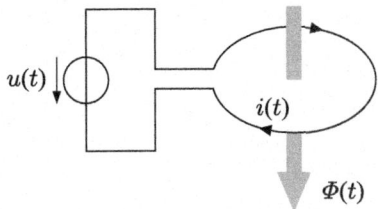

Wir betrachten eine Leiterschleife, die an eine Quelle angeschlossen ist, deren Spannung $u(t)$ zeitabhängig ist.

Das ebenfalls zeitlich veränderliche Magnetfeld wirkt auf sie zurück. Nach dem Induktionsgesetz stellt sich ein solcher Strom ein, dass die Summe der Spannungen auf dem geschlossenen Umlauf gleich $-\dfrac{d\Phi}{dt}$ ist:

$$-u + R \cdot i = -\frac{d\Phi}{dt} \qquad \text{(für } N = 1\text{)}.$$

Hier ist Φ der Eigenfluss der Spule, der meistens proportional dem Strom i in der Spule ist:

$$\Phi \sim i. \tag{176}$$

Dies trifft allerdings nur dann zu, wenn $\mu = const.$ ist, also bei ferromagnetischen Stoffen nur im *linearen* Teil der B–H–Kennlinie.

4. Zeitlich veränderliche magnetische Felder

Der Proportionalitätsfaktor wird *Selbstinduktivität der Spule L* genannt. Sie hängt offensichtlich von den geometrischen und magnetischen Eigenschaften des Raumes ab, in dem sich der Fluss Φ ausbreitet.

$$\Phi = L \cdot i \Rightarrow \boxed{L = \frac{\Phi}{i}}. \tag{177}$$

Dieser Proportionalitätsfaktor ist analog der Kapazität C

$$C = \frac{Q}{U},$$

die den Zusammenhang zwischen der Ladung Q und der Spannung U beschreibt, und dem Widerstand R

$$R = \frac{U}{I},$$

der den Zusammenhang zwischen der Spannung U und dem Strom I beschreibt.

So wie die Kapazität C *nicht von Q und U*, sondern nur von den geometrischen Abmessungen und von der Dielektrizitätskonstante des Materials abhängt, und wie der Widerstand R *nicht von U und I*, sondern nur von den Abmessungen und der spezifischen Leitfähigkeit des Materials abhängt, hängt die Induktivität L *nicht von Φ und i* ab. Leider tritt dies nicht so oft wie bei C und R auf, da μ seltener konstant ist als ε und κ.

Die Einheit der Selbstinduktivität ist:

$$[L] = \frac{[\Phi]}{[i]} = \boxed{\frac{V\,s}{A}} = Henry.$$

Mit $\Phi = L \cdot i$ kann man schreiben:

$$-u + R \cdot i + L \cdot \frac{di}{dt} = 0\,.$$

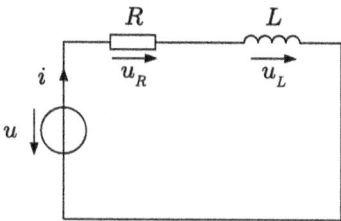

Dieser Gleichung entspricht ein Ersatzschaltbild, in dem die Selbstinduktivität als Schaltelement aufgefasst werden kann, bei dem der Zusammenhang zwischen Spannung und Strom

4.2 Induktivitäten

$$u_L = L \cdot \frac{di}{dt} \quad (178)$$

ist.

Besteht die Schleife aus N Windungen, so muss an Stelle von Φ der verkettete Fluss $\Psi = N \cdot \Phi$ eingesetzt werden:

$$L = \frac{\Psi}{i} = \frac{N \cdot \Phi}{i} \geq 0. \quad (179)$$

Anmerkung: Die Selbstinduktivität ist, wie C und R, immer positiv.

Der Fluss Φ in Gleichung (179) ist der Fluss durch jede einzelne von den N Windungen. Verwendet man für Φ das Ohmsche Gesetz des magnetischen Kreises

$$\Phi \cdot R_m = \Theta$$
$$\Phi = \Lambda \cdot \Theta,$$

so ergibt sich:

$$N \cdot \Phi = N \cdot \Lambda \cdot \underbrace{\Theta}_{= N \cdot i} = N \cdot N \cdot i \cdot \Lambda = N^2 \cdot \Lambda \cdot i$$

$$L = \frac{N \cdot \Phi}{i} = \boxed{N^2 \cdot \Lambda = \frac{N^2}{R_m}}, \quad (180)$$

wobei Λ der magnetische Leitwert des Magnetkreises der Spule ist.

Man hat also bereits zwei Methoden zur Berechnung der Induktivitäten (bei $\mu = const.$) zur Verfügung:

1. Man nimmt an, dass durch die Spule ein beliebiger Strom i fließt, und man berechnet den von diesem Strom erzeugten *Fluss durch die Spule*. L ist das Verhältnis $\frac{\Psi}{i}$.
2. Man berechnet den magnetischen Leitwert Λ oder den magnetischen Widerstand R_m. L ist dann entweder $N^2 \cdot \Lambda$ oder $\frac{N^2}{R_m}$.

● 4.2.2 Induktivität spezieller Anordnungen

◉ Induktivität einer langen, dünnen Zylinderspule (Solenoid)

Die Spule kann ohne Eisenkern oder mit Eisenkern – dann aber mit $\mu = const.$ – sein. Bei einer langen, dünnen Spule nimmt man an, dass außerhalb das Magnetfeld Null und innerhalb homogen ist. Diese vereinfachende Annahme ist meistens gut erfüllt.

Dann ist:

$$\oint \vec{H} \cdot d\vec{l} = H \cdot l = N \cdot i \Rightarrow H = \frac{N \cdot i}{l} \Rightarrow B = \frac{\mu \cdot N \cdot i}{l}$$

$$\Phi = B \cdot A = \frac{\mu \cdot N \cdot i \cdot A}{l} \Rightarrow L = \frac{N \cdot \Phi}{i} = \boxed{N^2 \cdot \frac{\mu \cdot A}{l}}.$$

Dasselbe Ergebnis erzielt man, wenn man von dem magnetischen Widerstand der Spule ausgeht:

$$R_m = \frac{l}{\mu \cdot A} \Rightarrow L = N^2 \cdot \frac{1}{R_m} = N^2 \cdot \frac{\mu \cdot A}{l}.$$

Anmerkung: L ist immer proportional zu N^2!

⊗ Induktivität einer Ringspule (Toroid)

Die Toroidspule ist streufrei, das Magnetfeld ist nur innerhalb der Spule vorhanden (s. dazu auch Abschnitt 3.3.2).

$$\oint \vec{H} \cdot d\vec{l} = N \cdot i \Rightarrow H \cdot 2\pi \cdot r = N \cdot i$$

$$B = \frac{\mu \cdot N \cdot i}{2\pi \cdot r}.$$

B ist nicht homogen, also muss man für den Magnetfluss die Formel

$$\Phi = \iint \vec{B} \cdot d\vec{A}$$

einsetzen. Ist der Querschnitt klein, so wird oft eine Näherung benutzt, indem man das Feld in der Mitte als homogen über dem gesamten Querschnitt annimmt:

$$\Phi = B \cdot A = \frac{\mu \cdot N \cdot i}{2\pi} \cdot \frac{2}{r_a + r_i} \cdot h \cdot (r_a - r_i)$$

$$L = \frac{N \cdot \Phi}{i} = \boxed{N^2 \cdot \frac{\mu \cdot h}{\pi} \cdot \frac{r_a - r_i}{r_a + r_i}}.$$

4.2 Induktivitäten

Genauer ist es jedoch:

$$\Phi = \int_{r_i}^{r_a} \frac{\mu \cdot N \cdot i \cdot h}{2\pi} \cdot \frac{dr}{r} = \frac{\mu \cdot N \cdot i \cdot h}{2\pi} \cdot \ln\frac{r_a}{r_i}$$

$$\boxed{L = N^2 \cdot \frac{\mu \cdot h}{2\pi} \cdot \ln\frac{r_a}{r_i}}.$$

Ist zum Beispiel $\frac{r_a}{r_i} = \frac{5}{4}$, so beträgt der Fehler nur $0,4\,\%$.

> **Indutivität einer Spule mit Eisenkern und Luftspalt**
Ein solcher Magnetkreis ist auf Abb. 3.31 dargestellt.
Man muss für das Eisen $\mu = const.$ annehmen.
Dieser Magnetkreis hat den magnetischen Widerstand

$$R_m = R_{m_E} + R_{m_L},$$

wie auf Abb. 3.32 dargestellt. *Achtung*: Man muss den gesamten Widerstand berücksichtigen, den der Magnetfluss „sieht" und nicht nur R_{m_E}!

$$R_m = \frac{l_E}{\mu_0 \cdot \mu_r \cdot A} + \frac{l_L}{\mu_0 \cdot A}$$
$$\Rightarrow L = \frac{N^2}{R_m} = N^2 \cdot \frac{\mu_0 \cdot \mu_r \cdot A}{l_E + \mu_r \cdot l_L}.$$

Ist μ_r sehr groß so geht hier R_{m_E} gegen Null, aber es bleibt der Luftspaltwiderstand und es gilt:

$$\boxed{L = N^2 \cdot \frac{\mu_0 \cdot A}{l_L}}.$$

Für die Induktivität einer Drossel ist also in erster Linie der Luftspalt relevant.

> **Induktivität einer Spule mit Eisenkern ohne Luftspalt**
Die Permeabilität des Eisenkerns muss wieder als konstant angenommen werden.
Das Magnetfeld konzentriert sich nur im Eisen und ist in guter Näherung homogen.

294   4. Zeitlich veränderliche magnetische Felder

$$H \cdot l_m = N \cdot i \quad \Rightarrow B = \frac{\mu \cdot N \cdot i}{l_m} \quad \Rightarrow \Phi = \frac{\mu \cdot N \cdot i \cdot A}{l_m}$$

$$\boxed{L = N^2 \cdot \frac{\mu \cdot A}{l_m}}.$$

Berechnung mit dem magnetischen Widerstand:

$$R_m = \frac{l_m}{\mu \cdot A} \Rightarrow L = \frac{N^2}{R_m} = N^2 \cdot \frac{\mu \cdot A}{l_m}.$$

Anmerkung: Für $\mu \to \infty$ ergibt sich, allerdings nur beim geschlossenen Magnetkreis ohne Luftspalt: $L \to \infty$.

Der Luftspalt begrenzt also die Induktivität und dient dazu, L exakt so einzustellen, wie es erforderlich ist. Denn sobald ein Luftspalt vorhanden ist, bestimmt dieser maßgebend die Induktivität der Spule, wie man vorher gesehen hat.

Induktivität einer Doppelleitung

Eine Doppelleitung mit gegensinniger Bestromung der Leiter, wie im Abschnitt 3.1.2 behandelt und auf Abb. 3.7 und Abb. 3.9 bereits dargestellt, kann als langgestreckte Schleife mit der Windungszahl $N = 1$ betrachtet werden. Für eine solche lange Leitung kann man mehrere Induktivitäten definieren, denn es sind mehrere Magnetflüsse vorhanden: zwischen den Leitern, in den Leitern oder der Gesamtfluss. Üblich ist es, die Induktivität pro Längeneinheit, Henry/km, anzugeben.

Man kann z.B. die „äußere" Induktivität L_a pro Länge l berechnen.

$$L_a = \frac{\Psi}{I} = \frac{\Phi}{I}.$$

Gesucht ist also der Fluss zwischen den Mantelflächen der zwei Leiter. Die Flussdichten der beiden Leiter überlagern sich zu:

$$B = \frac{\mu_0 \cdot I}{2\pi \cdot \left(x + \frac{a}{2}\right)} - \frac{\mu_0 \cdot I}{2\pi \cdot \left(x - \frac{a}{2}\right)}.$$

4.2 Induktivitäten

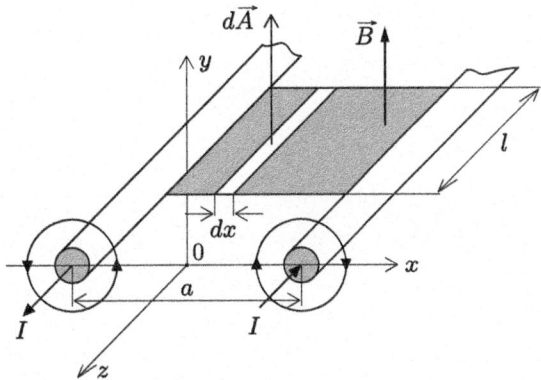

Für den Magnetfluss gilt die Fläche zwischen den Leitern, also – wie auf dem Bild oben ersichtlich – von $(-\frac{a}{2} + r_0)$ bis $(\frac{a}{2} - r_0)$, wobei r_0 den Radius der Leiter bedeutet.

$$L_a = \frac{\Phi}{I} = \frac{\mu_0 \cdot l}{2\pi} \int_{-\frac{a}{2}+r_0}^{\frac{a}{2}-r_0} \left[\frac{1}{x + \frac{a}{2}} - \frac{1}{x - \frac{a}{2}} \right] \cdot dx$$

$$= \frac{\mu_0 \cdot l}{2\pi} \left[\underbrace{\ln\left(x + \frac{a}{2}\right)\Big|_{-\frac{a}{2}+r_0}^{\frac{a}{2}-r_0}}_{= \ln \frac{a - r_0}{r_0}} - \underbrace{\ln\left(x - \frac{a}{2}\right)\Big|_{-\frac{a}{2}+r_0}^{\frac{a}{2}-r_0}}_{= \ln \frac{-r_0}{-a + r_0}} \right]$$

$$= \frac{\mu_0 \cdot l}{2\pi} \cdot 2 \cdot \ln \frac{a - r_0}{r_0}.$$

Der „Induktivitätsbelag" pro Längeneinheit einer Doppelleitung, bei Vernachlässigung des – sowieso schwachen – Feldes innerhalb der Leiterdrähte, ist:

$$\boxed{\frac{L_a}{l} = \frac{\mu_0}{\pi} \cdot \ln \frac{a - r_0}{r_0}}.$$

⊙ Induktivität eines Koaxialkabels

Im Abschnitt 3.3.2, Anwendung 3.3, wurden die magnetischen Feldstärken H in allen Bereichen eines Koaxialkabels abgeleitet.

Der Magnetfluss, der für die Induktivität maßgebend ist, setzt sich hier aus drei Teilen zusammen:

− Φ_1 im Innenleiter,
− Φ_2 in Luftraum zwischen den Leitern,
− Φ_3 im Außenleiter.

Jedem Fluss entspricht eine Teilinduktivität: L_1, L_2, L_3. Diese werden üblicherweise pro Längeneinheit des Kabels angegeben.

Wir berechnen als Beispiel die Teilinduktivität L_2:

$$H_2 = \frac{I}{2\pi \cdot r} \Rightarrow B_2 = \frac{\mu_0 \cdot I}{2\pi \cdot r} \Rightarrow \Phi_2 = \int_{R_i}^{R_m} \frac{\mu_0 \cdot I \cdot l}{2\pi \cdot r} \cdot dr$$

$$\boxed{\frac{L_2}{l} = \frac{\mu_0}{2\pi} \cdot \ln \frac{R_m}{R_i}}.$$

Hier bedeuten R_i und R_m: der äußere Radius des inneren, bzw. der innere Radius des äußeren Leiters.

Bei hochfrequenten Wechselströmen fließt der Strom in einem Leiter nur in seinem Außenbereich, wohin er verdrängt wird („Skineffekt"). Dadurch werden die Anteile L_1 (des Innenleiters) und L_3 (des Außenleiters) vernachlässigbar klein, und der Induktivitätsbelag des Kabels ist in guter Näherung der oben ermittelte $\frac{L_2}{l}$.

⊙ Einfluss eines Eisenkerns auf die Induktivität einer kurzen Spule

Eine kurze Spule erzeugt ein stark inhomogenes Magnetfeld, sodass keine ähnlich einfache Formel wie bei der langen, dünnen Spule angewendet werden kann.

Um den Einfluss eines gut permeablen Eisenkerns auf die Induktivität zu verdeutlichen, wurde die kurze Spule, die bereits im Beispiel 3.3 untersucht wurde, noch einmal mit einem Eisenkern ($\mu_r = 1000$) mit dem nummerischen FE-Programm MANI behandelt. Die Anzahl der Windungen ist hier $N = 200$.

Die nächste Abbildung zeigt oben das Feldbild der Flussdichte in der Spule ohne Eisen, unten dagegen mit Eisenkern. Beide Bilder wurden mit derselben Anzahl der Feldlinien (10) erstellt, doch ist die Flussdichte bei der Anordnung mit Eisen ca. $4mal$ größer als bei der Luftspule. Hätte man beide Feldbilder mit demselben Fluss zwischen zwei Linien dargestellt, so hätte die Luftspule $4mal$ weniger Linien gezeigt, also nur 2..3, was uninteressant gewesen wäre.

4.2 Induktivitäten

Die mit dem FE-Programm ermittelten Induktivitäten der zwei Spulen sind:

$$L_{Luft} \simeq 0,7\,mH$$
$$L_{Eisen} \simeq 3\,mH.$$

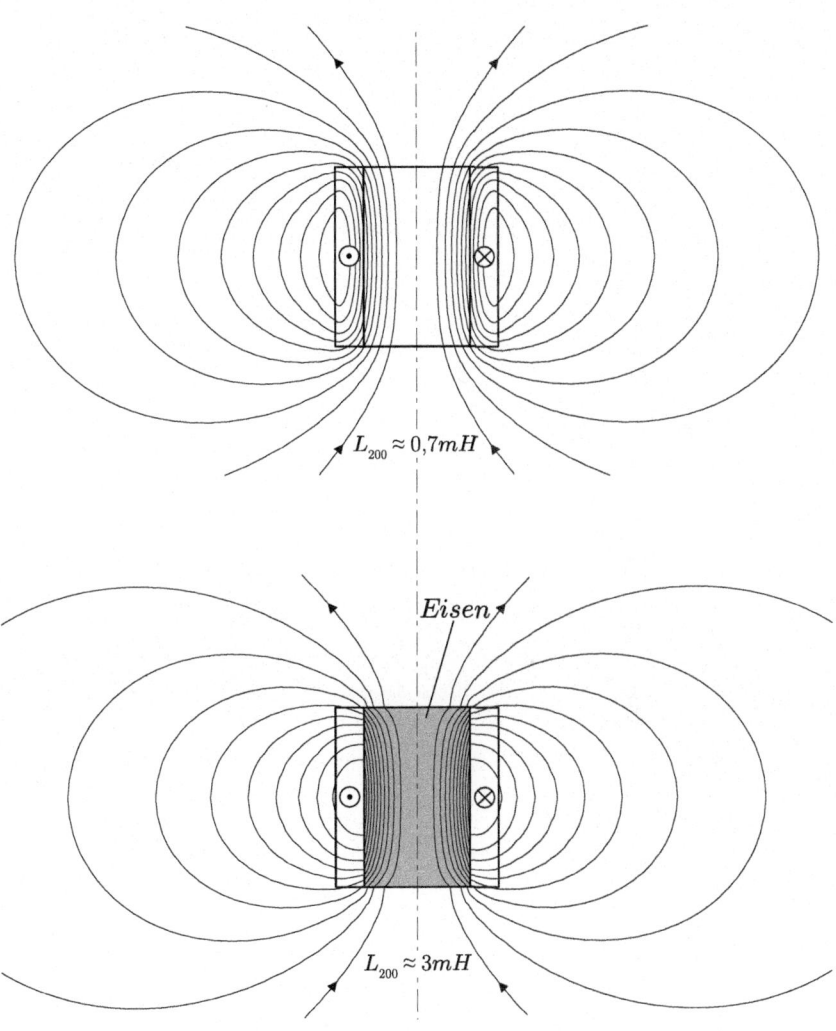

4.2.3 Gegeninduktivität magnetisch gekoppelter Spulen

Wir betrachten zwei Spulen, die nahe beieinander liegen und somit magnetisch „gekoppelt" sind (Abbildung 4.14).

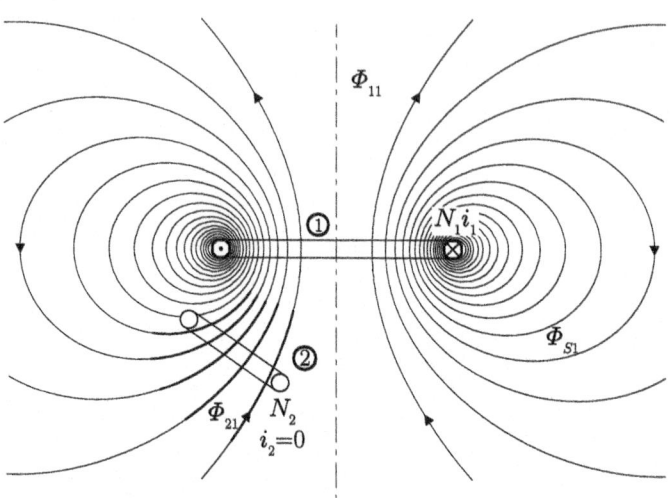

Abb. 4.14. Zwei magnetisch gekoppelte Spulen

Die Spule 1 ist stromdurchflossen. Durch jede der N_1 Windungen fließt der Fluss Φ_1, der sich aus zwei Teilen zusammensetzt:

- Φ_{21} durch die Spule 2,
- Φ_{S1} der Streufluss, der nicht an der Koppelung beteiligt ist.

Man nennt das Verhältnis zwischen dem von der Spule 1 in der Spule 2 erzeugten Fluss und dem Strom i_1, der diesen Fluss erzeugt hat, „*Gegeninduktivität*" M_{21}:

$$\boxed{M_{21} = \frac{N_2 \cdot \Phi_{21}}{i_1}}. \qquad (181)$$

Hier ist Φ_{21} der Fluss durch jede Windung der Spule 2, $N_2 \cdot \Phi_{21}$ der verkettete Fluss, der durch alle Windungen der Spule 2 hindurch fließt.
Der Index „2" bezeichnet dabei den Ort der Wirkung, der Index „1" den Ort der Ursache.

Die „Gegeninduktion" ist oft erwünscht (z.B. beim Transformator, wo man

4.2 Induktivitäten

die stärkste magnetische Koppelung zwischen Primär- und Sekundärseite erzielen möchte). Wenn die magnetische Koppelung störend wirkt, muss man verhindern, dass der Fluss einer Spule durch die andere Spule fließt.

Anmerkungen
– Die Gegeninduktivität M hängt immer von dem Produkt beider Windungszahlen ab:
$$\boxed{M \sim N_1 \cdot N_2}. \tag{182}$$
– Man kann beweisen, dass
$$\boxed{M_{12} = M_{21}} \tag{183}$$
ist, vorausgesetzt, dass $\mu = const.$ ist.
– Während die Selbstinduktivitäten
$$L_1 = \frac{N_1 \cdot \Phi_1}{i_1} > 0 \,,\, L_2 = \frac{N_2 \cdot \Phi_2}{i_2} > 0$$
immer positiv sind, ist
$$\boxed{M_{12} \lessgtr 0} \tag{184}$$
positiv oder negativ.
Um ihr Vorzeichen bestimmen zu können, müssen die Richtungen der Ströme in den beiden Spulen i_1 und i_2 *vorgegeben* werden.
Solange die Richtungen der Ströme in den gekoppelten Spulen nicht vorgegeben sind, kann man nur den *Betrag* der Gegeninduktivität M angeben.
Ob die Koppelung positiv oder negativ sein wird, hängt von dem Wicklungssinn der Spulen und von der Art, wie sie bestromt werden, ab.
In Ersatzschaltungen werden gekoppelte Spulen durch einen beidseitig gerichteten Pfeil gekennzeichnet, der die gekoppelten Spulen verbindet.

Eine Gegeninduktivität ist *positiv*, wenn der Fluss, den die Spule 1 in der Spule 2 erzeugt, dieselbe Richtung wie der *eigene* Fluss der Spule 2 hat. Diese Richtung kann nur bestimmt werden, wenn die Richtung des Stromes i_2 bekannt ist.

300   4. Zeitlich veränderliche magnetische Felder

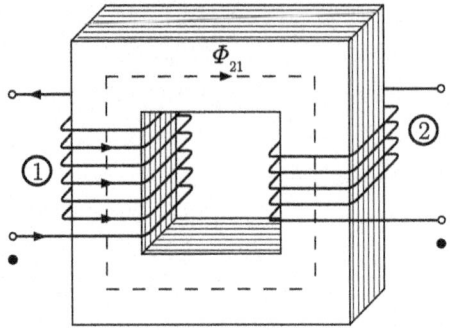

Somit ist in der nächsten Abbildung, die einen Transformator skizziert darstellt, $M_{21} > 0$ wenn der Strom in der Spule 2 in die mit einem Punkt gekennzeichnete Klemme hineinfließt; dann ist der eigene Fluss dieser Spule nach unten gerichtet, wie der Fluss Φ_{21} (siehe Bild), der von der Spule 1 verursacht wird. Fließt dagegen der Strom i_2 aus der unteren, markierten Klemme heraus, dann ist der eigene Fluss der Spule 2 nach oben gerichtet und die Induktivität M_{21} wird negativ: $M_{21} < 0$.
- Achtung bei der Berechnung der Gegeninduktivitäten: Es darf nur *eine* Spule bestromt sein, egal wieviele miteinander gekoppelt sind!
- Da bei $\mu = const.$ $M_{12} = M_{21}$ ist, wählt man sich zur Berechnung diejenige Gegeninduktivität aus, die leichter zu berechnen ist. Oft kann man sogar nur eine berechnen.

Als Beispiel betrachten wir die Gegeninduktivität zwischen einem langen Leiter und einer Leiterschleife (siehe Bild unten).

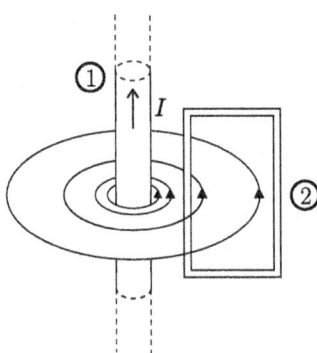

Der lange Leiter kann als eine Schleife betrachtet werden, die sich im Unendlichen schließt. Während der Fluss des langen Leiters durch die Schleife (Φ_{21}) leicht zu ermitteln ist, kann man Φ_{12} praktisch nicht berechnen.

4.2 Induktivitäten

Man berechnet also:

$$M_{21} = \frac{\Phi_{21}}{i_1}$$

und nicht

$$M_{12} = \frac{\Phi_{12}}{i_2}.$$

Anmerkung: Bei der Bestimmung von Gegeninduktivitäten in Anordnungen mit $\mu = const.$ lohnt es sich oft, beide Möglichkeiten (M_{12} und M_{21}) miteinander zu vergleichen und denjenigen Berechnungsweg zu wählen, der schneller zum Ergebnis führt.

– Bei *„idealer"* Koppelung ist

$$\boxed{M = \sqrt{L_1 \cdot L_2}}. \tag{185}$$

Im Realfall definiert man einen *Koppelungsfaktor*

$$\boxed{0 \leq k = \frac{M}{\sqrt{L_1 \cdot L_2}} \leq 1}. \tag{186}$$

Beispiel 4.4: Gegeninduktivitäten und Koppelungsfaktor in einem verzweigten Magnetkreis mit zwei Spulen
Auf dem nächsten Bild ist ein Magnetkreis mit drei Schenkeln dargestellt, von denen der linke und der mittlere je eine Wicklung tragen, der rechte jedoch keine Wicklung trägt. Alle Querschnitte sind A.

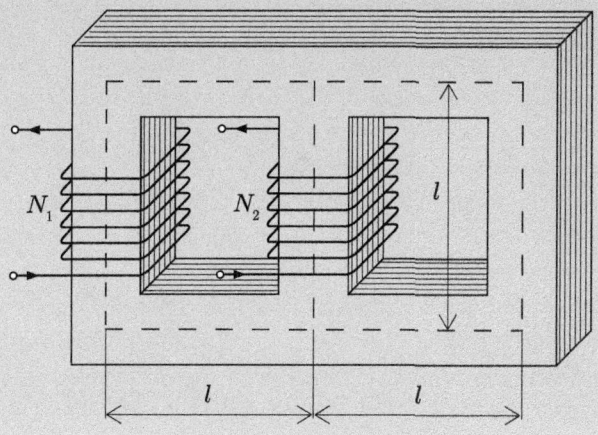

Gesucht sind die Gegeninduktivität zwischen den beiden Spulen, ihre Selbstinduktivitäten und der Koppelungsfaktor.

Lösung

Dem Magnetkreis entspricht ein Ersatzschaltbild mit drei Magnetwiderständen, das auf dem nächsten Bild dargestellt ist.

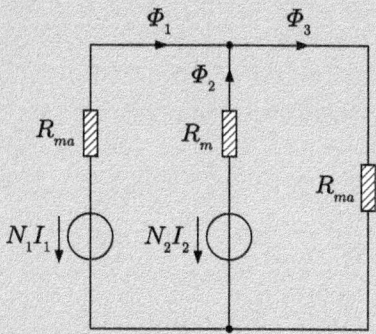

Die magnetischen Widerstände sind:

$$R_{m_a} = \frac{3 \cdot l}{\mu \cdot A} \text{ und } R_m = \frac{l}{\mu \cdot A}.$$

Die Richtungen der drei Flüsse sind eindeutig festgelegt durch die vorgegebenen Richtungen der zwei Ströme.
Anmerkung: Das Ersatzschaltbild mit zwei „Quellen" ergibt zwar die tatsächlichen Flüsse, doch keinen Fluss, der zur Berechnung von Induktivitäten brauchbar wäre.
Berechnung von M_{21}:

Man darf nur eine Spule bestromen, z.B. die linke Spule 1. Dann bestimmt man die Gegeninduktivität M_{21}. Bestromt man dagegen (gedanklich) die Spule 2, dann bestimmt man die Gegeninduktivität M_{12}, die hier die gleiche sein muss, was zu überprüfen ist.
Die einzige stromdurchflossene Spule ist dann die Spule 1, der einzige Fluss der interessiert ist der Fluss Φ_{21} (siehe nächstes Ersatzschaltbild). Um diesen Fluss zu bestimmen verfährt man wie bei einer Gleichstromschaltung: man berechnet zunächst den Gesamtfluss Φ_{11}, als Verhältnis zwischen der „Quellenspannung" $N_1 \cdot i_1$ und dem „Gesamtwiderstand" der Schaltung (Reihenschaltung von R_m mit der Parallelschaltung $R_m \parallel R_{ma}$). Anschließend teilt man diesen Fluss nach der „Stromteilerregel".

4.2 Induktivitäten

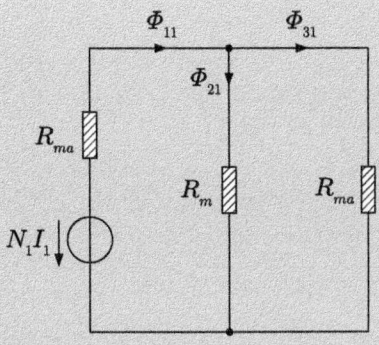

$$\Phi_{11} = \frac{N_1 \cdot i_1}{3 \cdot R_m + \frac{R_m \cdot 3 \cdot R_m}{4 \cdot R_m}}$$

$$= \frac{4 \cdot N_1 \cdot i_1}{15 \cdot R_m}$$

$$\Phi_{21} = \Phi_{11} \cdot \frac{3 \cdot R_m}{4 \cdot R_m}$$

$$\Phi_{21} = N_1 \cdot i_1 \cdot \frac{1}{5 \cdot R_m} \Rightarrow M_{21} = -\frac{N_1 \cdot N_2 \cdot \mu \cdot A}{5 \cdot l}.$$

Das Minuszeichen steht hier deshalb, weil Φ_{21} und Φ_2 in der Spule 2 entgegengerichtet sind (s. dazu das Ersatzschaltbild mit zwei „Quellen").

Berechnung von L_1 und L_2:

Die Selbstinduktivität der Spule 1 ergibt sich aus dem bereits ermittelten Fluss Φ_{11}, für die Selbstinduktivität der Spule 2 braucht man den Fluss Φ_{22}, den diese Spule durch sich selbst erzeugt.

$$L_1 = \frac{N_1 \cdot \Phi_{11}}{i_1} = \frac{4 \cdot N_1^2}{15} \cdot \frac{\mu A}{l}$$

$$\Phi_{22} = \frac{N_2 \cdot i_2}{R_m + \frac{3}{2} \cdot R_m} = \frac{2 \cdot N_2 \cdot i_2}{5 \cdot R_m}$$

$$L_2 = \frac{N_2 \cdot \Phi_{22}}{i_2} = \frac{2 \cdot N_2^2}{5} \cdot \frac{\mu A}{l}.$$

Koppelungsfaktor

$$k = \frac{M}{\sqrt{L_1 \cdot L_2}} = \frac{N_1 \cdot N_2}{5 \cdot N_1 \cdot N_2 \cdot \sqrt{\frac{4}{15} \cdot \frac{2}{5}}} = \sqrt{\frac{3}{8}} = 0,61.$$

Die Spulen sind nicht perfekt gekoppelt, weil ein Fluss im 3. Schenkel fließt, der an der Koppelung nicht beteiligt ist.

Üerprüfung von $M_{12} = M_{21}$

$$\Phi_{12} = \frac{\Phi_{22}}{2} = \frac{N_2 \cdot i_2}{5 \cdot R_m} \Rightarrow M_{12} = -\frac{N_1 \cdot N_2}{5 \cdot R_m} = M_{21}.$$

Beispiel 4.5: Magnetkreis mit drei Spulen

Die Richtungen der Ströme in den drei Spulen sind auf dem folgenden Bild vorgegeben.

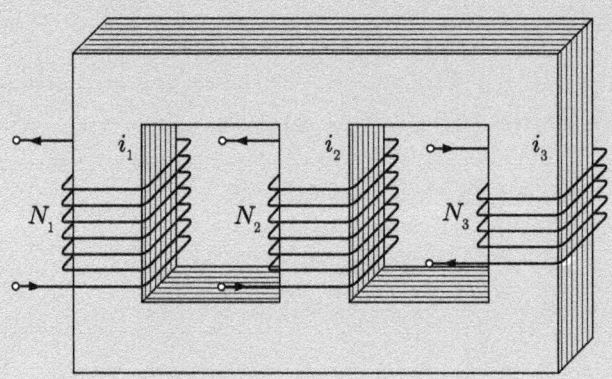

Gesucht sind: L_{11}, L_{22}, L_{33}, M_{12}, M_{13} und M_{23} und die Koppelungsfaktoren.

4.2 Induktivitäten

Lösung:

Man muss drei Ersatzschaltbilder berücksichtigen, mit jeweils einer bestromten Spule:
- i_1 erlaubt die Berechnung von L_{11}, M_{21} und M_{31},
- i_2 erlaubt die Berechnung von L_{22} und M_{32},
- i_3 erlaubt die Berechnung von L_{33}.

Mit den vorgegebenen Richtungen der drei Ströme ergeben sich:

$$L_{11} = N_1 \cdot \frac{\Phi_{11}}{i_1} \qquad L_{22} = N_1 \cdot \frac{\Phi_{22}}{i_2} \qquad L_{33} = N_1 \cdot \frac{\Phi_{33}}{i_3}$$

$$M_{21} = -N_2 \cdot \frac{\Phi_{21}}{i_1} \qquad M_{12} = -N_1 \cdot \frac{\Phi_{12}}{i_2} \qquad M_{13} = +N_2 \cdot \frac{\Phi_{13}}{i_3}$$

$$M_{31} = +N_3 \cdot \frac{\Phi_{31}}{i_1} \qquad M_{32} = +N_3 \cdot \frac{\Phi_{32}}{i_2} \qquad M_{23} = +N_2 \cdot \frac{\Phi_{23}}{i_3}$$

$$M_{12} = M_{21}$$
$$M_{13} = M_{31}$$
$$M_{23} = M_{32}$$

Die Koppelungsfaktoren sind:

$$k_{12} = \frac{M_{12}}{\sqrt{L_{11} \cdot L_{22}}} \; ; k_{13} = \frac{M_{13}}{\sqrt{L_{11} \cdot L_{33}}} \; ; k_{23} = \frac{M_{23}}{\sqrt{L_{22} \cdot L_{33}}}.$$

4.3 Energie und Kräfte im Magnetfeld

4.3.1 Magnetische Energie und Energiedichte

Wir berechnen die Magnetenergie, die eine Spule mit der Induktivität L in ihrem Magnetfeld speichert. Während des Einschaltvorganges wird der Spule die folgende Energie zugeführt:

$$W_m = \int_0^\infty u(t) \cdot i(t) \cdot dt.$$

Mit $u(t) = L \cdot \dfrac{di(t)}{dt}$ wird

$$W_m = \int_0^\infty L \cdot \frac{di}{dt} \cdot i \cdot dt$$

$$= \int_0^I L \cdot i \cdot di = \boxed{\tfrac{1}{2} \cdot L \cdot I^2}. \tag{187}$$

Die Magnetenergie ist analog der elektrischen Energie

$$W_e = \frac{1}{2} \cdot C \cdot U^2.$$

Auch hier erscheint der Faktor $\tfrac{1}{2}$.

Über die bekannte Formel $\Phi = L \cdot I$ gewinnt man noch zwei zusätzliche Ausdrücke für die magnetische Energie W_m:

$$\boxed{W_m = \tfrac{1}{2} \cdot L \cdot I^2} \tag{188}$$

$$\boxed{W_m = \tfrac{1}{2} \cdot \Phi \cdot I} \tag{189}$$

$$\boxed{W_m = \tfrac{1}{2} \cdot \frac{\Phi^2}{L}}. \tag{190}$$

Man kann diese Energie, die im Magnetfeld gespeichert wird, auch über die Feldgrößen $\vec{B}$ und $\vec{H}$ ausdrücken. Dafür geht man von dem einfachen Fall der langen zylindrischen Spule, deren Feldstärke H bereits im Abschnitt

4.3 Energie und Kräfte im Magnetfeld

3.3.2 abgeleitet wurde, aus:

$$H = \frac{N \cdot I}{l} \quad ; \qquad \Phi = B \cdot A \cdot N$$

$$W_m = \frac{1}{2} \cdot B \cdot A \cdot N \cdot \frac{l \cdot H}{N} = \frac{1}{2} \cdot B \cdot H \cdot \underbrace{A \cdot l}_{Volumen\ V}$$

$$\boxed{W_m = \tfrac{1}{2} \cdot \vec{B} \cdot \vec{H} \cdot V} \qquad \text{weil } \vec{B} \| \vec{H} \,. \tag{191}$$

folgende Aus der Gleichung (191) ergibt sich die Volumen-Energiedichte:

$$w_m = \frac{W_m}{V} = \boxed{\frac{B \cdot H}{2} = \tfrac{1}{2} \cdot \mu \cdot H^2 = \tfrac{1}{2} \cdot \frac{B^2}{\mu}}. \tag{192}$$

Anmerkung: Es zeigt sich, dass diese Formel *allgemein gültig* ist (Voraussetzung ist aber wiederum, dass $\mu = const.$ ist), auch wenn das Magnetfeld nicht homogen ist.

Ist das Feld nicht homogen, so muss man ein Integral lösen:

$$\boxed{W_m = \iiint\limits_V \frac{\vec{B} \cdot \vec{H}}{2} \cdot dV}. \tag{193}$$

Für ein System zweier stromdurchflossener Spulen gilt die folgende Formel für die gesamte Magnetenergie:

$$\boxed{W_m = \tfrac{1}{2} \cdot L_1 \cdot I_1^2 + \tfrac{1}{2} \cdot L_2 \cdot I_2^2 + M \cdot I_1 \cdot I_2}. \tag{194}$$

Anmerkung: Die Formel nach Gl. (187) liefert die *3. Methode* zur Berechnung von Induktivitäten, die in manchen Fällen günstiger ist als die anderen beiden Methoden:

$$\boxed{L = \frac{2 \cdot W_m}{I^2}}. \tag{195}$$

Beispiel 4.6: Magnetenergie und Induktivität eines Leiters

Gesucht ist die in einem langen, geraden Leiter mit dem Radius r_0 gespeicherte Magnetenergie W_m, wenn der Leiter von einem Gleichstrom I durchflossen wird. Aus der Energie sollte die Eigeninduktivität des Leiterinneren berechnet werden.

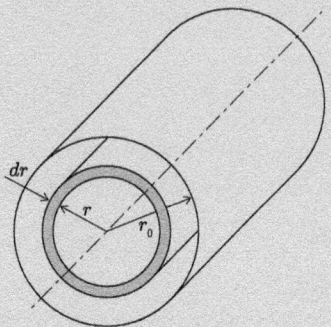

Lösung:
Die magnetische Feldstärke ist bekannt: $H = \dfrac{I \cdot r}{2\pi \cdot r_0^2}$.
Somit wird die Energie:

$$W_m = \int_0^{r_0} \frac{B \cdot H}{2} \cdot dV \qquad \text{mit} \qquad dV = \underbrace{2\pi \cdot r \cdot l \cdot dr}_{Zylinderschale}$$

$$= \int_0^{r_0} \frac{\mu_0}{2} \cdot H^2 \cdot 2\pi \cdot r \cdot l \cdot dr = \frac{I^2 \cdot 2\pi \cdot l \cdot \mu_0}{2 \cdot (2\pi)^2 \cdot r_0^4} \int_0^{r_0} r^3 \cdot dr$$

$$= \frac{I^2 \cdot \mu_0 \cdot l}{4\pi \cdot r_0^4} \int_0^{r_0} r^3 \cdot dr$$

$$\boxed{W_m = \frac{I^2 \cdot \mu_0 \cdot l}{16\pi}}.$$

Daraus ergibt sich die Selbstinduktivität

$$L_{in} = \frac{2 \cdot W_m}{I^2} = \boxed{\frac{\mu_0 \cdot l}{8\pi}}.$$

Jetzt kann man die gesamte Induktivität einer Doppelleitung schreiben:

$$\frac{L}{l} = \frac{L_a}{l} + 2 \cdot \frac{L_{in}}{l} = \frac{\mu_0}{\pi} \cdot \ln \frac{a - r_0}{r_0} + 2\frac{\mu_0}{8\pi}$$

$$\boxed{\frac{L}{l} = \frac{\mu_0}{\pi} \cdot \left(\ln \frac{a - r_0}{r_0} + 0{,}25 \right)}.$$

4.3.2 Berechnung von Kräften über die Magnetenergie

Analog zu dem elektrischen Feld kann man auch im Magnetfeld Kräfte aus der Energie berechnen, ausgehend vom Prinzip der „virtuellen Verschiebung".

Auch für die Magnetkraft ergeben sich zwei Formeln, die sich nur durch das Vorzeichen unterscheiden:

$$F_x = -\left(\frac{dW_m}{dx}\right)_{\Phi=const.} = \left(\frac{dW_m}{dx}\right)_{i=const.}. \tag{196}$$

Die Kraft in Richtung einer „allgemeinen Koordinate x" ist gleich der Ableitung der Energie nach dieser Koordinate, mit Minuszeichen, wenn dabei die Flüsse Φ konstant bleiben, und mit Pluszeichen, wenn die Ströme konstant bleiben.

Alle Anmerkungen über F_x, die man bei dem elektrischen Feld diskutiert hat, (siehe Abschnitt 1.8.2) gelten auch hier.

4.3.3 Zusammenfassung aller Kraftwirkungen im Magnetfeld

Wir haben folgende Kraftwirkungen im Magnetfeld untersucht:
− *Kraft auf einen stromdurchflossenen Leiter* (Abschnitt 3.1.2)

$$\vec{F} = I \cdot (\vec{l} \times \vec{B}) \tag{197}$$

mit dem äußeren Magnetfeld $\vec{B}$.
− *Lorentz-Kraft* auf bewegte Ladungen im Magnetfeld (Abschnitt 4.1.3)

$$\vec{F}_m = Q \cdot (\vec{v} \times \vec{B}) \tag{198}$$

mit dem äußeren Magnetfeld $\vec{B}$.
− *Allgemeine Kraft-Formel:*

$$F_x = -\left(\frac{dW_m}{dx}\right)_\Phi = \left(\frac{dW_m}{dx}\right)_I. \tag{199}$$

Bei der Anwendung dieser Formel muss man die Energie des *gesamten* Systems berücksichtigen, und deren Ableitung bilden. Ist die Energie konzentriert (z.B. in Luftspalten), so ist dieser Weg zur Ermittlung der Kraft meist der einfachste.

Beispiel 4.7: Kraft in einem U-förmigen Tragmagnet

Die im Abschnitt 3.7.6 ohne Ableitung angegebene Formel (Gl. (160)) für die Kraft auf hochpermeable Eisenflächen, die in der Anwendung 3.4 im Falle eines U-förmigen Tragmagneten angewendet wurde, soll über die Magnetenergie bewiesen werden.

Lösung:
Die Tragkraft entsteht durch Energieänderung in den beiden Luftspalten. Es sei $\mu_E \approx \infty$. Die Energie ist:

$$W_m = \frac{1}{2} \cdot \mu_0 \cdot H^2 \cdot 2 \cdot A \cdot \delta = \mu_0 \cdot H^2 \cdot A \cdot \delta$$

weil die Feldstärke H unter beiden Polschuhen, also auf einer Gesamtfläche $2A$, wirkt.
H ergibt sich aus dem Durchflutungsgesetz:

$$2 \cdot H \cdot \delta = N \cdot I \Rightarrow H = \frac{N \cdot I}{2 \cdot \delta}$$

und weiter:

$$W_m = \mu_0 \cdot \frac{N^2 \cdot I^2}{4 \cdot \delta^2} \cdot A \cdot \delta = \frac{\mu_0 \cdot N^2 \cdot I^2 \cdot A}{4 \cdot \delta}$$

$$F_x = \left(\frac{dW_m}{dx}\right)_I = \left(\frac{dW_m}{d\delta}\right)_I = -\frac{\mu_0 \cdot N^2 \cdot I^2 \cdot A}{4 \cdot \delta^2}$$
$$= -\mu_0 \cdot \left(\frac{N \cdot I}{2 \cdot \delta}\right)^2 \cdot A = -\mu_0 \cdot \frac{H^2}{2} \cdot 2 \cdot A$$

$$\boxed{F_x = -\frac{B^2}{2 \cdot \mu_0} \cdot 2 \cdot A}.$$

Das Minuszeichen zeigt an, dass die Kraft die Koordinate x (den Luftspalt) verringert. Anmerkung: Hätte man in der Formel der Energie W_m die Länge des Luftspaltes δ als konstant betrachtet, so wäre W_m konstant und seine Ableitung, also die Kraft F_x, gleich Null gewesen. Doch δ spielt hier die Rolle der allgemeinen Koordinate, die sich virtuell ändern kann. Auch wenn sich nichts bewegt, wirkt auf die bewegliche Platte eine Anziehungskraft F_x.

Beispiel 4.8: Kraft und Induktivität in einem rotationssymmetrischen Hubmagnet

Ein rotationssymmetrischer Hubmagnet zieht den Anker mit einer Kraft von 200 N an, wenn der obere Luftspalt 0,4 mm beträgt.
Wenn die Streuung an allen Luftspalten und die magnetische Spannung am Eisen vernachlässigt werden können (d.h.: $\mu_{r_E} \simeq \infty$), berechnen Sie:
1. *Welcher Strom erforderlich ist, wenn die Windungszahl $N = 300$ ist.*
2. *Welche Kraft F' auf den Anker wirkt, wenn der Strom wie bei Pkt.1 ist, aber der obere Luftspalt sich auf 1 mm vergrößert.*
3. *Welche Induktivität weist die Spule auf, wenn der obere Luftspalt die Länge 1 mm hat? Berechnen Sie die Induktivität mit allen drei besprochenen Methoden!*

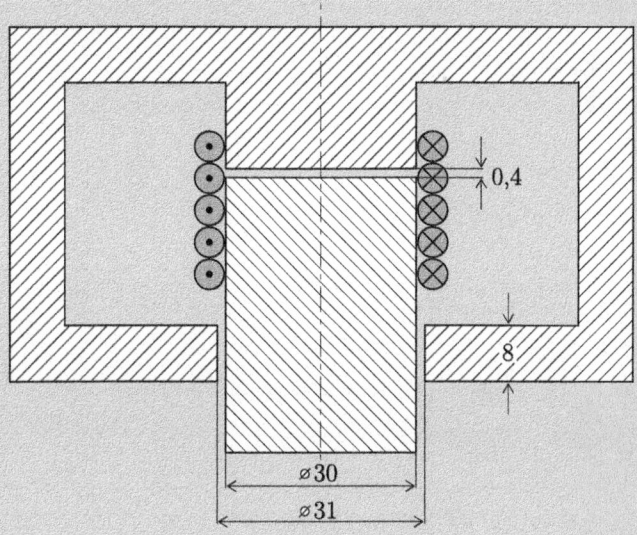

Lösung:

1. Anziehend wirkt nur die vertikale Kraft am oberen Luftspalt. Am unteren zylindrischen Luftspalt treten nur Radialkräfte auf, die sich bei konzentrischer Lage des Ankers gegenseitig aufheben.
   Es gilt also:

1.

$$F = \frac{1}{2\mu_0} B_1^2 \cdot A_1 = \frac{1}{2}\mu_0 H_1^2 \cdot A_1.$$

mit

$$A_1 = \frac{\pi d^2}{4} = \pi \cdot \frac{30^2}{4} \cdot 10^{-6}\, m^2 = 7{,}1 \cdot 10^{-4}\, m^2.$$

Aus der bekannter Kraft ergibt sich die magnetische Feldstärke H_1 im oberen Luftspalt:

$$H_1 = \sqrt{\frac{2F}{\mu_0 A_1}} = \sqrt{\frac{2 \cdot 200\, NAm}{4\pi \cdot 10{-}7\, Vs \cdot 7{,}1 \cdot 10^{-4}\, m^2}} = \sqrt{\frac{10^{13}}{\pi \cdot 7{,}1}} \cdot \frac{A}{m}$$

$$H_1 = 6{,}7 \cdot 10^5 \frac{A}{m}.$$

Die Feldstärke H_2 ist nicht gleich H_1! Was gleich ist in beiden Luftspalten, – bei Vernachlässigung der Streuung, – ist der Magnetfluss. Wenn man das Durchflutungsgesetz anwendet ergibt sich:

$$H_1 \cdot l_1 + H_2 \cdot l_2 = NI.$$

Hier sind unbekannt: I und H_2.

2.

Man braucht noch eine Gleichung. Diese liefert der Flusserhaltungssatz:

$$\Phi_1 = \Phi_2$$

$$B_1 A_1 = B_2 A_2 \curvearrowright H_1 A_1 = H_2 A_2$$

mit $A_2 \simeq \pi \cdot 30{,}5 \cdot 10^{-3} \cdot 8 \cdot 10^{-3}\, m^2 = 7{,}66 \cdot 10^{-4}\, m^2$

Anmerkung: Man muss den mittleren Querschnitt des zylindrischen Luftspaltes annehmen, also den mittleren Durchmesser $30{,}5\, mm$.

$$H_2 = H_1 \frac{A_1}{A_2} = 6{,}7 \cdot 10^5 \frac{A}{m} \cdot \frac{7{,}1}{7{,}66} = 6{,}2 \cdot 10^5 \frac{A}{m}.$$

Jetzt ergibt sich der unbekannte Strom aus dem Durchflutungsgesetz:

$$I = \frac{H_1 \cdot l_1 + H_2 \cdot l_2}{N} = \frac{6{,}7 \cdot 10^5 \frac{A}{m} \cdot 0{,}4 \cdot 10^{-3}\, m + 6{,}2 \cdot 10^5 \frac{A}{m} \cdot 0{,}5 \cdot 10^{-3}\, m}{300}$$

$$\boxed{I = 1{,}92\, A}.$$

4.3 Energie und Kräfte im Magnetfeld

2. *Jetzt ist die Durchflutung NI bekannt, doch die neue Feldstärke H_1' muss bestimmt werden. Es gilt:*

$$NI = H_1' \cdot l_1 + H_1' \cdot \frac{A_1}{A_2} l_2 = H_1' \cdot (l_1 + l_2 \cdot \frac{A_1}{A_2})$$

$$H_1' = \frac{NI}{l_1 + l_2 \cdot \frac{A_1}{A_2}} = \frac{300 \cdot 1,92\, A}{(1 + 0,5\frac{7,1}{7,66}) \cdot 10^{-3}\, m} = 3,94 \cdot 10^5 \frac{A}{m}.$$

Daraus ergibt sich die neue Kraft:

$$F' = \frac{1}{2}\mu_0 (H_1')^2 \cdot A_1$$

$$F' = \frac{1}{2} 4\pi \cdot 10{-}7 \frac{Vs}{Am} 7,1 \cdot 10^{-4}\, m^2 \cdot 3,94^2 \cdot 10^{10} \frac{A^2}{m^2}.$$

$$\boxed{F' = 69,4\, N}$$

3. *Man kann die Induktivität aus der Formel:*

$$L = N^2 \Lambda = \frac{N^2}{R_m}$$

bestimmen.

Da das Eisen ∞ permeabel ist, hat es keinen magnetischen Widerstand: $R_{m_E} \simeq 0$. Es bleiben die zwei Widerstände der zwei Luftspalte, in Reihe geschaltet.

$$R_{m1} = \frac{l_1}{\mu\, A_1} = \frac{1 \cdot 10^{-3}\, m\, Am}{4\pi \cdot 10^{-7}\, Vs \cdot 7,1 \cdot 10^{-4}\, m^2} = 1,12 \cdot 10^6 \frac{A}{Vs}$$

$$R_{m2} = \frac{l_2}{\mu\, A_2} = \frac{0,5 \cdot 10^{-3}\, m\, Am}{4\pi \cdot 10{-}7\, Vs \cdot 7,66 \cdot 10^{-4}\, m^2} = 0,519 \cdot 10^6 \frac{A}{Vs}$$

$$L = \frac{N^2}{R_m} = \frac{300^2}{(1,12 + 0,519) \cdot 10^6} \frac{Vs}{A} = \frac{9}{1,639} \cdot 10^{-2}\, H$$

$$\boxed{L = 54,9\, mH}.$$

3. *Noch einfacher:*

$$L = N\frac{\Phi}{I}$$

$$\Phi = B'_1 \cdot A_1 = \mu_0 H'_1 \cdot A_1 = 4\pi \cdot 10^{-7} \cdot \frac{Vs}{Am} \cdot 3,94 \cdot 10^5 \frac{A}{m} \cdot 7,1 \cdot 10^{-4} \, m^2$$

$$L = 300 \frac{3,51 \cdot 10^{-4}}{1,92} H = 54,9 \, mH.$$

3. Methode: L kann prinzipiell auch aus der Magnetenergie ermittelt werden:

$$L = 2\frac{W_m}{I^2}.$$

Die vertikale Anziehungskraft entsteht in dem oberen Luftspalt, wo die folgende Magnetenergie vorhanden ist:

$$W_{m1} = \mu_0 \frac{(H'_1)^2}{2} \cdot \pi r_1^2 \delta_1 = 2(3,94 \cdot 15\pi)^2 \cdot 10^{-6} \, VAs$$

$$L = \frac{4(3,94 \cdot 15\pi)^2 \cdot 10^{-6}}{1,92^2} \cdot \frac{VAs}{A^2} = 37,4 \, mH \,!?$$

Woher kommt der Unterschied?
Man hat die Energie im zylindrischen Luftspalt nicht berücksichtigt! W_m ist aber die Gesamtenergie!
Korrekt:

$$W_m = \mu_0 \frac{(H'_1)^2}{2} \cdot \pi r_1^2 \delta_1 + \mu_0 \frac{(H'_2)^2}{2} \cdot 2\pi r_1 \cdot \delta_2 \cdot d = \mu_0 \frac{(H'_1)^2}{2} \cdot \pi r_1 (r_1 \delta_1 + 2d \cdot \delta_2 (\frac{A_1}{A_2})^2)$$

Es ergibt sich: $L = 54,5 \, mH$.

<u>*Überprüfung*</u> *der Lösung mit einer FE-Berechnung. Um eine Aussage über die Genauigkeit der angewendeten Formeln, die ja unter stark vereinfachenden Annahmen (Streufreiheit, Homogenität des Magnetfeldes) abgeleitet wurden, machen zu können, wurde der untersuchte Hubmagnet, mit dem Luftspalt 1 mm, nochmals mit dem numerischen FE-Programm berechnet (s. nächstes Feldbild).*

4.3 Energie und Kräfte im Magnetfeld

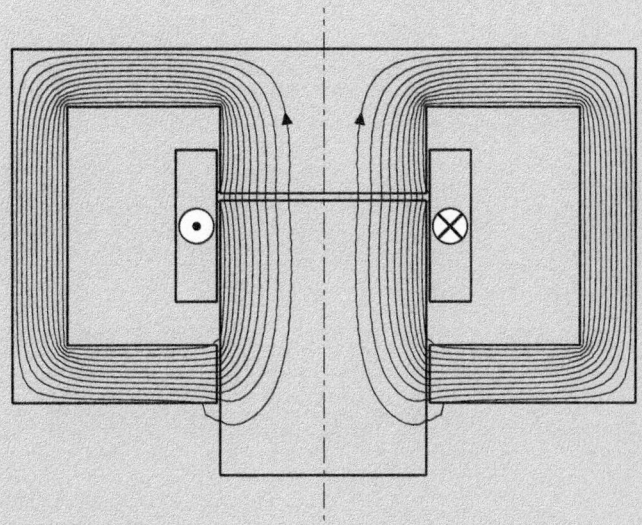

Die genauen Ergebnisse sind:

$$\boxed{F' = 67,5\,N}$$

$$\boxed{L = 59,2\,mH}.$$

Die Genauigkeit der Kraft (ca. 3%) ist sehr gut, bei der Induktivität unterscheiden sich die Werte um ca. 8%, was auch durchaus akzeptabel ist. Nochmals wurde bestätigt, dass bei ferromagnetischen Kreisen mit kurzen Luftspalten die in diesem Buch abgeleiteten Formeln für Feldstärken, Flussdichten, Kräften und Induktivitäten zu durchaus brauchbaren Ergebnissen führen, die für die Praxis meistens ausreichend genau sind. Voraussetzung dafür ist allerdings, dass die magnetische Permeabilität der Eisenteile hoch ist, also kein Bereich des Magnetkreises gesättigt ist.

Anhang A
Nummerische Methoden zur Feldberechnung

A

A

A	**Nummerische Methoden zur Feldberechnung**...	**319**
A.1	Rechenmethoden für Magnetfelder, Überblick	319
A.1.1	Analytische Methoden.....................................	319
A.1.2	Halb-empirische Methoden	320
A.1.3	Nummerische Verfahren..................................	320
A.2	Finite-Elemente-Methode zur Berechnung von Magnetfeldern	321
A.2.1	Kurze Beschreibung, Vergleich........................	321
A.2.2	Diskretisierung, Auslegung des Gitternetzes	324
A.2.3	Berücksichtigung von Nichtlinearitäten	324
A.2.4	Was kann man von einem FE-Programm noch erwarten?...	325
A.3	Aufstellung eines Rechenmodells	326
A.4	Worauf soll der Anwender besonders achtgeben?....	328
A.5	Besonderheiten der Feldbilder...........................	330

A Nummerische Methoden zur Feldberechnung

A.1 Rechenmethoden für Magnetfelder, Überblick

In Anordnungen von stromdurchflossenen Spulen oder/und Dauermagneten, mit oder ohne Eisen, entstehen Magnetfelder. In der Praxis interessieren meistens die mechanischen Wirkungen des Magnetfeldes – Kräfte, Drehmomente – doch auch die Felder selbst (die Flussdichte B oder die Feldstärke H) und Integralgrößen wie Magnetfluss oder Induktivität, treten in vielen Anwendungen auf. Es ist bei jeder Neuentwicklung und vor allem bei der Optimierung von Magnetsystemen einfacher und wirtschaftlicher, statt kostspielige Versuche durchzuführen, die Magnetfeldgrößen durch Berechnungen zu ermitteln. Die Tatsache, dass man anhand einiger Gleichungen voraussagen kann, wie ein Magnetsystem sich verhalten wird, ist vielleicht überraschend, doch heute durchaus Realität geworden.

Ohne Anspruch auf Vollständigkeit kann man die Berechnungsmethoden für Magnetfelder in drei Kategorien aufteilen:
1. analytisch exakte Methoden
2. halb-empirische Methoden
3. nummerische Methoden.

A.1.1 Analytische Methoden

Mathematisch exakte Lösungen, die meistens über die Integration der Maxwellschen Gleichungen gewonnen werden, können leider nur für verhältnismäßig wenige Aufgabenstellungen abgeleitet werden. Trotzdem ist es in vielen Fällen sehr wohl lohnenswert, sich der Mühe einer analytischen Behandlung des Problems – und sei es nur eines vereinfachten Modells – zu unterziehen. Zwar beschreiben die abgeleiteten Lösungen nicht immer exakt die zu untersuchende Konfiguration, doch man sollte den Vorteil einer analytischen Beziehung nicht unterschätzen: eine Formel, auch wenn sie sehr kompliziert ist, lässt Gesamtzusammenhänge übersichtlich erkennen und ebnet damit den Weg für die optimale Lösung.

Typische Beispiele für Magnetsysteme, die analytisch behandelt werden können, sind solche mit „starren" Dauermagneten (Ferrite, Seltenerd-Magnete) ohne Eisenteile (manchmal auch mit Eisenteilen, jedoch nicht gesättigt). Auch für unterschiedliche Anordnungen von Leitern in der Luft, die mit der

Formel von Biot und Savart behandelt werden können, lassen sich analytische Lösungen ableiten.

A.1.2 Halb-empirische Methoden

Eine solche Methode ist z.B. die Methode des Ersatzschaltbildes für magnetische Kreise, die im Abschnitt 3.7 ausführlich erläutert und mehrere Male, mit Erfolg, angewendet wurde. Sie kann auch „Methode der vereinfachten Flusswege" genannt werden, denn sie besteht darin, dass man für das betrachtete System zuerst ein mögliches Flussbild aufstellt.

Allen Flusswegen werden magnetische Leitwerte zugeordnet, die anschließend zusammen mit den Magentfeldquellen in ein „Ersatzschaltbild" zusammengefasst werden. Danach kann man mit Methoden der Schaltungstheorie alle Flüsse und gegebenenfalls daraus Kräfte, Induktivitäten u.a. bestimmen.

Wie genau die Ergebnisse sind, hängt in erster Linie von der Erfahrung des Anwenders ab. Doch auch bei viel Erfahrung im Umgang mit Magnetfeldern kann man bei Systemen mit gesättigten Teilen oder großer Streuung keine genauen Ergebnisse erwarten.

Halb-empirische Methoden sind nicht sehr aufwändig und für überschlägige Berechnungen sehr brauchbar. Sie können vorteilhaft durch numerische Berechnungen unterstützt werden, die man vorher einsetzt, um eine genauere Vorstellung von der Flussverteilung zu erlangen.

A.1.3 Nummerische Verfahren

Mit der in den letzten Jahrzehnten stattgefundenen Entwicklung leistungsfähiger – und preiswerter – Computer und der dazu notwendiger Software, ist ein Traum vieler Elektrotechniker in Erfüllung gegangen: Die Maxwellschen Gleichungen (s.Abschnitt 4.1.6), die alle elektromagnetischen Erscheinungen qualitativ beschreiben, können heute selbst für komplizierte Anordnungen von Dauermagneten, Ferromagnetika und stromdurchflossenen Bereichen mit praktisch jeder gewünschten Genauigkeit nummerisch gelöst werden. Das gilt auch bei Anwesenheit von Werkstoffen mit nichtlinearer B-H-Kennlinie, sowie für dynamische Vorgänge. Die weitere Entwicklung der Elektrotechnik ist ohne nummerische Magnetfeldberechnungen undenkbar, auch wenn sie die analytischen Verfahren nie vollständig ersetzen können werden. Ihrem Vorzug der unproblematischen Anwendbarkeit steht der Nachteil des Fehlens jeder parametrischen Aussagefähigkeit gegenüber: Eine nummerische Berechnung behandelt ein System beliebig

genau und liefert alle gewünschten Auskünfte über dieses System, gibt jedoch keinen Hinweis darüber, wie man das System verbessern kann.
Dagegen ist eine mathematische Lösung, auch wenn sie ein vereinfachtes Modell behandelt, viel transparenter, mit ihr kann man den Einfluss verschiedener Paramerter, – wenn auch nur grob –, bestimmen und somit die Richtung zu der optimalen Lösung finden.

Bei sehr komplexen Konfigurationen, die eine analytische Behandlung entweder gar nicht zulassen, oder einen unvertretbaren Aufwand bedingen würden, sind die nummerischen Verfahren konkurrenzlos.

A.2 Finite-Elemente-Methode zur Berechnung von Magnetfeldern

A.2.1 Kurze Beschreibung, Vergleich

Man geht hier davon aus, dass die Leser dieses Buches kein neues nummerisches Feldberechnungsprogramm entwickeln, sondern ein bestehendes Programm anwenden möchten, um irgendein Magnetsystem zu untersuchen. Seit Mitte der 1980er Jahre gibt es auf dem Markt viele Programme, die man preiswert erwerben kann, sodass die meisten Firmen über ein solches Rechenwerkzeug verfügen.

Die Idee, die Maxwellschen Gleichungen in einer begrenzten Anzahl von Punkten zu lösen, also den Bereich, in dem das Magnetfeld vorhanden ist, zu *diskretisieren*, ist viel älter, doch sie fand keine Anwendung, weil man so große Gleichungssysteme nicht lösen konnte. In den 1960er Jahre, als leistungsfähige Computer ihren Einzug in die großen Rechenzentren hielten, begann an vielen Orten die Suche nach einem geeigneten nummerischen Verfahren, mit dem man die Magnetfeldgrößen möglichst genau bestimmen kann.

Die nummerischen Methoden sind alle *„Näherungsverfahren"*, sie liefern – im Gegensatz zu einer mathematisch exakten Formel – nur Näherungslösungen für die Flussdichten B und für die Feldstärken H (aus denen man anschließend Magnetflüsse, Induktivitäten, Energien, Kräfte oder Drehmomente ableiten kann), doch sind inzwischen Genauigkeiten erreichbar, die für alle praktischen Aufgabenstellungen ausreichend sind (1% bei den Feldgrössen oder 3% bei den Kräften sind durchaus üblich).

Bei allen nummerischen Verfahren wird der Magnetfeldbereich mit einem „Gitternetz" (siehe z.B. Abb. A.1) überzogen und anschließend werden B und H in einer begrenzten Anzahl von Punkten ermittelt.

Das erste entwickelte Verfahren heißt „*Finite-Differenzen*"-Methode. Es geht von einem Gitter mit *rechteckigen* „Elementarbereichen" aus, innerhalb welchen die Magnetpermeabilität μ als konstant angenommen wird. Die Magnetfeldgrößen werden in den Schnittpunkten des Gitters gesucht, also gegebenenfalls in einigen Hundert bis einigen Tausend Punkten, je nach Dichte des Gitters. Das Verfahren überführt die Differentialgleichungen für $\vec{B}$ und $\vec{H}$ in ein adäquates algebraisches Gleichungssystem, das heute problemlos innerhalb von Sekunden von jedem PC gelöst werden kann. (*Anmerkung*: Die Maxwellschen Gleichungen sind Differentialgleichungen 2. Ordnung, die jedoch – gleichwertig – auch in Integralform geschrieben werden können. In diesem Buch wurde ausschließlich die Integralform benutzt, die leichter zu verstehen und für die angestrebten Ziele ausreichend ist. Dafür musste auf den Begriff Vektorpotential verzichtet werden).

Die Finite-Differenzen-Methode war jedoch nur der erste Schritt der Entwicklung; sie hatte einige Nachteile (z.B., dass die Feldlinien von $\vec{B}$ auf den Feldbildern nicht immer geschlossen erschienen, weil der Gaußsche Satz der Magnetfelder $\oiint \vec{B} \cdot d\vec{A} = 0$ nicht automatisch erfüllt war), sodass weiter nach besseren Lösungen gesucht wurde.

In den 1980er Jahre wurde schließlich die „*Finite-Elemente-Methode*" entwickelt, die bis heute das meist angewendete Verfahren für Magnetfeldberechnungen geblieben ist.

Damals, Mitte der 1980er Jahre, entwickelte *Nicolae Marinescu* das Finite-Elemente-Programm MANI, das in den vergangenen Jahrzehnten bei der Firma MAGTECH (und bei einigen anderen Firmen, die es erworben haben) ständig eingesetzt wurde, um Probleme der Industrie – Entwicklungen von neuen Systemen oder Optimierung der vorhandenen – zu lösen. In allen Fällen haben die Messungen von Dritten die Rechenergebnisse bestätigt.

A.2 Finite-Elemente-Methode zur Berechnung von Magnetfeldern

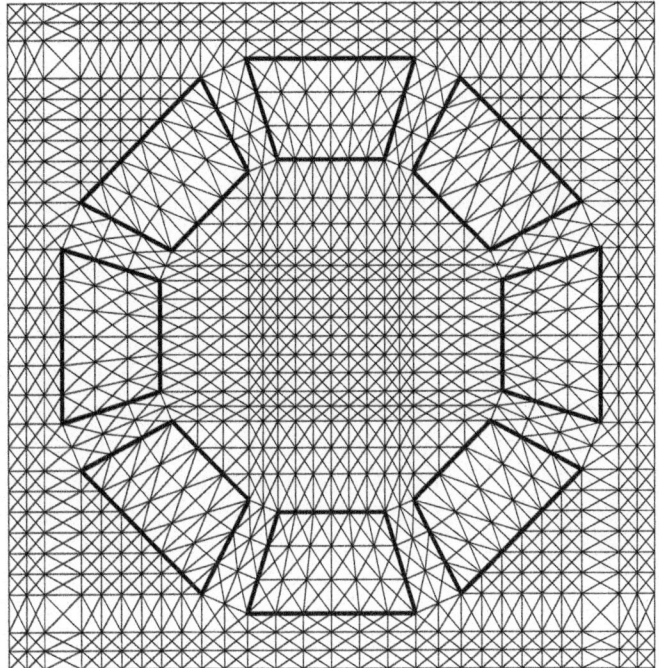

Abb. A.1. FE-Gitternetz zur Berechnung des Magnetfeldes in einem Dauermagnet-Tomographen, siehe auch Abb. A.3

Das Verfahren der Finite-Elemente arbeitet mit anderen Formen der Elementarbereiche (meistens *Dreiecke*) und geht von einem anderen mathematischen Ansatz aus, als die Finiten-Differenzen: statt die Maxwellschen Gleichungen in den Gitterpunkten zu lösen, wird hier eine „Extremwertaufgabe" gelöst. Es geht darum, dass die gesamte Magnetenergie eines Systems immer die kleinstmögliche ist. Aus der Bedingung, dass die Magnetenergie W_m, die ja eine Funktion von $\vec{B}$ und $\vec{H}$ ist (siehe dazu Abschnitt 4.3), in jedem Dreieck des Gitters minimal, also ihre Ableitung gleich Null sein muss, ergibt sich wieder ein algebraisches Gleichungssystem, das direkt gelöst werden kann. Man berechnet somit die Feldgrößen in der Mitte jedes Dreiecks.

A.2.2 Diskretisierung, Auslegung des Gitternetzes

Bei zweidimensionalen Konfigurationen (s. Details im nächsten Abschnitt) ist die Magnetfeldverteilung in einer Ebene zu bestimmen. In dieser Ebene muss die Geometrie der zu untersuchenden Anordnung definiert werden. Mit einer Dreieck-Struktur des Gitters ist die Anpassung des Gitternetzes an die vorgegebenen Konturen viel einfacher, als es mit den rechteckigen Elementen des Finite-Differenzen-Verfahrens möglich war, sodass viel genauere Modellierungen erzielbar sind.

Verfügt das FE-Programm über eine automatische „Netzgenerierung", so muss man ihm nur die Geometrie eingeben, z.B. bei dem hier betrachteten Dauermagnet-Tomographen (Abb. A.1und Abb.A.3) die Position der 8 trapezförmigen Magnetblöcke und ihre Magnetisierungsrichtungen. Sollte man dagegen das Gitter selbst auslegen müssen, so beginnt man mit den obligatorischen Linien, die von der Materialverteilung erzwungen werden und vervollständigt man das Gitter gemäß der erwünschten Genauigkeit. Ein dichteres Gitternetz führt verständlicherweise zu genaueren Ergebnissen.

A.2.3 Berücksichtigung von Nichtlinearitäten

In Anwesenheit von Werkstoffen mit nichtlinearen B-H-Kenlinie gestaltet die Lösung des Gleichungssystems etwas komplizierter. In diesen Fällen ist die Magnetpermeabilität μ nicht mehr konstant, sondern weist prinzipiell in jedem Bereich des nichtlinearen Werkstoffes einen anderen Wert auf, der darüber hinaus von der Flussdichte B in dem betreffenden Bereich abhängt. Nun sind die B-Werte aber gerade die gesuchten Unbekannten, sodass man am Anfang der Berechnung die μ-Werte noch nicht definieren kann. Diese werden jedoch zur Festlegung der Koeffizienten des Gleichungssystems gebraucht. Wie soll man ein Gleichungssystem lösen, dessen Koeffizienten von den Unbekannten abhängen? Dazu wurden spezielle mathematische Verfahren entwickelt, die alle einen „*iterativen*" Weg erfordern. Das Gleichungssystem muss in mehreren Schritten (Iterationen) gelöst werden; mit jedem Schritt kommt man der tatsächlichen Lösung näher. Im ersten Schritt wird üblicherweise von $\mu_r = 1000$ in allen Eisenbereichen ausgegangen. Um zu der Lösung schnell zu gelangen benutzt man „*Konvergenzbeschleunigungs*"-Verfahren, die je nach Sättigungsgrad in 3...9 Schritten die endgültige Lösung erreichen.

A.2.4 Was kann man von einem FE-Programm noch erwarten?

Alle FE-Programme zur Magnetfeldberechnung bestimmen die B- und H-Werte in allen Elementarbereichen des Gitters, die meistens Dreiecke sind. Allein die B- und H-Werte genügen oft nicht, um ein Magnetsystem zu beurteilen. Man kann heute viele andere Größen bestimmen lassen. Folgende Anforderungen sollte ein FE-Programm erfüllen:

- Das Programm muss Kräfte und Drehmomente berechnen können.
- Integralgrößen wie Magnetflüsse, Induktivitäten und Magnetenergien sollen bei Bedarf ausgegeben werden.
- Zur eingehenden Untersuchung von Dauermagnetsystemen ist nützlich, eine eventuelle irreversible Entmagnetisierung einiger Bereiche der Dauermagnete berücksichtigen zu können.
- Das Programm soll bestimmte Teile des Systems, wie z.B. den Rotor einer elektrischen Maschine oder den beweglichen Anker eines Elektromagneten, automatisch bewegen können, ohne dass man jedesmal die veränderte Geometrie neu eingeben muss.
- Alle bestehenden Symmetrien sollen bei der Definition der Materialverteilung benutzt werden können.

Auch an die graphische Darstellung der Feldverteilung können Anforderungen gestellt werden:
- Die Anzahl der Feldlinien oder der Magnetfluss zwischen zwei benachbarten Linien sollen frei wählbar sein.
- Man soll Bereiche, in denen die B-Werte einen vorgegebenen Wert überschreiten, kenntlich machen können, um eventuell gesättigte Bereiche leicht zu lokalisieren.

A.3 Aufstellung eines Rechenmodells

Heute gibt es eine große Anzahl von nummerischen Programmen zur Berechnung von Magnetfeldern, sodass praktisch jede Aufgabe, sowohl der stationären, als auch der zeitlich variablen Magnetfelder, in beliebig gestalteten Systemen, gelöst werden kann.

In Wirklichkeit verfügen die Entwickler in der Industrie in der Regel über nummerische Programme, die nur einen Teil der erwähnten Aufgaben lösen können. Die großen 3D-Programme, die auch dynamische Feldprobleme lösen können, werden meistens in Forschungsanstalten eingesetzt; sie müssen hier unberücksichtigt bleiben.

Die in der Industrie angewendeten FE-Programme sind sogenannte 2D- Programme, mit denen nur „zweidimensionale" Anordnungen behandelt werden können, bei denen das Magnetfeld von einer der drei Raumkoordinaten *unabhängig* ist (d.h. in Richtung einer Koordinate invariant ist).

Gibt es in der Technik überhaupt solche Systeme? Nun, alle Anordnungen aus langen Leitern in der Luft, wie z.B. die Paralleldrahtleitungen (siehe Abb.3.9 und Abb.3.12), besitzen eine „translatorische Invarianz": in jeder Ebene, die senkrecht auf der Leitung steht, wird das Magnetfeld dassebe sein. Sie können also in einem ebenen kartesischen Koordinatensystem (Abb. A.2, oben rechts) exakt berechnet werden.

Ebenfalls *exakt* können alle Anordnungen berechnet werden, die eine „Rotations Invarianz" aufweisen und somit in zylindrischen Koordinaten (Abb. A.2, oben links) behandelt werden können. Bei diesen Systemen ist in jeder Ebene, die durch die Rotationsachse verläuft, also bei jedem Winkel φ, dieselbe Magnetfeldverteilung vorhanden. Solche Systeme kommen in der Elektrotechnik sehr oft vor, hauptsächlich wegen der einfachen (und somit preiswerten) Herstellungstechnologie.

Die meisten in diesem Buch mit dem FE-Programm MANI untersuchten Systeme sind rotationssymmetrisch und konnten somit exakt berechnet werden. Die einfachsten Anordnungen waren Spulen in der Luft: runde Schleife – Abb. 3.14, Helmholtz-Spulenpaar – Anwendung 3.2, kurze Zylinderspule – Abb.3.16, lange Zylinderspule – Abb.3.17. Ähnliche Feldkonfigurationen erzeugen Dauermagnetringe: ein Ring allein – Abb. 3.37 – und zwei auf Anziehung magnetisierte Ringe – Abb. 3.38. Zwei auf Abstoßung magnetisierte Ringe – Abb 3.39 – erzeugen ein völlig anders gestaltetes Magnetfeld, das ebenfalls exakt ermittelt werden konnte.

A.3 Aufstellung eines Rechenmodells 327

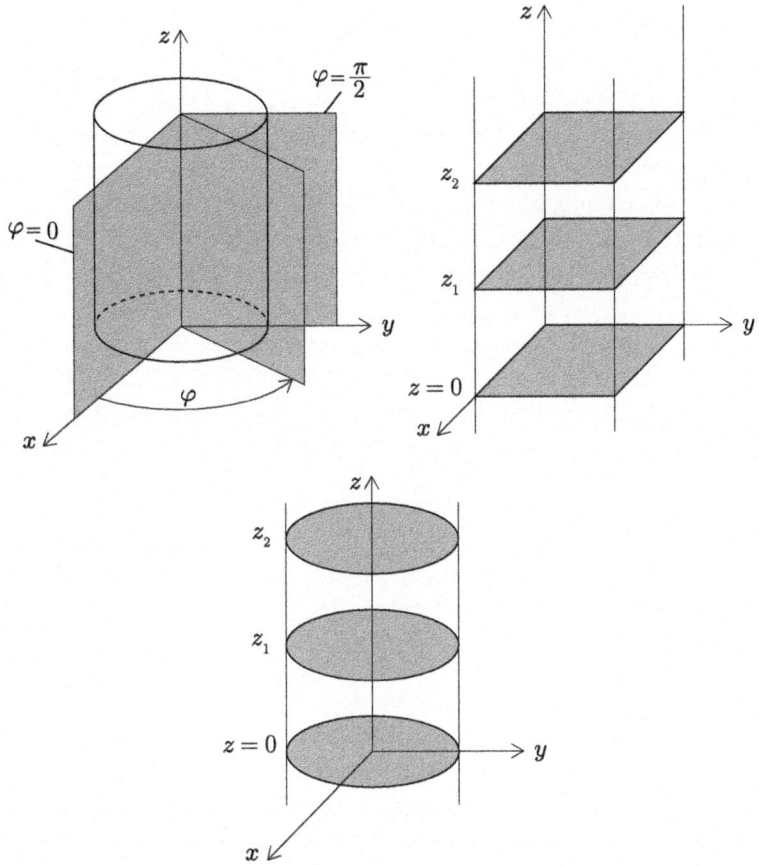

Abb. A.2. Koordinatensysteme, oben links: zylindrisch, oben rechts: kartesisch, unten: polar

Nicht zuletzt wurden in diesem Buch auch kompliziertere Systeme berücksichtigt, wie sie in der Technik vorkommen: ein Lautsprechersystem – Abb. 3.27 –, stellvertretend für viele andere ähnliche „Tauchspulsysteme", zwei unterschiedliche passive Dauermagnetlager – Abschnitt 3.7.2 –, ein sogenannter Proportional-Elektromagnet (bei dem die Sättigung eine wichtige Rolle spielt) – Abschnitt 3.7.4 – und zuletzt ein Lasthebemagnet – Abb. 3.41 ... 3.49.

Etwas schwieriger zu modellieren sind Systeme mit „eingeschränkter" translatorischer Invarianz, die in Richtung der Koordinate z, also in axialer Richtung, nicht sehr lang sind. So ist das Magnetsystem eines Dauermagnet-

Tomographen – Abb.3.21 und 3.22 – verständlicherweise nicht so lang, dass man es in guter Näherung als unendlich lang betrachten kann, wie es z.B. bei der Paralleldrahtleitung der Fall ist. Man kann zwar die Feldkonfiguration in der Mitte ziemlich genau bestimmen, doch an der axialen Rändern wird das Feld sicher anders aussehen. Diesen „Randeffekten" muss bei einer 2D-Berechnung irgendwie Rechnung getragen werden, z.B. mit Korrekturfaktoren, die aus Erfahrungswerten gewonnen werden.

Zu dieser Kategorie der Magnetsysteme gehören fast alle elektrischen Maschinen, wie z.B. der zweipolige Universal-Motor – Abschnitt 3.7.2. Wie genau das Drehmoment dieses Motors mit einer 2D-Berechnung bestimmt werden kann, hängt von den Abmessungsverhältnissen ab. Für eine Optimierung der Querschnitt-Geometrie spielen allerdings die Randeffekte nur eine untergeordnete Rolle.

In vielen praktischen Anwendungsfällen erlaubt die Verwendung der Polarkoordinaten (Abb. A.2, unten) eine bessere Anpassung des Gitternetzes an die vorgegebenen Konturen, wobei keine grundsätzlichen Unterschiede gegenüber der Behandlung der Aufgaben im kartesischen Koordinatensystem (Abb. A.2, oben rechts) bestehen.

Es soll nicht unerwähnt bleiben, dass in der Praxis nicht wenige Magnetsysteme anzutreffen sind, die eine ausgeprägt dreidimensionale Gestaltung aufweisen, sodass jeder Versuch, sie zweidimensional zu modellieren, scheitern muss. Man sollte dann vernünftigerweise Abstand davon nehmen, denn die Ergebnisse einer 2D-Berechnung könnten zu falschen Schlussfolgerungen führen.

Auch in diesem Buch wurde ein ausgeprägt dreidimensionaler Magnetkreis mit dem 2D-Programm behandelt (Abb.3.36), doch nur zu Demonstrationszwecken, ohne jeden Anspruch auf Genauigkeit.

A.4 Worauf soll der Anwender besonders achtgeben?

Trotz der unangefochtenen Tatsache, dass mit nummerischen Finite-Elemente-Programmen praktisch jede Magnetfeldaufgabe gelöst werden kann, sieht die Wirklichkeit ernüchternder aus: Meistens verfügt man „nur" über ein 2D-Programm, das in der Regel „nur" magnetostatische Aufgaben lösen kann.

Aus einer 30jährigen Erfahrung im Umgang mit nummerischen Feldberechnungsprogrammen ergeben sich einige praktische Empfehlungen an den Anwender dieses besonderen Rechenwerkzeugs:

- Zunächst muss man sich Klarheit darüber verschaffen, *was* das Programm kann.

- Es folgt die *Aufstellung eines Rechenmodells* für die zu untersuchende Magnetkonfiguration, womit das anzuwendende Koordinatensystem festgelegt wird.

- Als nächster Schritt folgt die *Festlegung der Grenzen* des Bereiches, in dem das Magnetfeld berechnet werden soll. Bei fast allen Programmen (was zu überprüfen ist) wird als Grenzbedingung angenommen, dass dort kein Feld mehr vorhanden ist.
In dieser Phase ist es durchaus hilfreich, eine ungefähre Vorstellung von der Gestaltung des Magnetfeldes zu haben. Handelt es sich um eine elektrische Maschine oder einen Elektromagneten, die üblicherweise ein ferromagnetisches Gehäuse aufweisen, das wie eine Abschirmung wirkt, so darf man die Grenzen nah am System legen: Die Streuung ist gering, das Magnetfeld ist praktisch nur innerhalb des Gehäuses vorhanden.
Anders dagegen bei Anordnungen in der Luft, oder aus Dauermagneten („starre" Magnete haben $\mu_r \simeq 1$ und verhalten sich wie Luft), oder mit großen Luftspalten: Hier muss man mit starken Streufeldern rechnen, sodass die Grenzen des Bereichs weit weg von dem System gelegt werden müssen. Werden die Grenzen zu nah gelegt und ist das Magnetfeld an der Grenze in Wirklichkeit nicht vernachlässigbar, so kann man böse Überraschungen erleben (z.B. „unerklärliche" Fehler von 10% und mehr).

- Innerhalb der festgelegten Grenzen muss jetzt ein *Gitternetz definiert* werden. Das erledigen viele FE-Programme selber, durch eine „automatische Netzgenerierung", die von unterschiedlichen Kriterien ausgehen kann. Verfügt man nicht über diesen Automatismus, so gilt die Regel: in Bereichen, wo sich das Feld stark ändert (in Richtung und/oder Betrag) und auch dort, wo die Feldgrößen relevant für die Anwendung sind (z.B. wo Magnetkräfte entstehen), muss das Gitter dicht sein. Nur in Bereichen, in denen man ein schwaches Feld erwartet, darf man große Gitterabstände wählen. Weiß man nicht genau, wie die Feldverteilung aussieht, so gilt: lieber mehr Gitterlinien, als zu wenige, auch wenn die Auswertung der Ergebnisse vielleicht dadurch erschwert wird.

- Nachdem die Geometrie definiert ist, muss man die *Materialeigenschaf-*

ten aller Bereiche angeben. Besondere Aufmerksamkeit muss den *ferromagnetischen* Werkstoffen zuteil werden. Die Annahme einer konstanten magnetischen Permeabilität μ muss wohl überlegt werden, denn sie stimmt nie genau. Sicherer ist, von der tatsächlichen B-H-Kennlinie (der „Neukurve") auszugehen. Nicht leicht zu glauben, aber das kann zu Auseinandersetzungen mit den Herstellern der ferromagnetischen Teile führen, die sich oft weigern, eine bestimmte B-H-Kennlinie zu garantieren. Das hängt damit zusammen, dass diese Kennlinie von vielen Faktoren beeinflußt wird, womit die Toleranzgrenzen weit auseinander liegen. Unglücklicherweise wirken sich Abweichungen der B-H-Kennlinie von der in der Berechnung angenommenen unerfreulich stark auf die Ergebnisse aus. Was sich erfahrungsgemäß noch ungünstiger auswirkt, ist eine B-H-Kennlinie die nicht weit genug in den Sättigungsbereich (also bei großen Erregungen H) definiert ist. Man muss also das genaue Verhalten des Eisens kennen, von den kleinen bis zu den sehr großen Feldstärken H. Eine Lösung für dieses Problem besteht darin, die B-H-Kennlinie des verfügbaren Materials selbst zu messen, oder messen zu lassen.

- Bevor man das Rechenprogramm startet, muss man – falls nichtlineare Kennlinien angegeben wurden – noch festlegen, wieviele *Iterationen* durchgeführt werden sollen. Auch hier gilt die Regel: lieber zu viele Iterationen, als das Rechenverfahren vorzeitig unterbrechen, sonst können unerwartet große Fehler auftreten.

Befolgt man diese Empfehlungen und hat man das Magnetsystem gut modelliert, so sind die Ergebnisse der FE-Berechnung sehr genau, sie liegen immer innerhalb der Messgenauigkeit.

A.5 Besonderheiten der Feldbilder

Die Möglichkeit das Magnetfeld anschaulich graphisch darzustellen wird von den Entwicklern von Magnetsystemen immer öfter eingesetzt, um zu optimalen Lösungen zu gelangen. Ein Feldbild liefert nicht nur wichtige Auskünfte über die Gestaltung des Magnetfeldes, sondern kann auch, bei richtiger Interpretation, den Weg zur Verbesserung des Systems aufzeigen. Durch die Verbreitung der Finite-Elemente-Programme wurden die mithife dieser Programme erstellten Feldbilder ein unentbehrliches Instrument bei der Entwicklung von Magnetsystemen.

A.5 Besonderheiten der Feldbilder

Hier soll auf eine Eigenart der Feldbilder von Systemen mit „Rotations - Invarianz" (oder Rotationssymetrie) hingewiesen werden, die bei ihrer Interpretation immer berücksichtigt werden muss. Erfahrungsgemäß kann diese Eigenart, wenn man sie nicht richtig verstanden hat, zu falschen Schlussfolgerungen führen.

Am besten betrachtet man dazu zwei Feldbilder von Systemen mit ausgedehnten Bereichen in denen das Magnetfeld homogen ist.
Zur Errinerung: homogene Felder weisen in jedem Punkt dieselbe Richtung und denselben Bertag der Feldgröße auf.
Auf Abb. A.3 ist oben das Feldbild des bereits im Abschn.3.4 beschriebenen Dauermagnet-Tomographen, unten das Feld einer Zylinderspule mit Eisenkern, die im Abschn.4.2.2 betrachtet wurde, dargestellt.

Man versteht auf den ersten Blick, dass das Magnetfeld im mittleren Bereich des Tomographen (Abb. A.3, oben) homogen ist: die Feldlinien verlaufen parallel und die Abstände zwischen ihnen sind gleichgroß. Dagegen ist das Streufeld außerhalb der Magnetanordnung offensichtlich nicht homogen. Schwieriger ist die Interpretation des unteren Feldbildes auf Abb. A.3, denn auch in der Mitte der Spule, dort wo die Feldlinien parallel verlaufen, ist das Feld homogen! Diesmal sind die Abstände zwischen den Linien jedoch nicht mehr gleich, sondern sie werden, mit zunehmendem Abstand von der Achse, immer kleiner. Es scheint, dass in der Nähe der Achse gar kein Feld vorhanden ist, dagegen am äußeren Rand des Eisenkerns ein sehr starkes Feld.

Wenn beide Felder homogen sind, woher kommt der Unterschied? Warum sind die Feldlinien in dem System mit Rotationssymmetrie (Abb. A.3, unten) nicht auch äquidistant, wie bei dem System mit Translations-Invarianz? Um das zu verstehen muss man erst begreifen, dass auf jedem Feldbild *der Magnetfluss zwischen zwei benachbarten Feldlinien, sei er* $\Delta\Phi$, *derselbe sein muss.*

Bei Anordnungen mit translatorischer Invarianz, die in einem 2D-kartesischen oder -polaren Koordinatensystem dargestellt werden können, ist die Magnetflusskonfiguration bei jedem z dieselbe. Diese Magnetsysteme werden als entlang der Achse z unendlich lang betrachtet. Der Fluss zwischen zwei Feldlinien muss somit auf $1\,m$ Länge bezogen werden. Ist der Abstand zwischen zwei Feldlinien Δx, so ist der Magnetfluss zwischen den Linien:

$$\Delta\Phi = B \cdot \Delta x \cdot 1\,m.$$

A. Nummerische Methoden zur Feldberechnung

Anordnung mit
translatorischer Invarianz

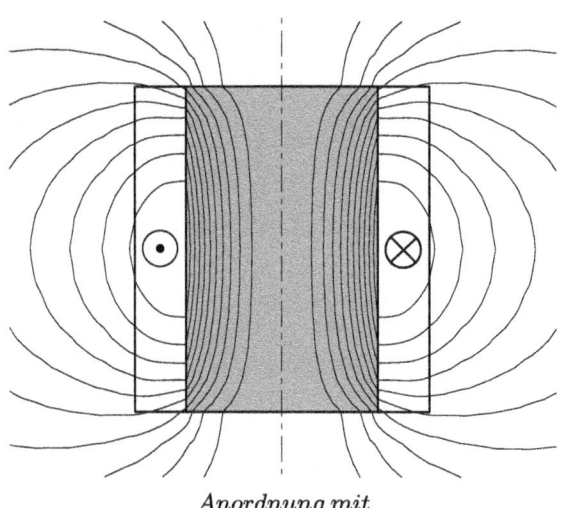

Anordnung mit
Rotations-Invarianz

Abb. A.3. Homogene Felder, oben: Dauermagnet-Tomograph, unten: Zylinderspule mit Eisenkern

A.5 Besonderheiten der Feldbilder

Gleichen Abständen Δx zwischen den Feldlinien entsprechen also gleiche Werte der Flussdichte B, das Feld ist dort homogen.

Was passiert dagegen in Systemen mit Rotations-Invarianz, die also in einem zylindrischen Koordinatensystem (Abb.A.2, links) dargestellt werden? Hier ist die Fläche zwischen zwei Feldlinien, die in den Entfernungen r_1 und r_2 von der Rotationsachse liegen, die Fläche zwischen *zwei Kreisen*:

$$\Delta A = \pi \cdot (r_2^2 - r_1^2)$$

oder, wenn man den radialen Abstand zwischen den Linien Δr nennt:

$$\Delta r = r_2 - r_1$$

$$\Delta A = \pi \cdot (r_2 - r_1)(r_2 + r_1) = 2\pi \cdot \frac{r_2 + r_1}{2} \cdot \Delta r = 2\pi \cdot r_m \cdot \Delta r$$

mit $r_m = \dfrac{r_1 + r_2}{2}$ = mittlerer Radius.

Der Fluss zwischen zwei Linien ist hier:

$$\Delta \Phi = B \cdot \Delta A = B \cdot 2\pi r_m \cdot \Delta r$$

oder :

$$\boxed{\Delta r = \frac{\Delta \Phi}{2\pi B} \cdot \frac{1}{r_m}}.$$

Da $\Delta \Phi$ auf einem Feldbild überall derselbe ist, bedeutet das: In Bereichen mit gleichem B, also dort, wo das Magnetfeld homogen ist, variiert der Abstand Δr zwischen den Fledlinien umgekehrt proportional mit der Enfernung r_m von der Achse. Die Dichte der Feldlinien nimmt mit dem Abstand zur Achse zu. Jetzt versteht man, warum in der Zylinderspule mit Eisenkern (Abb. A.3, unten) die Feldlinien zum Rand hin immer dichter beieinander liegen.

Fazit: Bei der Interpretation der Feldlbilder in rotationssymmetrischen Systemen muss man immer den Abstand des betrachteten Bereichs von der Rotationsachse berücksichtigen.

Literaturverzeichnis

[1] M. Albach: *Grundlagen der Elektrotechnik 1. Erfahrungssätze, Bauelemente, Gleichstromschaltungen* (Pearson Studium, 2004)

[2] S. Altmann und D. Schlayer: *Lehr- und Übungsbuch Elektrotechnik* (Fachbuchverlag Leipizg–Köln, 1995)

[3] G. Bosse: *Grundlagen der Elektrotechnik I, II, III* (B.I. Hochschultaschenbücher)

[4] H. Clausert und G. Wiesemann: *Grundgebiete der Elektrotechnik I. Elektrische Netze bei Gleichstrom, elektrische und magnetische Felder* (Oldenbourg Verlag, 4. Auflage, 1990)

[5] H. Eckardt: *Grundzüge der elektrischen Maschinen* (Teubner Studienbücher, 1982)

[6] A. Führer, K. Heidemann u.a.: *Grundgebiete der Elektrotechnik, Band 1: Stationäre Vorgänge* (Carl Hanser Verlag, 2. Auflage, 1986)

[7] E. Furlani: *Permanent Magnet and Electromechanical Devices* (Academic Press, 2001)

[8] P. Gilles: *Grundgebiete der Elektrotechnik, Band 1* (Verlag Hannemann, 1. Auflage, 1993)

[9] G. Hagemann: *Aufgabensammlung zu den Grundlagen der Elektrotechnik* (AULA–Verlag, Wiesbaden)

[10] G. Hagemann: *Grundlagen der Elektrotechnik* (AULA–Verlage Wiesbaden, 2. Auflage, 1988)

[11] J. Hugel: *Elektrotechnik. Grundlagen und Anwendungen* (Teubner Studienbücher, 1998)

[12] E. Kallenbach, R. Eik, P. Quendt, T. Ströhla, K. Feindt, M. Kallenbach: *Elektromagnete. Grundlagen, Berechnung, Entwurf und Anwendung* (Teubner Verlag, 2003)

[13] H. Kindler, K.-D. Haim: *Grundzusammenhänge der Elektrotechnik. Ladungen – Felder – Netzwerke* (Viewegs Fachbücher der Technik, 2006)

[14] A. Kost: *Numerische Methoden in der Berechnung elektromagnetischer Felder* (Springer–Lehrbuch, 1994)

[15] K. Kupfmüller: *Einführung in die theoretische Elektrotechnik* (Springer Verlag, Berlin/Heidelberg/New York)

[16] K. Lunze und W. Wagner: *Einführung in die Elektrotechnik* (Hütig Verlag, Heidelberg 1984)

[17] M. Marinescu und J. Winter: *Basiswissen Gleich- und Wechselstromtechnik* (Vieweg Studium Technik, 2. Auflage 2005)

[18] H. Mattes: *Übungskurs Elektrotechnik, 1. Felder und Geichstromnetze* (Springer–Lehrbuch, 1992)

[19] Moeller, Frohne: *Grundlagen der Elektrotechnik* (Teubner Verlag, 17. Auflage, 1996)

[20] R. Paul: *Elektrotechnik, 1. Felder und einfache Stromkreise* (Springer–Lehrbuch, 2. Auflage, 1990)

[21] R. Pregla: *Grundlagen der Elektrotechnik* (Hüttig, 5. Auflage, 1998)

[22] G. Schweitzer, A. Traxler, H. Bleuler: *Magnetlager. Eigenschaften und Anwendungen berührungsfreier, elektromagnetischer Lager* (Springer–Verlag, 1992)

[23] H.U. Seidel und E. Wagner: *Allgemeine Elektrotechnik, Band 1* (Carl Hanser Verlag, 1992)

[24] K. Simonyi: *Theoretische Elektrotechnik* (VEB Deutscher Verlag der Wissenschaften, 1956)

[25] P. Vaske: *Beispiele und Aufgaben zu den Grundlagen der Elektrotechnik* (B.G. Teubner, Stuttgart)

[26] M. Vömel, D. Zastrow: *Aufgabensammlung Elektrotechnik 1 und 2* (Viewegs Fachbücher der Technik, 2003)

[27] A. von Weiss, M. Krause: *Allgemeine Elektrotechnik* (Vieweg Verlag)

[28] W. Weißgerber: *Elektrotechnik für Ingenieure 1. Gleichstromtechnik und elektromagnetisches Feld* (Viewegs Fachbücher der Technik, 5. Aufl. 2000)

[29] H. Wellers: *Aufgabensammlung Elektrotechnik* (Cornelsen, 4. Aufl. 1991)

[30] U. Weyh: *Feldlehre. Die Grundlagen der Lehre vom elektrischen und magnetischen Feld* (Oldenbourg Verlag, 4. Auflage, 1993)

[31] G. Wiesemann und W. Mecklenbräuker *Übungen in Grundlagen der Elektrotechnik I. Elektrostatisches Feld, Gleichstrom und Netzanalyse* (B.I. Hochschultaschenbücher, Band 778)

[32] G. Wiesemann: *Übungen in Grundlagen der Elektrotechnik II. Das Magnetfeld und die elektromagnetische Induktion* (B.I. Hochschultaschenbücher, Band 779)

[33] D. Zastrow: *Elektrotechnik. Ein Grundlagenlehrbuch* (Viewegs Fachbücher der Technik, 15. Aufl. 2004)

Index

Äquipotentialfläche, 16, 23, 24, 62
Äquipotentiallinien, 38
Überlagerungssatz, 12

Ampère, 128–130, 149, 156
Ampère-Windungen, 163
Arbeit, 18, 265
Arbeitspunkt, 229
Aufpunkt, 153, 154, 160

Beschleunigung, 86–89
Biot, 149
Biot und Savart, 129, 149, 150, 152, 153, 201, 261
Brechungsgesetz, 45, 203

Coulomb, 8, 9, 130
Coulombsche Kraft, 16, 83, 86, 88, 110, 268
Coulombsches Gesetz, 12

Dauermagnet, 127, 128, 164, 196, 201, 206, 263
diamagnetisch, 197
Dielektrikum, 5, 53, 60, 67, 77, 93, 110
Dielektrizitätskonstante, 9, 29, 43, 93
 absolute ε_0, 10
Dielektrizitätszahl ε_r, 10
Doppelleitung, 76, 294, 295, 308
Drehkondensator, 58
Drehmoment, 83, 127, 146, 147
Drosselspule, 222
Durchflutung, 174, 176–178, 201, 216, 240

Durchflutungsgesetz, 175, 178, 188, 201–203, 216, 217, 310
Durchschlagfestigkeit E_0, 30

Earnshaw, 207
Einheitsvektor, 8
Elektrode, 53
Elektromagnet, 211
Elektrostatik, 5, 93, 103, 124
 Gaußscher Satz der, 28, 42
 Grundgesetze, 41
Elementarladung, 6
Energie, 49, 80, 82–85, 87, 309
 dichte, 81
 elektrische W_e, 80
 kinetische, 22, 87
 magnetische W_m, 306
Energiedichte
 elektrische, 81
 magnetische, 307
Energiewandlung, 102
Erder, 93, 104, 121
Erregung, 26
Ersatzschaltbild, 218, 221, 222

Farad, 48
Faraday, 261, 262, 265, 272
Faradayscher Käfig, 17
Feld
 elektrisches, 6, 12
 elektrostatisches, 6
 homogenes, 86, 94, 170, 187, 217
 induziertes, 264
 inhomogenes, 7, 94, 104
Feldgröße, 26
Feldstärke

elektrische, 11, 102, 109, 110, 149
induzierte, 269
kritische, 46
magnetische, 149, 151, 158, 162, 175, 179, 201
ferromagnetisch, 178, 197, 198, 206, 222, 289
Finite-Elemente, 178, 202, 207
Flächenladung, 6
Flächenladungsdichte, 6, 115
Flussdichte
  äußere, 141
  magnetische, 131, 145, 190, 193, 201, 215, 243
  magnetische $\vec{B}$, 130
Flusserhaltungsgesetz, 217

Gauß, 28
Gegeninduktivität, 298, 299
Geschwindigkeit, 86–90, 95, 265
Gleichstrom, 94, 98, 188, 189
Grenzfläche, 43

Hülle, 51, 54, 96
Hüllenintegral, 96
hartmagnetisch, 199
Helmholz, 162
Henry, 218
homogen, 78, 93, 104, 110, 142, 186, 190, 240, 307
Hysteresekurve, 197

Induktion, 130, 261, 263
  Bewegungs–, 267, 268, 273, 275, 285
  Ruhe–, 271–273, 276
Induktionsgesetz, 20, 41, 98, 261, 267, 271, 272, 289

Influenz, 16, 17
inhomogen, 95
iterativ, 239

Joule, 102

Kirchhoffsche Gesetze, 20, 96, 99
Knotensatz, 222
Koaxialkabel, 67
Koerzitivfeldstärke H_C, 198
Kondensator, 47–50, 81, 82, 84, 85, 93, 110, 114, 115, 188, 189
Koordinatensystem
  kartesisches, 13
  zylindrisches, 326
Kraft
  auf stromdurchflossene Leiter, 128, 309
Kreisschleife, 166
Kugelkondensator, 72, 118

Längsschichtung, 46, 65, 116, 117
Ladung
  elektrische, 5, 6, 128
Ladungserhaltungssatz, 41, 48, 82
Ladungsverteilung, 6
Laplace, 129, 141, 261
Lasthebemagnet, 257
Leerlauf, 286
Leistung, 102, 121
Leistungsdichte, 102
Leiter, 5, 93, 95, 97, 98, 100, 102–104, 106, 107, 109
Leiterschleife, 157, 263, 271
Leiterstück, 154, 156
Leitfähigkeit

Index   341

spezifische, 93, 99, 101, 106, 109, 121, 205
Leitungsstrom, 15, 48, 93, 110, 189
Leitwert
　elektrischer, 100, 106, 107
　magnetischer, 218
Lenz, 102
Lenzsche Regel, 264, 265, 289
linear, 78, 180
Linienintegral, 173, 175
Linienladung, 6
Linienladungsdichte, 6
Lorentz–Kraft, 265, 268, 309
Luftspalt, 60, 309, 310

Magnetfeld, 261, 265
　veränderliches, 271
Magnetfelder
　stationäre, 201, 216, 219
Magnetfluss, 41, 190, 193, 194, 205
Magnetisierung $\vec{M}$, 196, 201
Magnetkreis
　unverzweigter, 216, 219
Magnetkreise
　lineare, 215
　nichtlineare, 238
Maschensatz, 222
Maschine
　elektrische, 146, 271
Maxwell, 188, 189, 272
Maxwellsche Doppelplatte, 17
Maxwellsche Gleichungen, 20, 28, 191, 201

Neukurve, 198
Newton, 86
Nichtleiter, 5, 205

nichtlinear, 197, 222
Niveaufläche, 16, 23
Normalkomponente, 97, 114, 115, 193

Oersted, 128, 132
Ohm, 99
Ohmsches Gesetz
　des Magnetkreises, 217

Paralleldrahtleitung, 129, 132, 158
Parallelschaltung von
　Kondensatoren, 50, 72
paramagnetisch, 197
Permeabilität
　relative, 197
Permeabilität μ, 130
Permittivität, 9
Plattenkondensator, 38, 53, 58, 59, 63, 81, 82
Potential
　elektrisches, 22, 25
Prinzip der virtuellen
　Verschiebung, 309
Produkt
　skalares, 102
Punktladung, 6, 8, 12, 83

Quellenfeld, 7
Querschichtung, 45, 60, 61, 113

Radiallager, 207
Randeffekte, 74
Raumladung, 6
Raumladungsdichte, 6
Rechtsschraubenregel, 142, 149, 219, 223, 264
Reihenschaltung, 106, 115, 120, 124

Reihenschaltung von
  Kondensatoren, 51, 61, 62, 72
Reluktanz, 217
Remanenzflussdichte B_R, 198
Ringspule, 187
Rohr, 105, 120, 183
rotationssymmetrisch, 257

Sättigung, 198
Savart, 149
Scherungsgerade, 229
Schichtkondensator, 58
Schrittspannung, 121
Selbstinduktion, 289
Selbstinduktivität, 290, 299, 308
Siemens, 101
Skineffekt, 96
Solenoid, 188
Spannung
  elektrische, 18, 22, 98, 103
  induzierte, 269, 271
  magnetische, 173
Spule, 146, 206, 222, 286, 298
  magnetisch gekoppelte, 298
Stetigkeit, 114, 115
  der Normalkomponente von $\vec{D}$, 44
  der Tangentialkomponente von $\vec{E}$, 43
Strömungsfeld, 98, 121, 123, 217
  elektrisches, 93, 190, 197
  Grundgesetze, 103
  homogenes, 109, 110
  stationäres, 93, 96, 98, 99, 103
Strahlablenkung, 86, 88
Streufeld, 67

Streuung, 215, 217
Strom
  induzierter, 263–265
Stromdichte, 93, 95, 96, 100, 102, 109, 113, 152, 190
  elektrische $\vec{S}$, 94, 95
Stromkreis, 150, 153, 154, 188, 222
Stromrichtung
  technische, 22
Superposition, 37
Supraleiter, 101, 153
Suszeptibilität χ_m, 196
Symmetrie, 153
  Zylinder–, 38

Tangentialkomponente, 44, 98, 99
Tesla, 141
Tomograph, 191
Toroid, 186
Transformator, 272, 286

Umlauf, 19, 174, 175
Umlaufspannung, 177
Universal-Motor, 213

Vakuumspermeabilität μ_0, 130
Verschiebung
  virtuelle, 309
Verschiebungsfluss Ψ, 26
Verschiebungsflussdichte $\vec{D}$, 26, 44, 78, 115
Verschiebungsstrom, 189
Volumenladung, 6
Volumenladungsdichte, 6

Weber, 190
Wechselspannungsgenerator, 284

Wegunabhängigkeit der
   Spannung, 41
weichmagnetisch, 198
Wickelkondensator, 59
Widerstand, 104, 105, 107, 117, 119, 120
   elektrischer, 222

magnetischer, 217, 218, 222, 291
   spezifischer ϱ, 100, 101
Windungszahl, 186, 223
Wirbelfeld, 7, 98
wirbelfrei, 20, 42, 103

Zylinderkondensator, 67
Zylinderspule, 164, 186

The manufacturer's authorised representative in the EU is Springer Nature Customer Service Centre GmbH, Europaplatz 3, 69115 Heidelberg, Germany. If you have any concerns regarding our products, please contact ProductSafety@springernature.com

Printed and bound by CPI Group (UK) Ltd, Croydon, CR0 4YY

26/03/2026

02078982-0001